Pars secunda.

2. Baeomyces.

Pers. in Ust. Neue Ann. 1 St. (1794) p. 19 (pr. p.); Ach., Lich. Univ. (1810) p. 108, 572 (pr. p.); Mass., Ric. Lich. Crost. (1852) p. 138; Koerb., Syst. Germ. (1855) p. 274; Nyl., Syn. Lich. (1858—60) p. 175 (excl. Icmadophila et Knightiella); Th. Fr., Gen. Heterolich. (1861) p. 81 (em.); Tuck., Gen. Lich. (1872) p. 152 (pr. p.); Th. Fr., Lich. Scand. (1874) p. 328 (em.); Tuck., Syn. North. Am. II (1888) p. 6 (pr. p.). *Sphyridium* Flot. in Jahresb. Schles. Gesellsch. Naturk. (1842) p. 196 (em.), Koerb., Syst. Germ. (1855) p. 273 (em.); Th. Fr., Gen. Heterolich. (1861) p. 81 (em.), Lich. Scand. (1874) p. 326 (em.); Krabbe, Entw. Flechtenap. (1882) p. 4.

Thallus crustaceus, uniformis aut effiguratus, aut squamosus; hyphae strati medullaris tenues, membranis tenuibus. *Gonidia* protococcoidea aut leptogonidia (raro cyanophycea: Krempelh., Süds. p. 96). *Apothecia* pallida aut subcarnea aut rufescentia. *Excipulum* lecideinum gonidiisque destitutum, intus cartilagineum aut raro parte intima stuppeum, stipitatum aut substipitatum, stipite raro (in strato exteriore) gonidia continente, intus cartilagineo solidoque. *Asci* angusti, membrana tenui. *Sporae* 8:nae, decolores, ellipsoideae aut fusiformes, simplices aut 1—3-septatae. „*Conceptacula pycnoconidiorum* in tuberculis thalli inclusa. *Sterigmata* sat crebre articulata. *Pycnoconidia* breviter cylindrica oblongave, recta.“ (Linds., Nyl., l. c.).

1. **B. erythrellus** (Mont.) Nyl., Syn. Lich. (1858—60) p. 181, Lich. Exot. (1859) p. 209. *Biatora erythrella* Mont. in Ann. sc. nat. 2 sér. VIII (1837) p. 356, Syll. (1856) p. 337.

Thallus crassitudine mediocris aut sat tenuis, squamosus, squamis adscendentibus, imbricatis, crenatis, esorediatis, superne albidis aut albido-glaucescentibus. *Apothecia* stipitata, cum stipite circ. 3—6 millim. alta, circ. 1,5—3 millim. lata, tenuiter marginata, margine undulato-crenato, aut demum immarginata, disco plano, carneo aut carneo-pallido. *Excipulum* turbinatum aut demum peltatum, solidum, intus chondroideum. *Sporae* oblongae, simplices, long. 0,007—0,010, crass. 0,0025 millim. (Nyl., Syn. Lich. p. 181).

Ad terram argillaceo-arenosam in Carassa (1400 metr. s. m.) in civ. Minarum, n. 1291. — *Thallus* circ. 0,3 millim. (0,15—0,2 ex Nyl., l. c. p. 182) crassus, subtus albus, KHO primo lutescens, dein rubescens, superne *strato corticali* disperso, valde inaequaliter incrassato, cartilagineo, ex hyphis irregulariter contextis, majore parte subverticalibus, increbre ramosis, conglutinatis, formatum, membranis incrassatis, pellucidis, tubulo modice dilatato; infra zonam gonidialem adest *stratum medullare* sat bene evolutum, hyphis 0,003 millim. crassis, membranis tenuibus, tubulis dilatatis. *Gonidia* leptogonidia, maxima parte globosa, diam. 0,008—0,010 millim., parcius ellipsoidea, — 0,013 millim. longa, membrana tenuissima.

Discus apotheciorum opacus, epruinosus, KHO partim rubescens, partim —. *Stipes* longitudinaliter sulcatus, circ. 0,5—1 millim. crassus, albidus aut carneo-albidus, KHO lutescens, dein rubescens, chrystalla rubra, brevia, tenuia formans, gonidiis destitutus aut in parte exteriore nonnulla fortuito continens, solidus, intus strato chondroideo, tubulis 0,0015—0,002 millim. crassis longitudinalibus, gelatinam chondroideam sat abundantem pellucidam, ex stratis exterioribus membranarum conglutinatarum formatam, percurrentibus, extus, praecipue in parte superiore, hyphis crassioribus (circ. 0,004—0,005 millim. crassis), irregulariter contextis aut subverticalibus, conglutinatis, membranis leviter incrassatis, loculis circ. 0,003—0,002 millim. latis, elongatis (hoc stratum corticale in parte inferiore stipitis evanescens). *Excipulum* KHO primo lutescens, dein rubescens, textura stipiti satis similis, at strato corticali magis evoluto (hyphis verticalibus, paullo crebrius septatis), strato medullari chondroideo, ex hyphis irregulariter contextis formato, margine disco concolore aut interdum intensius rubro, gonidiis destitutum. *Hypothecium* albidum aut dilute pallidum, ex hyphis tenuissimis crebre contextis subconglutinatis formatum, strato tenui ex hyphis crassioribus formato impositum. *Hymenium* 0,050 millim. crassum, jodo lutescens. *Paraphyses* sat arcte aut sat laxe cohaerentes, 0,0005 millim. crassae, apice levissime incrassatae, haud constrictae, haud aut parce ramosae. *Asci* cylindrici aut cylindrico-clavati, 0,006—0,005 millim. crassi, apice membrana levissime incrassata. *Sporae* 8:nae, distichae, apicibus vulgo obtusis, decolores.

2. **B. rubescens** Wainio (n. sp.).

Thallus tenuis, squamosus aut foliaceo-effiguratus, adnatus, esorediosus, albidus. *Apothecia* stipitata, cum stipite circ. 1,5—0,5 millim. alta, circ. 1—2 millim. lata, tenuissime marginata, margine undulato-crenato aut subintegro, disco plano aut concaviusculo, vulgo carneopallido. *Excipulum* primo turbinatum, demum peltatum, solidum, intus chondroideum. *Sporae* oblongae aut parcius ovoideo-oblongae, simplices, long. 0,011—0,007, crass. 0,004—0,003 millim.

Ad latera abrupta arenosa collium in marginibus viarum prope Sitio (1000 metr. s. m.) in civ. Minarum, n. 563, 571. — Affinis et habitu haud valde dissimilis est B. rhodochroo Krempelh. (Lich. Glaz. 1876 p. 58), quae sporis minoribus et thallo imbricato-subsquamuloso differt. A B. erythrello stipite breviore et squamis haud adscendentibus facile distinguitur. *Thallus* circ. 0,2 millim. crassus, KHO primo lutescens, dein rubescens, I —, squamis vulgo crenatis, subtus albidis, superne strato corticali disperso, valde inaequaliter incrassato, cartilagineo, ex hyphis irregulariter contextis, majore parte subverticalibus, increbre ramosis, conglutinatis, formato, membranis incrassatis, tubulo modice dilatato; infra zonam gonidialem subdispersam adest stratum medullare tenue, hyphis sat laxe contextis. *Gonidia* leptogonidia, globosa aut parcissime subellipsoidea, diam. 0,010—0,005 millim., membrana tenuissima, guttulas oleosas continentia, flavovirescentia. *Discus* apotheciorum opacus, epruinosus, carneopallidus aut carneus aut pallidus aut raro in eodem thallo coccineus, KHO rubescens et chrystalla rubra formans. *Stipes* longitudinaliter sulcatus, 0,3—0,5 millim. crassus, disco fere concolor, KHO lutescens, dein rubescens, chrystalla rubra, brevia, tenuia formans, gonidiis destitutus, solidus, intus chondroideus, tubulis 0,002 millim. crassis, longitudinalibus, gelatinam chondroideam sat abundantem pellucidam, ex stratis exterioribus membranarum conglutinatarum formatam, percurrentibus, extus in lamina tenui pallidus (passim maculis rubris) et pseudoparenchymaticus, seriebus cellularum verticalibus et in hyphas strati chondroidei continuatis, loculis cellularum circ. 0,005—0,004 millim. latis, membranis conglutinatis sat tenuibus. *Excipulum* continuationem stipitis, textura ab eo parum differentem, format, KHO eodem modo reagens, margine disco concolore aut interdum intensius rubro, gonidiis destitutum. *Hypothecium* pallidum. *Hymenium* 0,060—0,070 millim. crassum, jodo lutescens. *Paraphyses* sat arcte aut sat laxe cohaerentes, 0,0005—0,001 millim.

crassae, apice levissime incrassatae, haud ramosae, haud constrictae. *Asci* subcylindrici, 0,007—0,005 millim. crass., apice membrana leviter incrassata. *Sporae* 8:nae, distichae aut monostichae, apicibus obtusis aut altero apice rotundato, membrana sat tenui, decolores.

3. **B. absolutus** Tuck., Suppl. II Enum. N. Am. Lich. (1859) p. 201: Nyl., Syn. Lich. (1858—60) p. 178; Tuck., Gen. Lich. (1872) p. 153; *Biatora icmadophila* var. *stipitata* Mont. in Ann. Sc. Nat. 4 sér. VIII (1857) p. 298 (nomen ineptum): mus. Paris. *Lecanora leptaspis* Fée, Bull. Soc. Bot. Fr. XX (1873) p. 313 (mus. Paris.).

Thallus tenuisimus, effusus, subcontinuus aut subdispersus, esorediosus, virescens aut subcinerascens aut olivaceo-pallidus, aut subevanescens. *Apothecia* albido-carnea, stipitata aut rarius subsessilia, cum stipite circ. 1,5—0,5 millim. alta, circ. 2—1—0,6 millim. lata, fere immarginata aut tenuissime marginata, disco plano aut raro convexiusculo. *Excipulum* turbinatum aut demum peltatum, solidum, intus chondroideum. *Sporae* oblongae aut fusiformi-oblongae, simplices, long. 0,017—0,007, crass. 0,005—0,004 millim.

Ad latera abrupta saxorum itacolumiticorum in Carassa (1400—1500 metr. s. m.), n. 1299, et ad latera abrupta arenosa collium in marginibus viarum prope Sitio (1000 metr. s. m.), n. 560, 569, 678, 764, in civ. Minarum. Specimina ad Sitio lecta omnia ad f. **subsessilem** Tuck. (in Wright, Lich. Cub. n. 24), apotheciis subsessilibus et vulgo paullo minoribus (0,6—1,2 millim. latis) a f. **stipitata** Mont. typica (n. 1299) recedentem (apotheciis 2—1 millim. latis, 1,5—1 millim. altis), pertinent. — *Thallus* homoeomericus, strato corticali destitutus. *Gonidia* vere protococcoidea, globosa, diam. 0,010—0,006 millim., membrana bene distincta, sat tenui. *Stipes* 0,5—0,2 millim. crassus, disco fere concolor, gonidiis destitutus, solidus, intus chondroideus, tubulis 0,002—0,003 millim. crassis sublongitudinalibus aut contextis, gelatinam chondroideam abundantem bene pellucidam, ex stratis exterioribus membranarum formatam, percurrentibus, extus roseoalbidus (in lamina tenui), impellucidus et pseudoparenchymaticus cellulisque mediocribus (in Zn Cl_2 + I aut KHO conspicuis). *Excipulum* continuationem stipitis, textura ab eo haud differentem, format, extus item pseudoparenchymaticum, KHO —, gonidiis destitutum. *Hypothecium* (sub microscopio visum) subalbidum, ex hyphis crebre contextis formatum. *Hymenium* 0,100 millim. crassum, jodo sat leviter caerulescens, disco opaco, subpruinoso. *Paraphyses* sat arcte cohaerentes, 0,001—0,0015 millim. crassae, apice anguste subcapitatae aut parum incrassatae, haud ramosae, increbre septatae (in $Zn\,Cl_2 + I$), haud constrictae. *Asci* cylindrici aut cylindrico-clavati, 0,008—0,010 millim. crass., apice membrana parum incrassata. *Sporae* 8:nae, monostichae aut distichae, apicibus obtusis, membrana sat tenui, decolores.

3. **Sphaerophoropsis** Wainio (n. gen.).

Thallus fruticulosus, brevis, teres, ramosus, solidus, rhizinis et hypothallo distincto destitutus, homoeomericus, totus gonidia continens, strato corticali destitutus, ex hyphis sat crassis (0,008—0,006 millim. crassis), pachydermaticis sat laxe contextus, lumine cellularum angusto. *Gonidia* palmellacea (pleurococcoidea?), globosa, saepe glomeruloso-connata. *Apothecia* lecideina, in ipsa superficie thalli enata, demum subglobosa, apicibus aut prope apices thalli affixa. *Excipulum* proprium, gonidiis destitutum, chondroideum, ex hyphis conglutinatis formatum, *strato medullari* nullo. *Paraphyses* pro parte ramoso-connexae. *Sporae* 8:nae, ellipsoideae aut oblongae, 1-septatae, decolores.

1. **Sph. stereocauloides** Wainio (n. sp.).

Thallus fruticulosus, 1,5—3,5 millim. altus, 0,4—0,2 millim. crassus, teres, parce irregulariter subfastigiato-ramosus, laevigatus, glaucescenti-albidus vel fuscescenti-glaucescens. *Apothecia* subglobosa, jam primo immarginata, nigricantia aut fusca, epruinosa. *Hypothecium* rubescens. *Epithecium* rubescens. *Sporae* 8:nae, ellipsoideae aut oblongae, primum simplices, demum 1-septatae, long. 0,006—0,010, crass. 0,003—0,004 millim.

Ad terram arenosam humosamque supra rupes in Carassa (1470 metr. s. m.) in civ. Minarum, n. 1424, 1453, 1462, 1475, 1476, 1480. — *Thallus* saepe caespitosus, erectus, solidus, hypothallo nullo distincto, ex initio verrucaeformi accrescens, homoeomericus, totus gonidia continens, strato corticali destitutus, ex hyphis formatus 0,008—0,006 millim. crassis, irregulariter sat laxe contextis, ramosis, pachydermaticis, lumine cellularum angusto. *Membrana hypharum* maxima parte exteriore in KHO turgescit et in gelatinam bene pellucidam disolvitur. *Gonidia* pleurococcoidea (?), flavovirescentia, globosa, diam. 0,008—0,004 millim., vulgo 2—plura in glomerulos connata, membrana sat tenui. *Apothecia* apicibus aut lateri ad apices thalli affixa, in ipsa superficie thalli enata, juvenilia „*trichogynis*" vel *pilis* conicis, numerosis, demum pro parte fasciculato-connatis instructa. *Excipulum* basale, proprium, rubescens, KHO non reagens, ex hyphis conglutinatis formatum. *Hypothecium* KHO non reagens. *Hymenium* jodo persistenter caerulescens. *Epithecium* KHO non reagens. *Paraphyses* 0,001 millim. crassae, apice haud incrassatae, gelatinam firmam, in KHO modice turgescentem percurrentes, partim parce ramosae, partim etiam ramoso-connexae. *Asci* clavati, 0,010 millim. crassi, apice membrana incrassata. *Sporae* distichae, decolores, apicibus rotundatis aut rarius obtusis.

4. Lecidea.

Ach., Meth. Lich. (1803) p. 32 (pr. p.); Nyl. in Hue Addend. (1888) p. 131 (excl. Gyalecta, Buellia, Biatorella et species gonidiis egentes). *Biatora* et *Heterothecium* et *Lecidea* Tuck., Gen. Lich. (1872) p. 153, 169, 177, Syn. North Am. II (1888) p. 8, 53, 60 (excl. Biatorella).

Thallus crustaceus, uniformis aut ambitu lobatus, aut squamulosus, hypothallo aut hyphis medullaribus substrato affixus, rhizinis veris nullis aut rarissime fere evolutis (in L. breviuscula), *strato corticali* nullo aut in speciebus magis evolutis thallum superne obtegente, subcartilagineo, ex hyphis formato subverticalibus, pachydermaticis, conglutinatis. *Stratum medullare* stuppeum, hyphis implexis, tenuibus, vulgo leptodermaticis aut membranis leviter incrassatis, lumine cellularum comparate sat lato aut sat angusto. *Gonidia* thallina vulgo protococcoidea aut raro pelurococcoidea aut glococapsoidea. *Apothecia* lecideina, thallo innata aut in ipsa superficie thalli enata, vulgo dein mox emergentia adpressaque aut raro immersa permanentia. *Excipulum* proprium, gonidiis destitutum, ex hyphis formatum pachydermaticis aut leptodermaticis, conglutinatis, in cellulas parenchydermaticas aut elongatas divisis, raro *strato medullari* aërem inter hyphas continente stuppeove instructum. *Paraphyses* simplices aut raro ramoso-connexae. *Sporae* forma variabiles, decolores aut nigricantes, simplices aut septatae aut murales, 8:nae — solitariae „aut raro — circ. 30:nae" (Müll. Arg., Lich. Beitr. n. 1486), interne membrana haud incrassata (aut raro intus incrassata et simul decolores), interdum extus halone indutae. *Conceptacula pycnoconidiorum* thallo immersa aut verruculas in thallo formantia. *Sterigmata* simplicia aut pauciarticulata aut raro pluriarticulata. *Pycnoconidia* oblonga aut ellipsoidea aut cylindrica.

Subg. I. **Toninia** (Mass.) Wainio. *Thallus* squamulosus aut squamuloso-areolatus vel ex areolis crenulatis lacinulatisve constans. *Sporae* tenues, longae, bacillares aut aciculares aut fusiformi-aciculares, 3—pluri-septatae, decolores.

Toninia Mass., Ric. Lich. Crost. (1852) p. 107; Koerb., Syst. Germ. (1855) p. 182. *Toninia* **Entoninia* Th. Fr., Lich. Scand. (1874) p. 330.

1. **L. squamulosula** Nyl., Lich. Nov.-Gran. (1863) p. 461, ed. 2 (1863) p. 349 (secund. descr.).

Thallus squamulosus, squamulis circ. 0,5—0,3 millim. longis, adscendentibus, incisis crenatisque, glaucescenti-albidis, supra hypothallum nigrum dispersis aut in crustam confertis. *Apothecia* 2,5—1,5 millim. lata, disco plano, fusco-nigro nigricanteve [„aut fusco-rufescente"], nudo, margine crassiusculo, discum aequante, testaceo aut fuscescente, persistente. *Hypothecium* pallidum. *Epithecium* olivaceo-nigricans. *Sporae* bacillares aut aciculares, rectae, long. 0,074—0,032, crass. 0,004—0,002 millim.

Ad corticem et ramos arborum prope Sitio (1000 metr. s. m.), n. 777, et in Carassa (1400—1500 metr. s. m.), n. 1385, in civ. Minarum. *Thallus* hyphis 0,003—0,0025 millim. crassis, sat leptodermaticis. *Gonidia* protococcoidea, normalia. *Excipulum* chondroideum, ex hyphis radiantibus formatum, (in lamina tenui) basi fere decoloratum, in margine intus pallidum, extus rufescens. *Hymenium* circ. 0,080 millim. crassum, jodo leviter caerulescens, dein vinose rubens. *Epithecium* KHO non reagens. *Paraphyses* sat arcte cohaerentes, 0,001 millim. crassae, apice haud incrassatae, neque constrictae, nec ramosae.

Asci clavati, circ. 0,014 millim. crassi. *Sporae* 8:nae aut abortu pauciores, pluriseptatae, septis circ. 7—13 [—17], altero apice attenuato aut apicibus ambobus obtusis, interdum irregulariter ventricosis.

2. **L. cinereonigra** Wainio (n. sp.).

Thallus squamuloso-areolatus, squamulis areolisve circ. 0,3—0,2 millim. latis, irregularibus subcrenulatisque, planis, tenuibus, adpressis, cinereo-glaucescentibus, supra hypothallum nigrum dispersis. *Apothecia* 1,2—0,8 millim. lata, disco plano aut demum convexo, nigro aut livido-fuscescente, nudo, margine sat tenui aut mediocri, persistente aut demum excluso, fusco aut livido-fuscescente aut livido. *Hypothecium* fuscescens aut sordide pallescens. *Epithecium* nigricans aut olivaceo-nigricans. *Sporae* aciculares, altero apice sensim attenuato, rectae, long. circ. 0,052—0,040, crass. 0,002—0,0015 millim.

Ad ramulos aborum prope Lafayette (1000 metr. s. m.) in civ. Minarum, n. 252. — Squamis haud adscendentibus facile a L. squamulosula distinguitur. Minus affinis est *L. subluteolae Nyl., quam habitu in memoriam revocat. *Apothecia* adpressa. *Excipulum* chondroideum, ex hyphis radiantibus conglutinatis formatum, in lamina tenui extus pallidum, intus fuscescens. *Hymenium* circ. 0,080—0,060 millim. crassum, jodo caerulescens, dein vinose rubens. *Paraphyses* arcte cohaerentes, 0,001 millim. crassae, apice non aut vix incrassatae, neque constrictae, nec ramosae. *Asci* clavati, circ. 0,014 millim. crassi. *Sporae* altero apice obtuso, septis circ. 8—10.

Subg. II. **Bacidia** (De Not.) Wainio. *Thallus* crustaceus, uniformis. *Sporae* tenues, longae, aciculares aut bacillares aut fusiformi-aciculares, vulgo 3—pluriseptatae, decolores.

Bacidia De Not. in Giorn. Bot. It. (1846) p. 189; Koerb., Syst. Germ. (1855) p. 185; Th. Fr., Lich. Scand. (1874) p. 342. *Patellaria* Müll. Arg., Princ. Classif. (1862) p. 56 (pr. p.). *Mycobacidia* Rehm in Rabenh. Krypt.-Fl. (1890) p. 337.

3. **L. rubella** (Ehrh.) Schaer., Lich. Helv. Spic. (1833) p. 168. *Lichen rubellus* Ehrh., Plant. Crypt. (1791) n. 196. *Secoliga rubella* Stizenb., Krit. Bem. Lecid. Nadelf. Spor. (1863) p. 47. *Bacidia* Th. Fr., Lich. Scand. (1874) p. 344.

Thallus crustaceus, vulgo subcontinuus, tenuis aut mediocris, vulgo verruculoso-inaequalis, albidus aut cinereo-glaucescens. *Apothecia* vulgo 0,8—0,5 (—1) millim. lata, disco plano aut demum convexo, carneo-pallido aut carneo-rufescente, nudo, margine sat tenui, persistente aut rarius demum excluso, disco vulgo subconcolore. *Hypothecium* pallidum aut raro partim rufotestaceum. *Epithecium* vulgo pallidum. *Sporae* aciculares, altero apice sensim attenuato, rectae, long. circ. 0,042—0,100, crass. 0,005—0,003 (—0,002) millim.

Ad corticem arborum prope Sitio et Lafayette (1000 metr. s. m.) in civ. Minarum, n. 250, 357, 1129. — Specimina nostra ad var. luteolam (Schrad.) Th. Fr. (l. c.), margine apotheciorum nudo dignotam, pertinent. *Thallus* hypothallo indistincto. *Gonidia* protococcoidea. *Apothecia* adpressa. *Excipulum* chondroideum, ex hyphis radiantibus conglutinatis formatum, in lamina tenui pallidum aut decoloratum. *Hymenium* circ. 0,070— 0,100 millim. crassum, jodo intense aut sat dilute caerulescens deindeque vinose rubens. *Paraphyses* haud valde arcte cohaerentes, 0,001 millim. crassae, apice non aut levissime incrassatae, neque constrictae, nec ramosae. *Asci* clavati, circ. 0,010—0,012 millim. crassi. *Sporae* 8:nae, altero apice obtusiusculo aut breviter attenuato, septis vulgo circ. 6—7 [—„16"], in speciminibus nostris 0,042—0,056 millim. longae, 0,005—0,003 (—0,002) millim. crassae.

4. **L. Sitiana** Wainio (n. sp.).

Thallus crustaceus, vulgo subcontinuus, tenuis aut crassitudine mediocris, verruculoso-inaequalis aut granuloso-adspersus aut subcontinuus, albidus aut glaucescens. *Apothecia* 0,8—1 (—1,5) millim. lata, disco plano aut demum convexo, sanguineo-fuscescente aut fusco, nudo, margine tenui aut sat tenui, persistente aut rarius demum excluso, disco vulgo subconcolore. *Hypothecium* pallidum aut albidum. *Epithecium* rufescens. *Sporae* aciculares, altero apice sensim attenuato, vulgo rectae, long. 0,090 0,040, crass. 0,006—0,003 millim.

Ad corticem arborum prope Sitio (1000 metr. s. m.) in civ. Minarum, n. 813, 827, 828. — Affinis est L. rubellae, a qua colore apotheciorum differt. — *Hypothallus* indistinctus. *Gonidia* protococcoidea. *Apothecia* adpressa. *Excipulum* parenchymatico-chondroideum, ex hyphis radiantibus conglutinatis fere parenchymatice septatis formatum, membranis incrassatis, in margine aut parte superiore extus (in lamina tenui) rufescens, ceterum pallidum. *Hymenium* circ. 0,100—0,110 millim. crassum, jodo caerulescens deindeque vinose rubens. *Paraphyses* sat laxe cohaerentes, 0,0015—0,001 millim. crassae, apice non aut paululum incrassatae, neque constrictae, nec ramosae. *Asci* clavati, circ. 0,012—0,016 millim. crassi. *Sporae* 8:nae, altero apice obtuso aut breviter attenuato, pluriseptatae, septis circ. 12—numerosissimis.

5. **L. millegrana** (Tayl.) Nyl., Lich. Nov.-Gran. (1863) p. 460, ed. 2 (1863) p. 349. *Lecanora* Tayl. in Hook. Journ. Bot. 1847 p. 159. *Patellaria* Müll. Arg., Lich. Beitr. (Fl. 1887) n. 1169, (1888) n. 1434, Lich. Parag. (1888) p. 16.

Thallus crustaceus subcontinuus, crassitudine mediocris aut crassiusculus aut raro sat tenuis aut tenuissimus, verrucoso- vel verruculoso-inaequalis, raro partim soredioso-granulosus, albidus aut albido-glaucescens. *Apothecia* 1,5—1 (—0,8) millim. lata, disco primum plano, demum vulgo convexo, carneo-fuscescente aut carneo-testaceo aut his coloribus variegato aut rarius fusconigricante, tenuiter pruinoso aut nudo, margine mediocri aut sat tenui, persistente aut subpersistente aut raro demum excluso, pallido aut testaceo- vel cinerascenti-pallescente. *Hypothecium* pallidum aut albidum aut raro partim pallido-rufescens. *Epithecium* pallidum aut testaceum aut raro purpureo-fuscescens. *Sporae* vulgo aciculares, altero apice sensim attenuato, vulgo rectae, long. circ. 0,086—0,046 [—„0,114"], crass. 0,004—0,003, raro 0,002 millim. (raro medio ventricosae —0,005 millim. crassae).

Ad corticem arborum locis numerosis lecta ad Lafayette et Sitio et in Carassa in civ. Minarum, n. 262, 291 b, 336, 555, 854, 1020, 1023, 1244. — Species est valde variabilis, formis parum constantibus. — *Thallus* hypothallo indistincto. *Apothecia* adpressa. *Excipulum* proprium, parenchymatico-chondroideum, ex hyphis formatum radiantibus, conglutinatis, fere parenchymatice septatis, cellulis brevibus aut oblongis, pallidum aut fere decoloratum. *Hymenium* circ. 0,080—0,160 millim. crassum, jodo caerulescens (interdum sat dilute) deindeque vinose rubens. *Paraphyses* arcte aut sat laxe cohaerentes, 0,001—0,0015 millim. crassae, apice non aut levissime incrassatae, neque constrictae, nec ramosae. *Asci* clavati, circ. 0,010—0,014 millim. crassi.

Sporae 8:nae, altero apice obtuso, altero sensim attenuato, circ. 3—15 [—„27"] septatae.

*L. **subluteola** (Nyl.) Wainio. *L. luteola* **L. subluteola* Nyl., Énum. Gén. Lich. (1857) p. 122. *L. subluteola* Nyl., Fl. 1869 p. 122; Krempelh., Fl. 1876 p. 269 (coll. Glaz. n. 1917: herb. Warm., n. 2206: mus. Paris.). *Patellaria* Müll. Arg., Lich. Beitr. (Fl. 1881) n. 358 (excl. var.). *Lecidea fusca* Fée, Bull. Soc. Bot. XX (1873) p. 317. Wright, Lich. Cub. n. 219 pr. p. (mus. Paris).

Thallus crustaceus, crassitudine mediocris aut crassiusculus, verrucoso-inaequalis aut verrucoso-areolatus, supra hypothallum nigrum dispersus aut subdispersus, aut raro subcontinuus, albidus aut glaucescenti-albidus. *Apothecia* 0,8—1,5 millim. lata, disco primum plano, demum vulgo convexo, livido-nigricante aut fusco-nigro fuscove aut fusco-rufescente, tenuissime pruinoso aut nudo, margine mediocri aut sat tenui, persistente aut subpersistente, pallido aut testaceo aut cinereo-pallescente. *Hypothecium* pallidum lutescensve. *Epithecium* pallidum [aut subviolaceo-fuscescens]. *Sporae* aciculares, rectae, altero apice sensim attenuato, long. 0,075—0,058, crass. 0,0045—0,003 millim.

Ad corticem arboris prope Sitio (1000 metr. s. m.) in civ. Minarum, n. 1078. — Hypothallo nigro bene evoluto differt a L. millegrana, in quam interdum transit. *Apothecia* adpressa. *Excipulum* minute pseudo-parenchymaticum, in lamina tenui pallidum. *Hymenium* circ. 0,080 millim. crassum, jodo caerulescens deindeque vinose rubens. *Paraphyses* sat laxe cohaerentes, 0,0015 —0,001 millim. crassae, apicem versus sensim levissime aut vix incrassatae, neque constrictae, nec ramosae. *Asci* clavati. *Sporae* 7—pluri-septatae, altero apice obtuso.

6. **L. acerina** (Pers.) Nyl., Fl. 1872 p. 356. *Bacidia* Arn., Fl. 1862 p. 391, 1871 p. 56; Th. Fr., Lich. Scand. 1874 p. 346. *Lecidea luteola β. L. acerina* Pers. in Ach., Meth. Lich. (1803) p. 60 (hb. Ach.).

Thallus crustaceus, mediocris [aut tenuis], verruculosus aut verrucoso-inaequalis, glaucescenti-albidus. *Apothecia* 1—0,7 millim. lata, disco plano aut demum convexo, fusconigro [aut atrosanguineo aut hepatico] aut in apotheciis juvenilibus pr. p. pallido, margine sat tenui, disco vulgo subconcolore, persistente aut demum excluso. *Hypothecium* sordide pallidum. *Epithecium* vulgo fusco-rufescens [aut violascens]. *Sporae* aciculares, vulgo rectae, altero apice sensim attenuato, altero obtuso, long. 0,064—0,054 [0,080—0,050], crass. 0,0035—0,003 [—0,002] millim.

Ad corticem arboris prope Sitio (1000 metr. s. m.) in civ. Minarum, 826. — A formis europaeis planta nostra leviter differt. *Thallus* hypothallo nigricante raro partim limitatus. *Apothecia* valde juvenilia concava aut plana. *Excipulum* chondroideum, ex hyphis conglutinatis formatum, cellulis elongatis oblongisve, in margine dilute rufescens, parte inferiore dilute pallidum. *Hymenium* circ. 0,100 millim. crassum, jodo caerulescens, demum vinose rubens. *Epithecium* KHO non reagens. *Paraphyses* arcte cohaerentes, 0,001 millim. crassae, apice haud incrassatae, neque constrictae, nec ramosae. *Asci* clavati, circ. 0,014—0,012 millim. crassi. *Sporae* 8:nae, 8:stichae, pluriseptatae (septis circ. 7—12).

7. **L. Lafayettiana** Wainio (n. sp.).

Thallus crustaceus, subcontinuus, crassitudine mediocris aut sat tenuis, demum sorediis obsitus, cinereo-glaucescens. *Apothecia* 0,8—0,6 millim. lata, disco vulgo fere mox convexo, rufofuscescente aut testaceo-rufo, nudo, immarginata aut margine parum distincto. *Hypothecium* rufescens aut testaceo-rufescens. *Epithecium* testaceo-rufescens aut pallidum. *Sporae* filiformes aut aciculares, altero apice sensim attenuato, rectae aut leviter flexuosae, long. 0,160—0,060, crass. 0,003—0,0025 millim.

Ad corticem arboris prope Lafayette (1000 metr. s. m.) in civ. Minarum, n. 295. — *Hypothallus* indistinctus. *Apothecia* adpressa. *Excipulum* minute pseudoparenchymaticum, in lamina tenui rufescens aut testaceum, basi vulgo testaceo-pallidum pallidumve. *Hypothecium* KHO non reagens. *Hymenium* circ. 0,180—0,110 millim. crassum, saepe pallidum, jodo persistenter caerulescens aut ascis solis caerulescentibus. *Paraphyses* arcte cohaerentes, 0,001 millim. crassae, apice haud incrassatae, neque constrictae, nec ramosae. *Asci* clavati, circ. 0,012 millim. crassi. *Sporae* pluriseptatae, altero apice obtuso.

8. **L. ochrocheila** Wainio (n. sp.).

Thallus crustaceus, tenuis, verruculoso-inaequalis aut rarius subgranulosus, glaucescens aut cinereo-glaucescens. *Apothecia* 1—0,6 millim. lata, disco convexo, primum plano, fusco-nigro aut rarius primum fusco, nudo, margine tenui, cinereo-pallescente aut pallido-albicante, demum excluso. *Hypothecium* parte superiore sordide rufescenti- aut fuscescenti-pallidum, parte inferiore pallidum. *Hymenium* sordide pallidum, epithecio pallido-fuscescente. *Sporae* aciculares, rectae, altero apice sensim attenuato, altero obtusiusculo, long. 0,055—0,045, crass. 0,002—0,0015 millim.

Ad corticem arboris prope Sitio (1000 metr. s. m.) in civ. Minarum, n. 860. L. russeolae Krempelh., Lich. Arg. Hier. (Fl. 1878) p. 23, haud parum congruit, at praecipue apotheciis convexis ab ea recedit. *Thallus* hypothallo indistincto. *Apothecia* adpressa. *Excipulum* chondroideum, ex hyphis radiantibus conglutinatis formatum, membranis incrassatis, lumine cellularum angusto, longiore brevioreve, in lamina tenui decoloratum aut dilute pallidum, strato myelohyphico destitutum. *Hypothecium* KHO non reagens. *Hymenium* jodo subpersistenter caerulescens. *Paraphyses* arcte cohaerentes, 0,001—0,0015 millim. crassae, apice haud incrassatae, neque ramosae, nec constrictae. *Sporae* septis paucis (— circ. 7).

9. **L. endoporphyra** Wainio (n. sp.).

Thallus crustaceus, tenuissimus, subcontinuus, sublaevigatus, glaucescens. *Apothecia* 0,7—0,3 millim. lata, disco convexo, fusco-nigro aut umbrino-fusco, nudo, margine tenui, livido-cinerascente, mox excluso. *Hypothecium* purpureo- vel violaceo-fuscescenti-fuligineum. *Epithecium* fere decoloratum. *Sporae* subaciculares, rectae, apicibus tenuibus, long. 0,032—0,018, crass. 0,0015 millim.

Supra folia arboris in Carassa (1400 metr. s. m.) in civ. Minarum, n. 1440 b. — *Thallus* esorediatus, hyphis 0,002—0,0015 millim. crassis, fere leptodermaticis, hypothallo indistincto. *Gonidia* protococcoidea. *Apothecia* adpressa, valde juvenilia plana. *Excipulum* in lamina tenui sordidum subdecoloratumque, chondroideum, ex hyphis radiantibus conglutinatis formatum. *Hypothecium* crassum, KHO paullo distinctius purpureum. *Hymenium* circ. 0,060 millim. crassum, jodo persistenter caerulescens. *Paraphyses* sat laxe cohaerentes, 0,001 millim. crassae, apicem versus vix aut leviter incrassatae, neque constrictae, nec ramosae. *Asci* clavati, circ. 0,010 millim. crassi. *Sporae* 8:nae, polystichae, apicibus acutiusculis, pluri—pauci-septatae.

10. **L. micraspis** Wainio (n. sp.).

Thallus crustaceus, tenuissimus, sat laevigatus aut leviter inaequalis, albidus aut glaucescenti-albidus, aut fere evanescens. *Apothecia* 0,4—0,2 millim. lata, disco plano aut demum convexo, nigro aut rarius fusconigro fuscove, nudo, margine tenui, persistente aut demum excluso, disco vulgo concolore. *Hypothecium* cupreo-rufescens aut rufescenti-rubescens aut fulvorufescenti-rubescens. *Epithecium* vulgo fuligineum. Sporae aciculares, altero apice sensim attenuato, rectae, long. 0,058—0,030, crass. 0,004 —0,003 millim.

Ad corticem fruticum prope Sitio (1000 metr. s. m.) in civ. Minarum, n. 527. — *Hypothallus* indistinctus. *Apothecia* adpressa, valde juvenilia vulgo concava. *Excipulum* chondroideum, ex hyphis conglutinatis formatum, parte exteriore pseudoparenchymaticum, in margine (in lamina tenui) fuligineum aut subviolaceo-fuligineum, parte inferiore pallidum, KHO non reagens. *Hypothecium* KHO non reagens. *Hymenium* circ. 0,060—0,070 millim. crassum, jodo persistenter caerulescens, ascis partim subviolaceo-obscuratis. *Paraphyses* arcte cohaerentes, 0,001 millim. crassae, apice vix incrassatae, neque constrictae, nec ramosae. *Asci* clavati, circ. 0,012 millim. crassi. *Sporae* 8:nae, circ. 7—14 septatae, altero apice obtuso.

11. **L. asemanta** Wainio (n. sp.).

Thallus crustaceus, sat tenuis, verruculoso-inaequalis et parce granulosus, subcontinuus aut diffractus subdispersusve, glaucescenti-albidus aut cinereo-glaucescens. *Apothecia* 0,3—0,2 millim. lata, disco planiusculo aut demum convexiusculo, nigro, nudo, margine tenuissimo, disco concolore, fere mox aut demum excluso. *Hypothecium* fusconigricans, in KHO immutatum aut purpureo-fuscescens. *Epithecium* fuligineum aut smaragdulo-fuligineum. *Sporae* aciculares, altero apice sensim attenuato, subrectae, long. 0,025—0,014, crass. 0,0025—0,002 millim.

Ad corticem arboris prope Lafayette (1000 metr. s. m.) in civ. Minarum, 326. — *Thallus* hypothallo nigricante tenui passim praesertimque ad ambitum conspicuo. *Apothecia* adpressa. *Excipulum* in lamina tenui fuligineum, in margine caeruleo-smaragdulo-fuligineum, KHO non reagens. *Hymenium* circ. 0,035 millim. crassum, jodo caerulescens deindeque ascis obscure vinose rubentibus. *Epithecium* KHO non reagens. *Paraphyses* arcte cohaerentes, 0,001 millim. crassae, apice leviter clavatae aut parum incrassatae, neque constrictae, nec ramosae. *Asci* clavati, circ. 0,014 millim. crassi. *Sporae* 8:nae, altero apice obtuso, pauciseptatae, septis vulgo circ. 1—3.

12. **L. albescens** (Arn.) Wainio, Adj. Lich. Lapp. II (1883) p. 14. *Bacidia* Th. Fr., Lich. Scand. (1874) p. 348. *Scoliciosporum atrosanguineum* f. *albescens* Arn., Fl. 1858 p. 475.

Thallus crustaceus, tenuis, granuloso-leprosus, albidus [aut glaucescens]. *Apothecia* circ. 0,3—0,2 [—0,6] millim. lata, convexa, immarginata [aut primo tenuiter marginata], albido-pallida [aut carneo-lutea], nuda. *Hypothecium* decoloratum pallidumve. *Epithecium* lutescens pallidumve. *Sporae* aciculares, vulgo rectae, altero apice sensim attenuato, long. circ. 0,036—0,030 [—0,042], crass. 0,0015—0,001 millim.

Ad corticem arboris in Carassa (1400 metr. s. m.) in civ. Minarum, n. 1382. — Parce lecta, at omnino typica. — *Hymenium* dilute caerulescens, dein vinose rubens. *Paraphyses* arcte cohaerentes.

13. **L. medialis** Tuck. in Nyl. Lich. Nov.-Gran. ed. 2 (1863) p. 346. *Biatora medialis* Tuck., Syn. North. Am. II (1888) p. 132 & 159 (coll. Wright, Lich. Cub. n. 203: mus. Paris.).

Thallus crustaceus, sat tenuis, verruculoso-inaequalis aut rarius parceque granulosus, glaucescens aut cinereo-glaucescens aut albidus. *Apothecia* 1,5—0,2 millim. lata, disco primum plano, demum vulgo convexo, vulgo testaceo, rarius carneo-pallido aut rufescente, nudo, margine sat tenui tenuive, disco vulgo subconcolore, aut rarius pallidiore, persistente aut evanescente. *Hypothecium* pallidum aut testaceum aut fere albidum. *Epithecium* dilute pallidum aut decoloratum. *Sporae* vulgo fusiformi-aciculares aut pro parte bacillares elongataeve, rectae, long. 0,036—0,016, crass. 0,004—0,003 (—0,0025) millim.

Ad corticem arborum prope Rio de Janeiro, n. 6 (f. diminuta Wainio) et 452, et ad Sitio (1000 metr. s. m.), n. 1116, atque Lafayette (1000 metr. s. m.), n. 291 (f. obscurascens Wainio), in civ. Minarum. — Inter Bacidias et Bilimbias est intermedia, potius ad priores tamen pertinens. *Thallus* hypothallo vulgo indistincto. *Apothecia* adpressa. *Excipulum* ex hyphis formatum radiantibus, conglutinatis, fere parenchymatice septatis, aut fere chondroideum, pallidum aut fere decoloratum aut in margine testaceo-rufescens. *Hymenium* circ. 0,055—0,080 millim. crassum, decoloratum aut pallidum aut totum rufescens, jodo dilutissime aut sat bene caerulescens deindeque vinose rubens. *Paraphyses* arcte aut sat laxe cohaerentes, 0,001—0,002 millim. crassae, apice vix incrassatae, neque ramosae, nec constrictae. *Asci* clavati, circ. 0,008—0,014 millim. crassi. *Sporae* 8:nae, apicibus ambobus attenuatis acutisque aut obtusis, altero apice solo obtuso, vulgo 3-septatae, rarius 4—5-septatae.

Obs. **F. diminuta** Wainio apotheciis minoribus, 0,3—0,2 millim. latis, carneo-pallidis (thallo cinereo-glaucescente) distinguitur. In f. **obscurascente** Wainio apothecia sunt 0,7—1,5 millim. lata, rufescentia aut partim testaceo-variegata testaceave; thallus albido-glaucescens albidusve.

Subg. III. **Thalloedaema** (Mass.) Wainio. *Thallus* squamulosus aut squamuloso-areolatus vel ex areolis crenulatis lacinulatisve constans aut ambitu effiguratus. *Sporae* minores, sat breves, ellipsoideae aut elongato-oblongae aut fusiformes, 1—3-septatae, decolores, halone nullo indutae.

Thalloidima Mass., Ric. Lich. Crost. (1852) p. 95; Koerb., Syst. Germ. (1855) p. 178. *Toninia* ***Thalloedema* Th. Fr., Lich. Scand. (1874) p. 336.

14. **L. subternaria** Wainio (n. sp.).

Thallus squamulosus, squamulis parvis, circ. 0,7—0,3 millim. longis latisque, sat tenuibus, anguste inciso- aut verruculoso-crenulatis, adscendentibus aut raro pr. p. adpressis, glaucescenti-albidis aut cinereis, dispersis aut areolato-confertis. *Apothecia* 0,5—0,3 millim. lata, mox convexa immarginataque, demum vulgo tuberculosa confluentiaque, disco nigro, nudo. *Hypothecium* dilute caerulescens. *Epithecium* smaragdulo-caerulescens. *Sporae* 8:nae, ovoideo-oblongae aut ovoideo-fusiformes, rectae, primo 1-septatae, demum 3-septatae, long. 0,016—0,010, crass. 0,005—0,003 millim.

Ad saxa itacolumitica in Carassa (1400—1500 metr. s. m.) in civ. Minarum, n. 1255. — L. triseptam (Naeg.) in memoriam revocat, sed thallo vere squamuloso ab ea differt. — *Squamulae* cortice destitutae. *Apothecia* adpressa. *Excipulum* proprium, basale, ex hyphis conglutinatis formatum, extus smaragdulo-caerulescens, intus albidum. *Hymenium* totum smaragdulo-caerulescens, jodo persistenter caerulescens. *Paraphyses* sat arcte cohaerentes, 0,0015—0,002 millim. crassae, apice haud incrassatae, neque constrictae, nec ramosae. *Asci* clavati, 0,010—0,008 millim. crassi. *Sporae* distichae, apicibus obtusis aut rotundatis aut raro altero apice acutiusculo, cellulis lenticularibus, halone nullo.

15. **L. tenuisecta** Wainio (n. sp.).

Thallus squamulosus, squamulis vulgo circ. 2,5—1 millim. longis latisque, sat tenuibus, anguste inciso-crenulatis, adpressis, caesioalbidis aut rarius caesio-cinerascentibus, dispersis aut contiguis. *Apothecia* 0,5—0,8 millim. lata, mox convexa immarginataque, disco nigro, nudo. *Hypothecium* sordide hyalinum aut dilute caeruleo-fuscescens. *Epithecium* smaragdulo-caeruleo-fuligineum. *Sporae* 8:nae, oblongae aut fere ellipsoideae, rectae, 1-septatae, long. 0,015—0,009, crass. 0,005—0,004 millim.

Ad rupem itacolumiticam in Carassa (1400—1500 metr. s. m.) in civ. Minarum, n. 1287. — *Squamae* thallinae saepe margine liberae. *Apothecia* adpressa, interdum demum tuberculosa aggregataque, vulgo solitaria. *Excipulum* chondroideum, ex hyphis radiantibus, ramosis connexisque, conglutinatis formatum, in lamina tenui fere decoloratum aut dilute caerulescens, extus saepe caeruleo-smaragdulo-fuligineum, KHO non reagens. *Epithecium* KHO non reagens. *Hymenium* circ. 0,060—0,070 millim. crassum, interdum dilute caerulescens, jodo persistenter caerulescens. *Paraphyses* arcte cohaerentes, 0,0015 millim. crassae, apice vix incrassatae, neque constrictae, nec ramosae. *Asci* clavati, circ. 0,012 millim. crassi. *Sporae* distichae, apicibus rotundatis obtusisve.

16. **L. adscendens** Wainio (n. sp.).

Thallus squamulosus, squamulis circ. 0,5—0,8 millim. longis, tenuibus, anguste inciso-crenulatis crenulatisve, adscendentibus aut suberectis, superne virescentibus aut cinereo-glaucescentibus, dispersis aut caespitoso-confertis. *Apothecia* circ. 1—0,3 millim. lata, mox convexa immarginataque, disco nigro, nudo. *Hypothecium* dilute sordideque caeruleo-smaragdulum aut sordide hyalinum. *Epithecium* smaragdulo-caeruleo-fuligineum. *Sporae* 8:nae, oblongo-fusiformes aut fusiformi-ovoideae aut oblongae, 1-septatae, long. 0,011—0,008, crass. 0,0025—0,002 millim.

Supra rupem itacolumiticam in Carassa (1500 metr. s. m.)

in civ. Minarum, n. 1401 b, 1550. — *Thallus* strato corticali destitutus, hyphis 0,002—0,0015 millim. crassis. leptodermaticis. *Gonidia* globosa. diam. 0,006—0,004 millim., flavovirescentia, 2-—plura glomerulose connata, membrana crassiuscula. *Apothecia* adpressa, vulgo demum tuberculosa conglomerataque aut subconfluentia, acervulos parvos formantia. *Excipulum* proprium chondroideum, ex hyphis radiantibus, ramoso-connexis, conglutinatis formatum, intus dilute caeruleo-smaragdulum subdecoloratumque, extus tenuiter caeruleo-smaragdulum. *Hymenium* dilute sordide aeruginosum, jodo caerulescens deindeque sordide coloratum. *Epithecium* KHO non reagens. *Paraphyses* arcte cohaerentes, 0,001—0,0015 millim. crassae, apice haud incrassatae, neque constrictae, nec ramosae. *Asci* clavati, circ. 0,008 millim. crassi. *Sporae* distichae, decolores, apicibus attenuato-obtusiusculis obtusisve.

17. **L. melanococca** Wainio (n. sp.).

Thallus areolato-squamosus, squamis circ. 1—0.3 millim. longis latisque, sat crassis aut mediocribus, subcrenatis aut angulosis, convexiusculis aut planiusculis, adpressis, olivaceo-tabacinis aut olivaceo-pallescentibus, dispersis aut subcontiguis. *Apothecia* circ. 1—0.5 millim. lata, demum vulgo aggregata, mox convexa immarginataque, disco nigro. nudo. *Hypothecium* purpureum aut violaceo-purpureum. *Epithecium* caeruleo-smaragdulo-fuligineum aut nigricans. *Sporae* 8:nae, oblongae aut pro parte ovoideo-oblongae, 1-septatae, long. 0,019—0,011, crass. 0,007—0,005 millim.

Ad terram arenosam supra rupem in Carassa (1450 metr. s. m.) in civ. Minarum, n. 1202, 1526, 1513, 1571. — L. conferta (Müll. Arg., Lich. Beitr. 1881 n. 324) praecipue hypothecio et L. melanobotrys (Müll. Arg., l. c. n. 354) thallo a planta nostra differunt. — *Apothecia* pro parte simplicia, vulgo demum tuberculosa aggregataque, acervulos — 4 millim. latos formantia. *Excipulum* cartilagineum, ex hyphis formatum radiantibus, conglutinatis, membranis incrassatis, lumine cellularum tenuissimo, colore intus hypothecio simile, extus partim decoloratum. *Hymenium* jodo caerulescens, demum obscuratum. *Ephithecium* KHO non reagens. *Paraphyses* arcte cohaerentes, 0,001 millim. crassae, apice haud incrassatae, haud constrictae.

Asci clavati. *Sporae* distichae, decolores, apicibus obtusis aut altero apice rotundato.

Subg. IV. **Bilimbia** (De Not.) Wainio. *Thallus* crustaceus, uniformis. *Sporae* minores, sat breves, oblongae aut fusiformes aut elongatae, 3—pluri-septatae, decolores, halone nullo indutae.

Bilimbia De Not. in Giorn. Bot. It. (1846) p. 190; Koerb., Syst. Germ. (1855) p. 211; Th. Fr., Lich. Scand. (1874) p. 368. *Patellaria* sect. *Bilimbia* Müll. Arg., Princ. Classif. (1862) p. 58. *Mycobilimbia* Rehm in Rabenh. Krypt.-Fl. III (1890) p. 327 (saltem pr. p.).

18. **L. poliocheila** Wainio (n. sp.).

Thallus crustaceus, tenuis aut sat tenuis, verruculoso-granulosus, interdum passim soredioso-leprosus crassiusculusque, glaucescenti-albidus vel cinereo-glaucescens. *Apothecia* circ. 0,8—0,6 millim. lata, disco plano aut demum convexo, nigro, nudo, margine tenui, integro, persistente aut demum excluso, cinereo-pallido pallescenteve. *Hypothecium* fuscescenti- aut rubricoso-fuligineum. *Epithecium* smaragdulum aut smaragdulo- vel olivaceo-fuligineum. *Sporae* 8:nae, oblongae aut obtuse fusiformi-oblongae, rectae aut rarius obliquae, 3-septatae, long. 0,019—0,012, crass. 0,006—0,004 (—0,003) millim.

In rupe et supra terram humosam plantasque destructas loco arenoso aprico in Carassa (1450 metr. s. m.) in civ. Minarum, n. 1305, 1389, 1442. *Thallus* neque KHO, nec $Ca\,Cl_2\,O_2$ reagens, hypothallo indistincto. *Apothecia* adpressa. *Excipulum* in lamina tenui dilute pallescens, ex hyphis radiantibus tenuibus breviter cellulosis conglutinatis formatum, gonidiis destitutum, strato medullari nullo. *Hymenium* circ. 0,050—0,070 millim. crassum, jodo caerulescens, dein obscure vinose rubens. *Epithecium* KHO dilutescens. *Paraphyses* 0,001 millim. crassae, apice non aut levissime incrassatae, gelatinam parum abundantem firmam percurrentes, neque ramosae, nec constrictae. *Asci* clavati, 0,016—0,012 millim. crassi, apice membrana modice incrassata. *Sporae* polystichae.

19. **L. nigrificata** Wainio. *Patellaria nigrata* Müll. Arg., Lich. Beitr. (Fl. 1888) n. 1432 (nomen varietati affini et subspeciei hujus generis jam adhibitum).

Thallus crustaceus, tenuissimus indistinctusve aut tenuis verruculosusque. *Apothecia* circ. 1—0,3 (—1,5) millim. lata, convexa, jam primo immarginata, saepe demum tuberculosa, disco atro, nudo. *Hypothecium* albidum aut aeruginosum. *Epithecium* caeruleo-virescens vel aeruginoso-fuligineum. *Sporae* 8:nae, ellipsoideo-fusiformes ellipsoideaeve aut oblongae, vulgo rectae, 3-septatae, long. circ. 0,014—0,010, crass. 0,006—0,0035 millim.

Var. **Mülleri** Wainio. *Sporae* subellipsoideae, long. 0,014—0,010, crass. 0,006—0,005 millim.

Ad terram argillaceo-arenosam prope Sitio (1000 metr. s. m.) in civ. Minarum, n. 561. — Affinis est L. triseptae (Naeg.), a qua sporis brevioribus differt. — *Thallus* tenuissimus indistinctusve (terrae argillaceae immixtus). *Apothecia* 1—0,3 (—1,5) millim. lata, demum tuberculosa. *Excipulum* chondroideum, ex hyphis conglutinatis ramoso-connexis formatum, sat dilute caeruleo-smaragdulum. *Hypothecium* albidum. *Hymenium* arcte cohaerens, jodo persistenter caerulescens. *Epithecium* caeruleo-virescens. *Paraphyses* 0,0005 millim. crassae, sat parcae, partim parce ramoso-connexae. *Asci* clavati, circ. 0,014—0,012 millim. crassi. *Sporae* distichae, ellipsoideo-fusiformes ellipsoideaeve aut parcius oblongae, apicibus obtusis rotundatisve, rectae.

Var. **Lafayettii** Wainio. *Sporae* sublongae, long. 0,014—0,012, crass. 0,004—0,0035 millim. In latere rupis prope Lafaytte (1000 metr. s. m.) in civ. Minarum, n. 251. — *Thallus* tenuis, verruculosus, glaucescenti-albidus, aut evanescens. *Apothecia* 0,8—0,3 millim. lata, convexa aut primum depresso-convexiuscula, demum saepe tuberculosa confluentiave. *Excipulum* albidum pallidumve aut aeruginosum, ex hyphis conglutinatis leptodermaticis radiantibus formatum, cellulis brevibus aut pro parte elongatis. *Hypothecium* albidum aut aeruginosum. *Hymenium* dilute aeruginosum, epithecio aeruginoso-fuligineo, KHO non reagente, jodo dilute caerulescens, dein vinose rubens. *Epithecium* caeruleo-smaragdulo-fuligineum. *Paraphyses* arcte cohaerentes, 0,0015 millim. crassae, apice haud incrassatae, neque constrictae, nec ramosae. *Asci* clavati, circ. 0,012 millim. crassi. *Sporae* oblongo-fusiformes oblongaeve, vulgo rectae, apicibus obtusis aut ambobus alterove apice rotundatis, long. 0,014—0,012, crass. 0,004—0035 millim.

20. **L. subrudecta** Wainio (n. sp.).

Thallus crustaceus, sat tenuis, verruculosus, verruculis subdispersis, glaucescenti-albidis. *Apothecia* circ. 0,8—0,4 millim. lata, convexa, jam primo immarginata, demum tuberculosa confluentiave, disco atro, nudo. *Hypothecium* purpureo-fuligineum. *Epithecium* fuligineum nigricansve. *Sporae* 8:nae, oblongae aut ovoideo-oblongae, rectae, 3-septatae, long. 0,016—0,010, crass. 0,0045—0,0025 millim.

Ad terram argillaceo-arenosam prope Sitio (1000 metr. s. m.). in civ. Minarum, 610. Habitu similis L. triseptae et L. nigrificatae Wain., at magis affinis L. melaenae. *Thallus* hypothallo nigricante interdum limitatus. *Gonidia* protococcoidea. *Excipulum* chondroideum, purpureofuligineum. *Hypothecium* KHO non reagens. *Hymenium* arcte cohaerens, circ. 0,060 millim. crassum, jodo persistenter caerulescens. *Epithecium* KHO non reagens. *Paraphyses* 0,001—0,0005 millim. crassae, haud numerosae, neque ramosae, nec constrictae. *Asci* clavati, 0,010—0,008 millim. crassi. *Sporae* distichae, apicibus rotundatis aut altero apice obtuso.

21. **L. lividofuscescens** Nyl., Fl. 1869 p. 122; Krempelh., Fl. 1876 p. 268 (coll. Glaz. n. 1946: hb. Warm.).

Thallus crustaceus, tenuis aut sat tenuis, subcontinuus, leviter inaequalis, glaucescens aut cinereo-glaucescens. *Apothecia* 0,4—0,8 millim. lata, disco primum plano, demum convexo, livido-fusco aut umbrino, nudo, margine evanescente, disco fere concolore, aut exluso. *Hypothecium* fusconigrum. *Epithecium* decoloratum. *Sporae* 8:nae, oblongae aut ovoideo-oblongae aut fusiformi-oblongae, rectae, 3-septatae, long. 0,016—0,010, crass. 0,004—0,002 millim.

Ad corticem arboris in Carassa (1400 metr. s. m.) in civ. Minarum, n. 1481. — *Thallus* interdum partim hypothallo nigricante limitatus. *Apothecia* adpressa. *Excipulum* chondroideum, fusconigrum aut extus partim pallidum, KHO non reagens. *Hypothecium* KHO non reagens. *Hymenium* circ. 0,040—0,035 millim. crassum, jodo persistenter caerulescens. *Paraphyses* arcte cohaerentes, vix 0,001 millim. crassae, neque ramosae, nec constrictae. *Asci* clavati, circ. 0,008 millim. crassi. *Sporae* distichae, alterum apicem versus saepe paullo crassiores, apicibus obtusis aut apice crassiore rotundato.

22. **L. Andita** Nyl., Fl. 1864 p. 620, Lich. Nov.-Gran. Addit. (1867) p. 323 (mus. Paris.).

Thallus crustaceus, sat tenuis aut mediocris, inaequalis aut subgranulosus, subcontinuus aut diffractus, glaucescens aut stramineo-glaucescens. *Apothecia* 0,5—1,1 millim. lata, disco plano aut rarius demum convexiusculo, carneo vel testaceo-carneo aut carneo-rubello, nudo, margine mediocri vel sat tenui, persistente, disco concolore. *Hypothecium* fulvescens aut fulvescenti-pallidum. *Epithecium* pallidum. *Sporae* 8:nae, fusiformi-oblongae aut oblongae aut fusiformes, rectae, 5—7-septatae, long. 0,034—0,017, crass. 0,006—0,0045 millim.

Ad lapillos prope Rio de Janeiro, n. 42, 58, 75. — *Thallus* hyphis tenuibus, leptodermaticis, hypothallo indistincto. *Gonidia* protococcoidea. *Apothecia* adpressa, recentissima concava aut rarius plana. *Margo* apotheciorum obtusus, primum vulgo elevatus. *Excipulum* chondroideum, ex hyphis conglutinatis, fere parenchymatice septatis formatum, in lamina tenui fulvescenti-pallidum aut intus subdecoloratum et extus testaceo- aut pallido-fulvescens. *Hypothecium* KHO non reagens. *Hymenium* circ. 0,090 millim. crassum, jodo caerulescens deindeque partim subviolaceo-obscuratum. *Paraphyses* sat laxe cohaerentes, 0,001 millim. crassae, apice haud incrassatae, neque constrictae, nec ramosae. *Asci* clavati, circ. 0,014—0,020 millim. crassi. *Sporae* distichae, demum 5- aut rarius 7-septatae, apicibus obtusis aut attenuatis.

23. **L. atricha** Wainio (n. sp.).

Thallus crustaceus, tenuis, sat aequalis, subcontinuus aut subdispersus, glauco-virescens. *Apothecia* adpressa, 0,4—0,2 millim. lata, disco plano planiusculove, nigro, nudo, margine tenui, persistente, albido aut sordide albicante, laevigato. *Hypothecium* fusco-nigricans. *Epithecium* fuscescens. *Sporae* 8:nae, oblongae, aut ovoideo-oblongae, vulgo rectae aut pro parte leviter curvatae, 3-septatae, long. 0,019—0,012, crass. 0,006—0,003 millim.

Ad folia arborum prope Sitio (1000 metr. s. m.) in civ. Minarum, n. 565. — *Hypothallus* indistinctus. *Gonidia* protococcoidea. *Excipulum* ex hyphis conglutinatis, parenchymatice septatis formatum, gonidiis destitutum, in lamina tenui testaceo-fuscescens. *Hypothecium* KHO non reagens. *Hymenium* arcte cohaerens, circ. 0,050—0,055 millim. crassum, jodo caerulescens, dein vinose rubens. *Paraphyses* sat parcae, 0,0005 millim. crassae, apice leviter aut parum incrassatae, gelatinam sat abundantem percurrentes, parce ramoso-connexae, haud constrictae (in KHO et H_2SO_4). *Asci* clavati, circ. 0,010—0,012 millim. crassi. *Sporae* distichae, apicibus rotundatis obtusisve, nonnullae raro fortuito 4-septatae, halone nullo.

Subg. V. **Lopadium** (Koerb.) Wainio. *Thallus* crustaceus, uniformis. *Sporae* murales, decolores aut pallidae, magnae, halone nullo indutae.

Lopadium Koerb., Syst. Germ. (1855) p. 210; Th. Fr., Lich. Scand. (1874) p. 388; Müll. Arg., Lich. Beitr. (Fl. 1881) n. 268 (emend.). *Heterothecium* *****Lopadium* Tuck., Syn. North Am. II (1888) p. 57.

1. **Gymnothecium** Wainio. *Epithecium* gonidiis hymenialibus destitutum.

24. **L. leucoxantha** (Spreng.) Nyl., Énum. Gén. Lich. (1857) p. 123 (excl. var.); Krempelh., Lich. Bras. Warm. (1873) p. 25, Fl. 1876 p. 268. *Heterothecium leucoxanthum* Mass., Misc. Lichenol. (1856) p. 39, Esam. Comp. Lich. (1860) p. 17; Müll. Arg., Lich. Beitr. (Fl. 1881) n. 260; Tuck., Syn. North Am. II (1888) p. 58.

Thallus crustaceus, subcontinuus, verruculoso-inaequalis, crassitudine mediocris aut sat tenuis, albidus aut stramineo-glaucescens. *Apothecia* circ. 1,8—0,8 millim. lata, disco plano, ochraceo-fulvescente aut ochraceo-nigricante, margine crassiusculo aut mediocri, ochraceo aut fulvescente, persistente. *Hypothecium* pallidum [aut rufofuscens: Tuck., l. c.]. *Sporae* solitariae, oblongae, murales, long. circ. 0,094—0,052, crass. 0,036—0,020 millim.

Ad corticem arborum passim obvia, n. 302, 321, 691, 738, 762, 809, 835. — *Thallus* esorediatus, hypothallo cinereo aut nigricante interdum partim limitatus. *Gonidia* protococcoidea. *Apothecia* adpressa. *Excipulum* proprium, gonidiis destitutum, strato myelohyphico, aërem continente, albido, infra hypothecium sito, in margine et basi apothecii chondroideum et ex hyphis radiantibus, conglutinatis formatum, fulvescens. *Hymenium* circ. 0,130—0,110 millim. crassum, jodo persistenter caerulescens. *Epithecium* fulvescens, KHO solutionem violaceam effundens. *Paraphyses* sat laxe cohaerentes, 0,0015 millim. crassae, apice haud incrassatae, parce ramoso-connexae, pro maxima parte simplices, haud constrictae. *Sporae* pallidae (primum albidae), KHO violascenstes, apicibus rotundatis, pariete tenui, halone nullo, cellulis numerosissimis.

25. **L. subobscurata** Wainio (n. sp.).

Thallus crustaceus, tenuis aut mediocris, verruculosus aut verruculoso-inaequalis, aut parce etiam granulosus, subcontinuus aut subdispersus, glaucescens aut albido- vel cinerascenti-glaucescens. *Apothecia* adpressa, 0,4—1 millim. lata, disco primum plano, demum convexo, atro, nudo, margine tenui. atro, demum excluso. *Hypothecium* fusco-nigricans. *Sporae* 8:nae, aut abortu pauciores, oblongae aut ellipsoideae aut ovoideae, murales, long. 0,026—0,014, crass. 0,012—0,006 millim.

Ad basin truncorum arborum et ad terram humosam in fissuris rupium in Carassa (1400—1500 metr. s. m.) in civ. Minarum, n. 301, 1204, 1307. *Thallus* hypothallo nigricante raro partim limitatus. *Apothecia* subnitida. *Excipulum* chondroideum, ex hyphis radiantibus pachydermaticis conglutinatis formatum, lumine cellularum angusto elongatoque, extus aut solum basi extus subdecoloratum, intus fusco-nigricans. *Hymenium* circ. 0,080 —0,060 millim. crassum, jodo persistenter caerulescens. *Epithecium* sordidum aut dilute fuscescens. *Paraphyses* arcte cohaerentes, 0,001 millim. crassae, apice haud incrassatae, neque constrictae, nec ramosae. *Asci* clavati, circ. 0,018—0,016 millim. crassi. *Sporae* distichae, decolores, apicibus rotundatis aut altero apice obtuse attenuato, cellulis demum numerosis aut sat numerosis, halone nullo.

26. **L. murina** Wainio (n. sp.).

Thallus crustaceus, subdispersus, tenuis aut sat tenuis, leproso-granulosus, glaucescens aut cinereo-glaucescens. *Apothecia* adpressa, 0,8—0,5 millim. lata, disco convexo, cinereo- vel livido-fuscescente aut fusco-nigro, nudo, margine tenui, disco concolore, demum excluso. *Hypothecium* violaceo-purpureo-fuligineum. *Sporae* 8:nae, oblongae aut ellipsoideae, murales, long. 0,028—0,018, crass. 0,012—0,008 millim.

Supra muscos ad basin arboris in Carassa (1400 metr. s. m.) in civ. Minarum, n. 1272. — Facie externa L. triplicanti Nyl. subsimilis. Affinis sit L. bilimbioidi (Müll. Arg., Lich.

Parag. 1888 p. 17). *Hypothallus* indistinctus. *Apothecia* juvenilia plana. *Excipulum* chondroideum, ex hyphis conglutinatis formatum, membranis incrassatis, cellulis elongatis, tenuibus, in margine parte interiore violaceo-purpureo-fuligineum, ceterum decoloratum. *Hypothecium* crassum, KHO non reagens. *Hymenium* circ. 0,140 millim. crassum, dilute olivaceo-pallidum, jodo persistenter caerulescens. *Paraphyses* arcte cohaerentes, 0,001 millim. crassae, strato gelatinoso indutae, ramosae et parce ramoso-connexae, haud constrictae. *Asci* clavati, circ. 0,014—0,022 millim. crassi. *Sporae* distichae, decolores, cellulis numerosis, halone nullo.

27. **L. perpallida** Nyl., Lich. Nov.-Gran. ed. 2 (1863) p. 354 (69); Krempelh., Fl. 1876 p. 270 (hb. Warm. et mus. Paris.). *Heterothecium perpallidum* Müll. Arg., Lich. Beitr. (Fl. 1881) n. 265.

Thallus crustaceus, subcontinuus, sat crassus aut tenuis, verruculoso-inaequalis aut sublaevigatus, cinereo- aut glaucescenti-albidus. *Apothecia* adpressa, 1,5—1 millim. lata, disco primum plano, demum convexo, pallido aut cinereo- vel livido-pallescente, pruinoso, margine mediocri aut sat tenui, disco concolore, persistente aut demum excluso. *Hypothecium* rufescens aut fulvo-rufescens. *Sporae* 4:nae aut binae [aut solitariae], elongatae, murales, long. 0,110—0,054, crass. 0,018—0,010 [—0,024] millim.

Ad corticem arborum pluribus locis prope Rio de Janeiro, n. 113 b, 159, 441. *Thallus* [1]) hypothallo obscurato interdum anguste limitatus. *Exipulum* proprium, gonidiis destitutum, pseudoparenchymaticum, in lamina tenui albidum aut pallidum. *Hymenium* circ. 0,280—0,100 millim. crassum, jodo persistenter caerulescens. *Epithecium* pallidum. *Paraphyses* laxe aut sat arcte cohaerentes, 0,002—0,0015 millim. crassae, apice incrassatae et crebre septatae et arctius connatae. *Asci* subcylindrici aut clavati, circ. 0,026—0,024 millim. crassi, membrana tota incrassata. *Sporae* decolores, rectae aut curvatae, apicibus rotundatis aut obtusis, loculis numerosissimis, passim constrictae et pressione levi in articulos divisae.

---

[1]) Ad thallum saepe fungus provenit *Cyphella aeruginascens* Karst. (in Hedwigia 1889 p. 191), ad quam etiam „*campylidia*" et *Lecidea irregularis* Fée (Bull. Soc. Bot. XX 1873 p. 318) secundum specimina originalia pertinent.

28. **L. argentea** (Mont.) Nyl., Énum. Gén. Lich. (1857) p. 123 (mus. Paris.). *Biatora* Mont., Syllog. (1856) p. 338 (mus. Paris.).

Thallus crustaceus, continuus, tenuis aut sat tenuis, sublaevigatus aut levissime verruculoso-inaequalis, glaucescenti-albidus. *Apothecia* subimmersa, demum fere subadpressa, tenuia, 0,8—0,3 millim. lata, disco planiusculo aut levissime convexiusculo, livido-fuscente, tenuissime pruinoso aut rarius subnudo, margine tenuissimo aut indistincto, pallescente aut fuscescente. *Hypothecium* pallidum. *Sporae* solitariae, ellipsoideae, murales, long. 0,086—0,038, crass. 0,026—0,018 millim.

Ad corticem vetustum arborum prope Sitio (1000 metr. s. m.) in civ. Minarum, n. 534, 1055. — Habitu fere Agyriorum. *Thallus* esorediatus. *Gonidia* protococcoidea. diam. 0,012—0,006 millim., membrana tenui. *Excipulum* proprium, chondroideum, tubulis tenuissimis ramosis gelatinam abundantem percurrentibus, extus anguste dilute fuscescens, ceterum decoloratum, strato myelohyphico nullo. *Hypothecium* tenue. *Hymenium* circ. 0,080 millim. crassum, jodo non reagens. *Epithecium* fuscescens, KHO non reagens. *Paraphyses* 0,0005 millim. crassae, apice haud incrassatae, gelatinam in KHO turgescentem percurrentes, haud constrictae, ramoso-connexae. *Sporae* decolores, apicibus rotundatis aut altero apice raro obtuso, cellulis numerosissimis.

29. **L. lecanorella** Nyl., Énum. Gén. Lich. (1857) p. 123, Lich. Nov.-Gran. ed. 2 (1863) p. 353. *Heterothecium lecanorellum* Mass., Esam. Comp. Lich. (1860) p. 18; Müll. Arg., Lich. Beitr. (Fl. 1881) n. 262.

Thallus crustaceus, subcontinuus, tenuis, leviter verruculoso-inaequalis, albidus. *Apothecia* adpressa, 0,4—0,2 millim. lata, disco planiusculo, nigro aut fusconigricante, tenuissime pruinoso aut nudo, margine tenui aut tenuissimo, albido aut pallido, persistente. *Hypothecium* parte superiore violaceo-rufescens. *Sporae* solitariae, oblongae, murales, long. circ. 0,066—0,056 [—„0,076“], crass. 0,024—0,016 [—„0,027“] millim.

Ad ramos arboris prope Sitio (1000 metr. s. m.) in civ. Minarum, n. 605. — Planta nostra intermedia est inter L. cyttarinam Nyl., Lich. Nov.-Gran. ed. 2 (1863) p. 353 (= L. lecanorella Nyl. in Lich. Nov.-Gran. ed. 1 p. 462), et L. lecanorellam Nyl. (Lich. Nov.-Gran. ed. 2 p. 353), quae forsan transeunt.

Specimen originale L. cyttarinae (in mus. Paris) sporis minoribus (0,048—0.038 millim. longis, 0,023—0,018 millim. crassis), paraphysibus minus connexis et apotheciis junioribus a planta nostra recedit. — *Thallus* in planta nostra esorediatus, hypothallo caeruleo-nigricante partim limitatus. *Excipulum* proprium, grosse parenchymaticum, decoloratum. *Hypothecium* violaceo-rufescens, in parte inferiore zona tenui caeruleovirescente. *Hymenium* circ. 0,100 millim. crassum, jodo persistenter caerulescens. *Epithecium* dilute rufescens. *Paraphyses* 0,0015 millim. crassae, apice non aut levissime incrassatae, gelatinam firmam, haud valde abundantem percurrentes, increbre ramosae et ramoso-connexae. *Asci* membrana apice leviter incrassata. *Sporae* decolores, cellulis numerosissimis.

2. **Gonothecium** Wainio. *Epithecium* gonidia hymenialia continens.

30. **L. phyllocharis** (Mont.) Nyl. ***L. glaucovirescens** Wainio (n. subsp.).

Thallus crustaceus, subcontinuus, tenuis, verruculoso-inaequalis, verruculis minutissimis, glauco-virescens. *Apothecia* thallo immersa, 0,25—0,2 millim. lata, disco plano, glauco, nudo, margine e thallo formato, circa apothecia levissime elevato, parum distincto. *Hypothecium* pallidum. *Epithecium* gonidiis hymenialibus instructum. *Sporae* solitariae, oblongae aut ellipsoideae, murales, long. 0,030—0,016, crass. 0,012—0,008 millim.

Supra folia prope Rio de Janeiro, n. 184. — Haec planta insignis gonidiis hymenialibus est instructa. Proxime affinis est L. phyllocharidi (Mont.), et forsan ejus subspecies (conf. infra). *Thallus* hypothallo indistincto, gonidiis protococcoideis, diam. circ. 0,010—008 millim. *Excipulum* pallidum aut albidum, tenue, chondroideum, ex hyphis formatum tenuibus conglutinatis sat breviter cellulosis, gonidiis destitutum. *Hymenium* decoloratum, jodo lutescens, sporis vinose rubentibus et demum fulvescentibus. *Epithecium* gonidiis instructum hymenialibus, in parte superiore hymenii paraphysibus immixtis, flavovirescentibus, globosis aut parcius ellipsoideis, diam. 0,003—0,006 millim., membrana tenui instructis, numerosis. *Paraphyses* 0,0015 millim. crassae, crebre subconstricteque articulatae, parce ramoso-connexae. *Asci* membrana tota modice incrassata. *Sporae* decolores aut dilute pallidae, cellulis numerosis.

L. phyllocharis (Mont.) Nyl., Énum. Gén. Lich. (1857) p. 123 (*Gyalectidium dispersum* Müll. Arg., Lich. Beitr. 1881 n. 252, teste auctore ipso), secundum specimen ad Rio de Janeiro a Weddell lectum, a cel. Nyl. determinatum (in mus. Paris.), apotheciis (jam valde juvenilibus) adpressis et margine proprio distincto mediocri aut tenui instructis a **L. glaucovirescente* differt. Excipulum chondroideum, gonidiis destitutum. Hypothecium pallidum. Epithecium gonidia hymenialia globosa parva continens. Paraphyses ramoso-connexae. Sporae solitariae, murales. Specimen originale hujus speciei in hb. Mont. subsimile videtur, at malum est.

Subg. VI. **Bombyliospora** (Mass.) Wainio. *Thallus* crustaceus, uniformis. *Sporae* 3—pluri-septatae, decolores (aut raro obscuratae), magnae, halone nullo indutae.

Bombyliospora Mass., Esam. Comp. Lich. (1860) p. 18. *Patellaria* sect. *Bombyliospora* Müll. Arg., Lich. Beitr. (Fl. 1882) n. 435 cet. *Heterothecium* ****Bombyliospora* Tuck., Syn. North Am. II (1888) p. 55.

31. **L. diplotypa** Wainio (n. sp.).

Thallus crustaceus, tenuis aut mediocris, verruculosus aut verruculoso-inaequalis aut verruculis fere granuliformibus aut granulis immixtis, subcontinuus, glaucescenti-albidus aut cinereoglaucescens. *Apothecia* vulgo circ. 1 (1,5—0,8) millim. lata, disco primum planiusculo, demum convexo, fusco-nigro aut fusco, nudo, margine tenui, disco subconcolore aut livido-fuscescente, demum excluso. *Hypothecium* purpuree aut subviolacee fusco-nigricans. *Sporae* 8:nae aut 4:nae, vulgo oblongae, 3-septatae, long. 0,032—0,016, crass. 0,014—0,008 (—0,006) millim.

Ad corticem vetustum arborum in Carassa (1400 metr. s. m.) in civ. Minarum, n. 1337, 1569. — Ad species inter Bilimbias et Bombyliosporas intermedias pertinet. — Habitu L. (Bilimbiam) obscuratam Sommerf. in memoriam revocat. — *Thallus* hyphis 0,002 millim. crassis, membrana sat tenui et lumine comparate sat lato instructis, hypothallo indistincto. *Gonidia* protococcoidea, diam. 0,008—0,006 millim. *Apothecia* adpressa, interdum conglomerata. *Excipulum* proprium, chondroideum, hyphis radiantibus, conglutinatis, membranis incrassatis, lumine cellularum sat tenui, strato stuppeo destitutum, in lamina tenui pallidum aut fere decoloratum, in margine intus purpureo-fuscescens. *Hypothecium* KHO non reagens. *Hymenium* circ. 0,100—0,120 millim. crassum, jodo persistenter caerulescens. *Epithecium* pallidum aut fuscescens, KHO non reagens. *Paraphyses* arcte cohaerentes, gelatinam haud abundantem percurrentes, 0,001 millim. crassae, apice haud incrassatae, neque ramosae, nec constrictae. *Asci* clavati, circ. 0,016—0,024 millim. crassi. *Sporae* distichae, raro fusiformi-oblongae aut ellipsoideae, apicibus rotundatis aut raro attenuato-obtusis, membrana sat tenui.

32. **L. tuberculosa** Fée, Ess. Lich. Écorc. (1824) p. 107; Nyl., Lich. Exot. (1859) p. 260 pr. p., Lich. Nov.-Gran. (1863) p. 461 pr. p., Lich. Guin. (1889) p. 19. *Patellaria tuberculosa* Müll. Arg., Lich. Beitr. (Fl. 1881) n. 355, (1886) n. 1029. *Heterothecium tuberculosum* Tuck., Syn. North Am. II (1888) p. 55 pr. p.

Thallus crustaceus, subcontinuus, partim sat tenuis et sat laevigatus, verrucis circ. 1,2—0,3 millim. latis, subglobosis, intus albis increbre aut crebre instructus, glaucescenti-albicans. *Apothecia* circ. 2—1 millim. lata, disco planiusculo aut demum leviter convexo, fusco aut sanguineo-rufescente, nudo, margine tenui, disco concolore pallidioreve, persistente aut demum fere excluso. *Hypothecium* albidum, tenue, strato stramineo aut dilute stramineo-fuscescenti excipuli impositum. *Sporae* solitariae, oblongae, plurisceptatae, long. circ. 0,128—0,108 (—0,064), crass. circ. 0,028 —0,022 (—0,018) millim.

Locis numerosis observata; lecta ad Sitio in civ. Minarum, n. 574, 670, 684, 823. — *Thallus* esorediatus, neque KHO, nec $Ca\,Cl_2\,O_2$ reagens, hypothallo nigricante partim limitatus. *Apothecia* adpressa. *Excipulum* proprium, chondroideum, ex hyphis in parte exteriore radiantibus conglutinatis aut in parte interiore aëre paululum disjunctis formatum, membranis tenuibus, cellulis longioribus brevioribusve, interdum fortuito gonidia sparsa continens (in n. 823), in lamina tenui intus stramineum aut dilute stramineo-fuscens aut albidum, extus praesertimque in margine dilute rufescens. *Hymenium* circ. 0,140 millim. crassum, jodo caerulescens, ascis demum vinose rubentibus. *Paraphyses* arcte cohaerentes (in KHO laxae), 0,0015 millim. crassae, neque ramosae, nec constrictae. *Sporae* vulgo circ. 8—7-septatae, decolores, apicibus rotundatis.

***L. nigrata** (Müll. Arg.) Wainio. *Patellaria chloritis* var. *nigrata* Müll. Arg., Lich. Beitr. (Fl. 1881) n. 300, (1882) n. 435. *P. tuberculosa* v. *nigrata* Müll. Arg., l. c. (1886) n. 1029.

Thallus crustaceus, subcontinuus, partim sat laevigatus, verrucis circ. 0,5—0,2 millim. latis, subglobosis aut semiglobosis, intus albis increbre aut parcissime instructus, cinereo-albidus aut cinereo-glaucescens. *Apothecia* circ. 1,7—1 millim. lata, disco planiusculo aut demum leviter convexo, nigro, nudo, margine sat tenui aut medioocri, cinereo-nigricante aut cinereo aut livido-cinerascente, persistente. *Hypothecium* rufescens fuscescensve aut parte superiore angusta albidum, strato fusco excipuli impositum. *Sporae* solitariae, oblongae elongataeve, pluriseptatae, long. circ. 0,146—0,110, crass. 0,028—0,020 millim.

Ad corticem arboris prope Sitio (1000 metr. s. m.) in civ. Minarum, n. 822. — *Thallus* neque KHO nec $Ca\,Cl_2\,O_2$ reagens, hypothallo nigricante partim limitatus. *Gonidia* protococcoidea, diam. 0,008—0,006 millim. *Apothecia* adpressa. *Excipulum* proprium, parenchymatico-chondroideum, ex hyphis in parte exteriore radiantibus, conglutinatis, parenchymatice septatis formatum, intus fuscescens, extus anguste subdecoloratum. *Hypothecium* tenue, in nostro specimine parte superiore albidum, parte inferiore fuscum aut rufum. *Hymenium* circ. 0,160 millim. crassum, jodo caerulescens, ascis vinose rubentibus. *Epithecium* fuscescenti-pallidum. *Paraphyses* sat arcte aut sat laxe cohaerentes, 0,0015—0,002 millim. crassae, apice paululum aut vix incrassatae, neque constrictae, nec ramosae. *Sporae* decolores, 9—7-septatae, apicibus rotundatis, membrana sat tenui, halone nullo indutae, long. 0,120—0,110, crass. 0,028—0,024 millim.

Var. **phaeospora** Wainio.

Hymenium oleosum. *Sporae* olivaceae vel olivaceo-fuscescentes.

Ad corticem arboris prope Sitio (1000 metr. s. m.) in civ. Minarum, n. 573. — *Thallus* maxima parte sublaevigatus, partim verruculoso-inaequalis. *Exipulum* intus fuscescens, extus anguste decoloratum aut pallidum. *Hypothecium* fuscescens, KHO non reagens. *Hymenium* circ. 0,200 millim. crassum, totum fuscescens, jodo partim vinose rubens, praecedente caerulescentia levissima. *Paraphyses* arctissime cohaerentes, 0,001—0,0015 millim. crassae. *Spo-*

rae 7—8-septatae, apicibus obtusis rotundatisve, parietibus parum incrassatis, rectae, long. 0,046—0,110, crass. 0,024—0,020 millim.

*L. **chloritis** (Tuck.) Wainio. *Lecidea* Tuck. in Nyl. Lich. Exot. (1859) p. 260, Lich. Nov.-Gran. ed. 2 (1863) p. 351. *Patellaria* Müll. Arg., Lich. Beitr. (1881) n. 300 (excl. var.). *Patellaria tuberculosa* var. *chloritis* Müll. Arg., l. c. (1886) n. 1029. *Heterothecium tuberculosum* f. *chloritis* Tuck., Syn. North Am. II (1888) p. 55. (Wright, Lich. Cub. n. 228 pr. p., 229 pr. p.: mus. Paris.).

Thallus crustaceus, subcontinuus, partim sat laevigatus, verrucis circ. 1—0,2 millim. latis, vulgo semiglobosis, interdum granulosis, intus stramineis aut albido-stramineis, crebre aut increbre instructus, stramineus aut stramineo-glaucescens. *Apothecia* circ. 2—1 millim. lata, disco plano, rufo aut fusco-nigricante, nudo, margine mediocri, pallido testaceove (aut parte summa disco subconcolore), persistente. *Hypothecium* albidum, tenue, strato stramineo-flavescenti fulvescentive excipuli impositum. *Sporae* solitariae, oblongae, pluriseptatae, long. circ. 0,130—0,100, crass. 0,030—0,024 millim.

Locis numerosis observata, n. 748, 753, 1142. — *Thallus* esorediatus, KHO intus dilute lutescens (superne dilute flavescens), $Ca\,Cl_2\,O_2$ non reagens, KHO ($Ca\,Cl_2\,O_2$) superne flavescens et intus bene lutescens, hypothallo albido aut partim nigricante limitatus. *Apothecia* adpressa. *Excipulum* proprium, parenchymatico-chondroideum, ex hyphis in parte exteriore radiantibus (in parte interiore infra hypothecium irregulariter contextis), conglutinatis, parenchymatice septatis formatum, membranis tenuibus, intus stramineo-flavescens aut fulvescens, extus decoloratum aut in margine rufescens. *Hymenium* circ. 0,200—0,130 millim. crassum, jodo persistenter caerulescens. *Paraphyses* arcte (in KHO laxe) cohaerentes, 0,0015 millim. crassae, neque ramosae, nec constrictae. *Sporae* vulgo 8-(7—9-)septatae, decolores, apicibus rotundatis, rectae.

33. **L. Domingensis** (Pers.) Nyl., Lich. Nov.-Gran. ed. 2 (1863) p. 352; Leight., Lich. Ceyl. (1870) p. 173, tab. 37 fig. 105. *Patellaria* Pers. in Annal. Wetterau. V, 2. (1810) p. 12; Müll. Arg., Lich. Beitr. (Fl. 1882) n. 512, (1886) n. 1030. *Lecanora* Ach., Syn. Lich. (1814) p. 336; Nyl., Lich. Nov.-Gran. Addit. (1867) p. 326, Not. Lich. Port-Natal (1868) p. 6; Krempelh., Lich. Bras. Warm. (1873) p. 17. *Heterothecium Domingense* Tuck., Syn. North Am. II (1888) p. 57.

Thallus crustaceus, subcontinuus, crassitudine mediocris aut sat tenuis, sat laevigatus aut verrucoso-inaequalis [aut raro isidioso-sorediosus: Müll. Arg., L. B. n. 512], flavescens aut glaucescens [aut fulvescens pallescensve]. *Apothecia* circ. 2,5—1 millim. lata, disco plano aut demum leviter convexo, rufo (aut rubescenti-rufo aut atro-sanguineo], nudo, margine mediocri aut crassiusculo, fulvo, persistente. *Hypothecium* pallidum aut parte inferiore testaceo-pallidum, aut parte superiore fere albidum. *Sporae* 8:nae aut rarius pauciores, oblongae, pluriseptatae [aut raro demum submurales], long. circ. 0,033—0,022 [0,040—0,020], crass. 0,011—0,008 [0,018—0,006] millim.

Ad corticem arboris prope Rio de Janeiro, n. 53. — *Thallus* superne strato obductus fere amorpho, tenui vel tenuissimo, ex hyphis longitudinalibus conglutinatis formato. *Gonidia* protococcoidea. *Apothecia* in superficie thalli enata, jam valde juvenilia adpressa. *Excipulum* proprium, gonidiis destitutum, strato medullari, stuppeo, aërem continente, in parte interiore sito, ceterum parenchymatico-chondroideum et ex hyphis formatum radiantibus, conglutinatis, parenchymatice septatis, intus albidum, parte exteriore lutescens et KHO solutionem violaceam effundens. *Hypothecium* ex hyphis irregulariter contextis conglutinatis formatum. *Hymenium* circ. 0,140 millim. crassum, jodo persistenter caerulescens. *Epithecium* fuscescens aut rubro-fuscescens, KHO passim parce violascens, ceterum decoloratum. *Paraphyses* sat laxe cohaerentes, 0,0015 millim. crassae, apice haud incrassatae, neque constrictae, nec ramosae. *Asci* oblongi, circ. 0,020—0,016 millim. crassi. *Sporae* 8:nae aut pauciores [—2:nae: Tuck., l. c.], decolores, apicibus obtusis, circ. 5—7 [—9] septatae, cellulis lenticularibus [aut demum parce submurali-divisis, observante Tuck., l. c.; tales frustra quaesivi etiam in speciminibus in mus. Paris. asservatis]. „*Conceptacula pycnoconidiorum* extus convexa, lutescentia. *Sterigmata* articulata, 0,0025 millim. crassa. *Pycnoconidia* oblongo-cylindrica, long. 0,0025, crass. 0,0005 millim.“ (Nyl., Not. Lich. Port-Natal p. 6).

Subg. VII. **Psorothecium** (Mass.) Wainio. *Thallus* crustaceus, uniformis. *Sporae* 1-septatae, decolores, magnae, halone nullo indutae.

Biatorina (Psorothecium) Mass., Misc. Lichenol. (1856) p. 40. *Psorothecium* Mass., Esam. Comp. Gen. (1860) p. 16. *Patellaria* sect. *Psorothecium* Müll. Arg., Lich. Beitr. (Fl. 1882) n. 433, cet. *Heterothecium* ***Psorothecium* Tuck., Syn. North Am. II (1888) p. 54.

34. **L. sulphurata** (Mey. & Flot.) Wainio. *Megalospora sulphurata* Mey. et Flot. in Act. Ac. Nat. Cur. (1843) XIX Suppl. I p. 228. *Patellaria* Müll. Arg., Rev. Lich. Mey. p. 316, Lich. Beitr. (Fl. 1885) n. 956, (1886) n. 1027, 1028, (1888) n. 1405.

Thallus crustaceus, sat crassus aut mediocris, sublaevigatus aut leviter verrucoso-inaequalis, subcontinuus aut irregulariter diffractus, stramineus aut stramineo-glaucescens, medulla stramineo-albicante sulphureave, KHO lutescente. *Apothecia* adpressa, circ. 5—2 (—1,5) millim. lata, disco plano aut demum vulgo convexo, atro aut fusco, nudo, margine crasso, fusco aut atro, persistente aut subpersistente aut rarius demum excluso. *Hypothecium* albidum, tenue, zonae tenui vulgo fulvorufescenti vel dilute rufescenti excipuli impositum. *Sporae* binae aut solitariae —6:nae, reniformes, apicibus rotundatis, curvatae, 1-septatae, long. 0,060 —0,032, crass. 0,030—0,017 millim.

Ad corticem arborum suis locis, velut ad Sitio in civ. Minarum, frequenter obvenit, n. 536, 572, 810, 821, 847, 1007. — *Thallus* esorediatus, KHO solum intus lutescens, $Ca\,Cl_2\,O_2$ non reagens, KHO ($Ca\,Cl_2\,O_2$) superne et intus lutescens, partim hypothallo nigricante limitatus. *Excipulum* proprium, gonidiis destitutum, parte exteriore fere chondroidea, ex hyphis radiantibus conglutinatis formata, membranis sat tenuibus et cellulis brevibus longioribusve, in parte interiore hyphis irregulariter contextis, partim conglutinatis, partim parce aëre disjunctis, extus rufescens, KHO violascens, partim strato tenuissimo amorpho decolore obductum, intus sordide fulvescens aut sordide pallidum, infra hypothecium vulgo zona tenui fulvorufescente rufescenteve. *Hymenium* circ. 0,200 millim. crassum, oleosum, semipellucidum, jodo persistenter caerulescens. *Epithecium* fuscum aut rufo-fuscescens, KHO non reagens. *Paraphyses* apice arcte, ceterum laxe cohaerentes, 0,0015 millim. crassae, apice haud aut levissime incrassatae, haud constrictae, haud ramosae aut parce furcatae. *Asci* clavati aut subcylindrici. *Sporae* decolores, intus membrana bene incrassata et concentrice striata, exosporio modice incrassato et radiatim striato (in KHO), septa demum saepe (in superficie sporae) trabeculaeformi-prominente.

35. **L. versicolor** Fée, Ess. Crypt. Écorc. Suppl. (1837) p. 104, Nyl., Lich. Nov.-Gran. (1863) p. 461 pr. p. *Lecanora* Fée, Ess. Cryp. Écorc. (1824) p. 115. *Patellaria* Müll. Arg., Lich. Beitr. (Fl. 1882) n. 433, (1886) n. 1028, Rev. Lich. Fée (1887) p. 5. *Heterothecium* Tuck., Syn. North Am. II (1888) p. 54, pr. p.

Thallus crustaceus, sat crassus aut tenuis, verruculoso-inaequalis aut sat laevigatus, subcontinuus aut irregulariter diffractus, albidus aut cinereo-glaucescens, medulla albida, KHO non reagente. *Apothecia* adpressa, circ. 4—0,8 millim. lata, disco plano aut demum convexo, atro aut fusco, nudo, margine crasso aut mediocri, atro aut fusco aut lividofuscescente, persistente aut demum fere excluso. *Hypothecium* albidum aut pallidum. *Sporae* binae, oblongae, rectae, apicibus obtusis, 1-septatae, long. circ. 0,066—0,050, crass. 0,022—0,016 millim.

Var. **major** Wainio. *Apothecia* majora, circ. 4—1,5 millim. lata, disco atro, margine crasso, atro aut nigricante.

Ad corticem arborum prope Sitio (1000 metr. s. m.) in civ. Minarum, n. 720, 831. — *Thallus* partim hypothallo nigricante limitatus. *Excipulum* proprium, gonidiis destitutum, in parte exteriore hyphis radiantibus, conglutinatis, crebre aut sat crebre septatis, membranis modice incrassatis, cellulis majusculis, ellipsoideis oblongisve, in parte interiore hyphis irregulariter contextis, partim aëre disjunctis, partim praesertimque parte interiore pallidum albidumve, parte exteriore smaragdulo-caerulescens [aut caeruleofuscescenti-nigricans: coll. Lindig n. 7], KHO non reagens. *Hypothecium* et excipuli partes albidae, KHO lutescentes. *Hymenium* circ. 0,140 millim. crassum, jodo caerulescens, demum partim violaceo-caerulescens. *Epithecium* smaragdulo-caeruleum aut aeruginoso-fuligineum [aut caeruleofuscescens: coll. Lindig n. 7], KHO non reagens. *Paraphyses* arcte cohaerentes, 0,001 millim. crassae, apice non aut vix incrassatae, haud ramosae aut interdum pr. p. parce ramoso-connexae. *Asci* cylindrico-clavati. *Sporae* monostichae, decolores, medio leviter constrictae, membrana sat tenui.

Var. **incondita** (Krempelh.) Wainio. *Lecidea incondita* Krempelh., Fl. 1876 p. 316 (hb. Warm.). *Patellaria versicolor β. incon-*

dita Müll. Arg., Lich. Beitr. (Fl. 1886) n. 1028. *Lecidea obturgescens* Krempelh., Fl. 1876 p. 271, excl. syn. Féean. (hb. Warm.).

Apothecia minora, circ. 1,5—0,8 millim. lata, disco fusco aut fusco-nigro aut livido-nigricante aut nigricante, margine mediocri aut crassiusculo, livido- aut fusco-nigricante aut fuscescente.

Ad corticem arborum prope Sitio, n. 838, et ad Lafayette, n. 356 (status in var. majorem Wainio transiens), in civ. Minarum (1000 metr. s. m.). — *Thallus* tenuis, sat laevigatus, hypothallo nigricante interdum partim limitatus. *Apothecia* disco persistenter plano aut demum convexo, persistente aut demum subexcluso. *Epithecium* vulgo aeruginoso-nigricans vel smaragdulo-caeruleum. *Excipulum* parte superiore extus aeruginosum aut dilute caeruleosmaragdulum, parte inferiore et intus albidum.

36. **L. dichroma** Fée, Bull. Soc. Bot. Fr. XX (1873) p. 319 (ex specim. orig. in mus. Paris.). Coll. Glaz. n. 5520 in mus. Paris. (in herb. Warm. ad *L. versicolorem* v. *inconditam* pertinet).

Thallus crustaceus, tenuis aut tenuissimus, leviter verruculoso-inaequalis, cinereus aut cinereoglaucescens. *Apothecia* adpressa, 2—1,2 millim. lata, disco plano aut demum convexo, testaceo-pallido pallidove, nudo, margine sat tenui aut mediocri, disco subconcolore pallidioreve. *Hypothecium* albidum aut dilute pallidum. *Sporae* binae, oblongae, apicibus rotundatis obtusisve, vulgo rectae, 1-septatae, long. circ. 0,056—0,040, crass. 0,024—0,016 millim.

Ad corticem arboris in Carassa (1400 metr. s. m.) in civ. Minarum, n. 1374. — Affinis est L. versicolori Fée, at in eam forsan non transiens. *Thallus* hypothallo nigricante interdum partim limitatus. *Apothecia* nonnulla morbose nigricantia (ex quo nomen „dichroma"). *Excipulum* proprium, intus albidum, strato corticali albido aut extus pallido, ex hyphis formato radiantibus, conglutinatis, membranis incrasssatis, lumine cellularum passim angusto aut passim praesertimque in margine parenchymatice sat grosse dilatato, in parte interiore hyphis irregulariter contextis, partim aëre disjunctis. *Hymenium* circ. 0,080 millim. crassum, jodo caerulescens, ascis demum pro parte vinose rubentibus. *Epithecium* fulvescens, KHO non reagens. *Paraphyses* arcte cohaerentes, 0,001 millim. crassae, apice leviter incrassatae, ramoso-connexae, haud constrictae. *Asci* clavati. *Sporae* decolores, medio non aut vix constrictae, membrana sat tenui.

Subg. VIII. **Catillaria** (Mass.) Wainio. *Thallus* crustaceus, uniformis. *Sporae* 1-septatae, decolores, parvae aut mediocres, halone nullo indutae.

Catillaria Mass., Ric. Lich. Crost. (1852) p. 78 em. (haud Lecidea *Catillaria Ach., Meth. Lich. 1803 p. 33); Th. Fr., Lich. Scand. (1874) p. 563.

Stirps 1. **Biatorina** (Mass.) Th. Fr. *Apothecia* disco pallidiore nigricanteve. *Hypothecium* albidum aut dilutius coloratum.

Biatorina Mass., Ric. Lich. Crost. (1852) p. 134 pr. p. *Catillaria* A. *Biatorina* Th. Fr., Lich. Scand. (1874) p. 564.

***Gloeocapsidium** Wainio. *Gonidia* cellulis in familias consociatis, pariete gelatinoso induta (ad Gloeocapsam pertinentia).

37. **L. micrococca** (Koerb.) Nyl. in Hue Addend. II (1888) p. 151. *Biatora* Koerb., Par. Lich. (1860) p. 155; Tuck., Syn. North Am. II (1888) p. 33. *Catillaria* Th. Fr., Lich. Scand. (1874) p. 571.

Thallus crustaceus, sat tenuis aut mediocris aut tenuissimus, granuloso-inaequalis, subcontinuus, virescens aut sordide glaucescens. *Apothecia* 0,8—0,1 millim. lata, adpressa aut demum thallo immixta, convexa, immarginata, carneo-albida aut carneopallida, nuda. *Hypothecium* dilute pallidum aut fere decoloratum. *Hymenium* fere decoloratum. *Sporae* 8—6:nae, ovoideo-oblongae aut oblongae, rectae, 1-septatae, long. 0,014—0,008, crass. 0,004—0,003 millim.

Ad corticem arborum ad Rio de Janeiro et ad Sitio (1000 metr. s. m.) et Carassa (1400 metr. s. m.) in civ. Minarum, n. 165, 1103, 1191, 1335. Secundum descriptionem cum hac congruere videtur L. concatenata Tuck. in Nyl. Lich. Nov.-Gran. ed. 2 (1863) p. 343. — *Thallus* hypothallo caeruleo-nigricante interdum limitatus. *Gonidia* virescentia, cellulis numerosis in familias saepe difforme oblongas consociatis, lumine globuloso aut ellipsoideo, 0,008—0,003 millim. longo, 0,004—0,003 millim. crasso, in pariete communi gelatinoso sat crasso, haud striato inclusa, divisione in tres directiones alternante (ad Gloeocapsam, observante cel. Bornet, cui hanc speciem communicavi, pertinentia). *Hyphae* thallinae tenues in parietibus gonidiorum intricatae (maceratae in KHO). *Excipulum* chondroideum, ex hyphis radiantibus formatum, dilute pallidum aut fere decoloratum. *Hymenium* circ. 0,060—0,050 millim. crassum, arcte cohaerens, jodo caerulescens et demum decoloratum, ascis demum partim vinose rubentibus. *Paraphyses* 0,001 millim. crassae, apice haud incrassatae, reticulatim ramoso-connexae. *Asci* clavati, circ. 0,016—0,014 millim. crassi. *Sporae* distichae, decolores, apicibus rotundatis.

****Protococcophila** Wainio. *Gonidia* protococcoidea.

38. **L. subgranulans** Wainio (n. sp.).

Thallus crustaceus, crassitudine mediocris, verruculosus et verruculoso-granulosus, verruculis granulisque contiguis, cinereo-albicans aut cinerascens. *Apothecia* adpressa, 0,8—0,3 millim. lata, disco primum plano, demum convexo, sordide nigricante, nudo, margine tenui, cinereo aut obscure cinerascente, persistente aut demum excluso. *Hypothecium* olivaceo-smaragdulum. *Epithecium* olivaceo-smaragdulum. *Sporae* 8:nae, fusiformes aut fusiformi-oblongae, rectae, 1-septatae, long. 0,011—0,009, crass. 0,003 —0,002 millim.

Supra muscos et terram humosam in rupe in Carassa (1400—1500 metr. s. m.) in civ. Minarum, n. 1434. — Habitu subsimilis est L. granulosae (Ehrh.). *Hypothallus* indistinctus. *Apothecia* solitaria aut demum aggregata confluentiaque. *Excipulum* proprium, crassum, albidum, ex hyphis radiantibus, fere parenchymatice septatis, conglutinatis formatum, cellulis vulgo oblongis. *Hymenium* interdum dilute smaragdulum, jodo caerulescens deindeque obscuratum. *Paraphyses* arcte cohaerentes, 0,001 millim. crassae, apice vix incrassatae. *Asci* clavati. *Sporae* distichae, decolores, apicibus acutiusculis aut obtusis, medio haud aut leviter constrictae.

39. **L. testaceo-rufescens** Wainio (n. sp.).

Thallus crustaceus, tenuis, sordide glaucescens albidusve, verruculoso-granulosus aut granuloso-inaequalis aut sublaevigatus, aut tenuissimus evanescensve. *Apothecia* adpressa, 0,3—0,7 millim. lata, disco plano aut demum convexo, testaceo aut rufo, nudo, margine tenui, persistente aut rarius demum excluso, disci concolore aut interdum paullo obscuriore. *Hypothecium* lutescens. *Sporae* 8:nae, ellipsoideae aut rarius oblongae ovoideaeve, 1-septatae, long. 0,014—0,010, crass. 0,006—0,005 millim.

Ad corticem arboris prope Sitio (1000 metr. s. m.) in civ. Minarum, n. 945. — Affinis est L. atropurpureae (Th. Fr., Lich. Scand. p. 565), quae apotheciis obscurioribus ab ea differt. *Thallus* hypothallo nigricante limitatus. *Excipulum* proprium, chondroideum, in lamina tenui basi pallidum albidumve, margine rufescens testaceumve. *Hymenium* circ. 0,050—0,060 millim. crassum, jodo caerulescens, dein mox vinose rubens. *Paraphyses* sat laxe cohaerentes, 0,001 millim. crassae, apice vix incrassatae, neque constrictae, nec ramosae. *Asci* clavati, circ. 0,014—0,012 millim. crassi. *Sporae* distichae, decolores, primum simplices, demum 1-septatae.

40. **L. Carassensis** Wainio (n. sp.).

Thallus crustaceus, crassitudine mediocris aut crassiusculus, verrucoso-areolatus aut verruculosus, verrucis areolisque convexis, subdispersis aut subcontiguis, cinereis aut cinereo-fuscescentibus aut partim glaucescenti-albidis. *Apothecia* adpressa, 0,8—0,2 millim. lata, disco plano aut raro demum convexiusculo, atro, nudo, margine sat tenui, nigro, persistente aut raro demum subexcluso. *Hypothecium* albidum. *Epithecium* nigricans aut fusconigricans. *Sporae* 8:nae, ellipsoideae, rectae, 1-septatae, long. 0,011—0,008, crass. 0,005—0,004 millim.

Ad rupes pluribus locis in Carassa (1400—1500 metr. s. m.) in civ. Minarum, n. 1201, 1247. — *Thallus* hypothallo tenui nigricante inter areolas conspicuo. *Excipulum* proprium, chondroideum, nigricans. *Hymenium* circ. 0,080 millim. crassum, jodo persistenter caerulescens. *Epithecium* KHO non reagens. Paraphyses sat laxe aut sat arcte cohaerentes, 0,002—0,0015 millim. crassae, apice clavatae capitataeve, clava nigricante, distincte septata et interdum constricte articulata, interdum parce ramosae, in $ZnCl_2 + I$ visae crebre septatae. *Asci* cylindrici aut clavati, circ. 0,010 millim. crassi. *Sporae* vulgo monostichae, decolores, primum simplices, demum 1-septatae, saepe demum medio bene constrictae cellulisque ambabus tum saepe globosis.

41. **L. tristissima** Wainio (n. sp.).

Thallus crustaceus, sat tenuis, leviter subinaequalis, subcontinuus, nigricans aut griseo-obscuratus. *Apothecia* adpressa, 0,5—0,3 millim. lata, atra, nuda, convexa, mox immarginata aut rarius primo tenuiter marginata. *Hypothecium* albidum. *Hymenium* sat dilute smaragdulo-caeruleum, epithecio aeruginoso-fuligineo. *Sporae* 8:nae, oblongae, bene curvatae aut pro parte rectae, pro parte simplices, pro parte demum 1-septatae, long. 0,014—0,009, crass. 0,0035—0,0025 millim.

Ad rupes itacolumiticas in Carassa (1400 metr. s. m.) in civ. Minarum, n. 1199. — *Thallus* hypothallo caeruleonigricante instructus. *Excipulum* extus fusco- aut violaceo-fuligineum, intus decoloratum. *Hymenium* circ. 0,050 millim. crassum, jodo caerulescens deindeque vinose rubens. *Paraphyses* arcte cohaerentes, 0,001 millim. crassae, apice haud incrassatae, neque constrictae, nec ramosae. *Asci* clavati. *Sporae* distichae, decolores, apicibus rotundatis aut obtusis, medio non constrictae.

Stirps 2. **Eucatillaria** Th. Fr. *Apothecia* disco atro. *Hypothecium* obscuratum.

Catillaria B. *Eucatillaria* Th. Fr., Lich. Scand. (1874) p. 580.

42. **L. endochroma** (Fée) Nyl., Énum. Gén. Lich. (1857) p. 123, Lich. Nov.-Gran. ed. 2 (1863) p. 351. *Lecanora* Fée, Ess. Lich. Écorc. (1824) p. 114 tab. 29 fig. 1. *Patellaria* Müll. Arg. Lich. Beitr. (1881) n. 355, Rev. Lich. Fée (1887) p. 8. *Heterothecium* Tuck., Syn. North Am. II (1888) p. 55.

Thallus crustaceus, crassitudine mediocris, verruculoso-inaequalis aut leviter verrucoso-rugulosus, vulgo subcontinuus, albidus aut glaucescenti- vel cinerascenti-albidus. *Apothecia* adpressa, 2,5—1 millim. lata, disco plano aut demum convexo, atro, nudo, margine mediocri, luteo aut stramineo aut albido-pallido aut subvirescenti-variegato, persistente aut demum subexcluso. *Hypothecium* fusconigricans aut dilute fuscescens vel sordide violaceofuscescens. *Sporae* 8:nae, oblongae aut subfusiformi-oblongae, vulgo rectae, 1-septatae, long. 0,030—0,014, crass. 0,007—0,005 millim.

Ad corticem arborum passim obvia, n. 228, 244, 673, 788, 830, 1005, 1079, 1497, 1539. — Ad species inter Psorothecia et Catillarias intermedias pertinet. *Thallus* hypothallo nigricante partim limitatus. *Excipulum* proprium, gonidiis destitutum, strato medullari stuppeo, lutescente aut albo, strato corticali chondroideo. ex hyphis formato crassis, radiantibus, conglutinatis, membranis incrassatis, lumine cellularum angusto. *Hypothecium* tenue, KHO non reagens. *Hymenium* circ. 0,060—0,120 millim. crassum, jodo caerulescens, dein vinose rubens. *Epithecium* caeruleonigricans aut decoloratum. *Paraphyses* arcte cohaerentes, 0,001—0,0015 millim. crassae, neque constrictae, nec ramosae. *Asci* clavati, circ. 0,012—0,018 millim. crassi. *Sporae* distichae, decolores, rectae aut rarius leviter curvatae, apicibus obtusis.

Obs. Huic speciei habitu subsimilis est „Lecanora alboatrata" Nyl. (Lich. Nov.-Gran. p. 446), quae secundum specimen originale (coll. Lindig n. 777) vera est Lecidea, excipulo gonidiis destituto. Item etiam „Lecanora amplificans" Nyl., Lich. Nov.-Gran. Addit. (1867) p. 326 (Müll. Arg., Lich. Beitr. 1888 n. 1405) secund. specim. orig. ad Lecideas pertinet, L. tuberculosae Fée affinis et excipulo proprio, gonidiis destituto, instructa.

43. **L. leptocheila** Tuck. in Nyl. Lich. Nov.-Gran. ed. 2 (1863) p. 351. *Patellaria* Müll. Arg., Lich. Beitr. (1881) n. 355. *Heterothecium leptocheilum* Tuck., Syn. North Am. II (1888) p. 55. Wright, Lich. Cub. n. 227 (mus. Paris.).

Thallus crustaceus, crassitudine mediocris aut tenuis, verruculoso-inaequalis aut sat laevigatus, glaucescenti-albidus. *Apothecia* adpressa, 0,6—1 [—1,5] millim. lata, disco plano aut demum convexo, atro, nudo, margine tenui, cinereo-nigricante aut cinereo, demum vulgo excluso. *Hypothecium* violaceo-nigricans. *Sporae* 8:nae, oblongae, rectae aut pr. p. obliquae curvataeve, 1-septatae, long. 0.019—0,012, crass. 0,006—0,005 [„—0,004"] millim.

Ad corticem arborum prope Sitio (1000 metr. s. m.) in civ. Minarum, n. 1115, 1116 b. — Ad species inter Psorothecia et Catillarias intermedias pertinet. Affinis est Lecideae Laureri (Th. Fr., Lich. Scand. 582). In Wright Lich. Cub. n. 227 sporae sunt rectae aut partim obliquae vel leviter curvatae, hypothecium dilutius et epithecium intensius coloratum et margo apotheciorum superne pallidior, quam in speciminibus nostris. — *Thallus* KHO flavescens, strato corticali nullo, hyphis 0,002—0,0025 millim. crassis, leptodermaticis. *Apothecia* simplicia, disco laevigato. *Excipulum* proprium, strato medullari stuppeo, strato corticali ex hyphis formato conglutinatis, parenchymatice septatis, membranis modice incrassatis, cellulis angustis, fere decoloratum albidumve aut in margine dilute caeruleo-nigricans. *Hypothecium* violaceo-nigricans aut sordide violascens, strato medullari albido impositum. KHO non reagens. *Hymenium* circ. 0,060—0,070 millim. crassum, arctissime cohaerens, jodo caerulescens (saepe dilute) deindeque vinose rubens. *Epithecium* caerulescenti- aut aeruginoso- aut caeruleofuscescenti-nigricans aut decoloratum pallidumve. *Paraphyses* 0,001 millim. crassae, apice haud incrassatae, parcae. *Asci* clavati, circ. 0,014—0,016 millim. crassi. *Sporae* distichae, decolores, apicibus obtusis, haud constrictae, membrana parum incrassata.

44. **L. leptoplaca** Wainio (n. sp.).

Thallus crustaceus, sat tenuis, verruculosus et verruculoso-areolatus, verruculis areolisque subcontiguis aut subdispersis, albidis. *Apothecia* areolis immixta, thallum subaequantia, 0,6—0,3 millim. lata, disco concavo aut planiusculo, atro, nudo, margine tenui aut tenuissimo, atro, leviter elevato. *Hypothecium* fusco-nigricans, parte summa tenui pallida. *Epithecium* caeruleo-fuligineum aut nigricans. *Sporae* 8:nae, oblongae aut ellipsoideae aut parcius ovoideae, rectae, 1-septatae, long. 0,012—0,010, crass. 0,006—0,004 millim.

Supra rupem in Carassa (1400—1500 metr. s. m.) in civ. Minarum, n. 1252 b. — *Thallus* KHO flavescens, hypothallo nigricante partim limitatus. *Excipulum* proprium, fuligineum, in KHO visum margine caeruleo-fuligineum et parte inferiore fuscescens. *Hymenium* circ. 0,040 millim. crassum, jodo subpersistenter caerulescens. *Epithecium* KHO non reagens. *Paraphyses* arcte cohaerentes (in KHO distinctae), 0,0015 millim. crassae, apice leviter clavatae aut vix incrassatae, parce ramosae et ramosoconnexae. *Asci* clavati, circ. 0,010 millim. crassi. *Sporae* distichae, decolores, apicibus rotundatis aut obtusis, primum simplices, demum 1-septatae, haud constrictae.

45. **L. melanobotrys** (Müll. Arg.) Wainio. *Patellaria* Müll. Arg., Lich. Beitr. Fl. (1881) n. 354.

Thallus crustaceus, tenuissimus, obscuratus, aut parum distinctus. *Apothecia* adpressa, circ. 0,5 millim. lata, immarginata, depresso-convexa, nigra, nuda, demum vulgo aggregata et tuberculose confluentia. *Hypothecium* purpureo-fuligineum. *Hymenium* maxima parte cerasinum, epithecio cerasino-fuligineo. *Sporae* 8:nae, oblongo-ellipsoideae, aut oblongae aut ovoideo-oblongae, rectae, 1-septatae, long. 0,009—0,007 [.,—0,012"], crass. 0,0035 —0,003 [.,—0,005"] millim.

Ad terram argillaceo-arenosam prope Sitio (1000 metr. s. m.) in civ. Minarum, n. 1022. — Specimen originale, a cel. Müll. Arg. descriptum, sporis paullo majoribus a planta nostra differt, sed sine dubio ad eandem speciem pertinent. *Gonidia* globosa, flavovirescentia, simplicia aut cellulis conglomeratis, diam. 0,008—0,003 millim., membrana sat tenui (vix ad Protococcum viridem pertinentia). *Excipulum* proprium, fusconigrum. *Hymenium* circ. 0,050—0,040 millim. crassum, arcte cohaerens, jodo caerulescens deindeque vinose rubens. *Paraphyses* parce evolutae, 0,0015 millim. crassae, neque constrictae, nec ramosae. *Asci* clavati, circ. 0,010—0,008 millim. crassi. *Sporae* distichae, decolores, haud constrictae, septa in medio aut cellula crassiore paullo longiore.

46. **L. ammophila** Wainio (n. sp.).

Thallus crustaceus, verruculosus aut verruculoso-areolatus, areolis verruculisque circ. 0,2—0,1 millim. latis, crassitudine mediocribus, convexis aut depressoconvexiusculis, vulgo dispersis, albidis. *Apothecia* adpressa, 0,2—0,15 millim. lata, disco plano aut leviter convexo, atro aut tenuiter caesio-pruinoso, margine evanescente, aut mox immarginata. *Hypothecium* fuscescens. *Hymenium* dilute lividum, epithecio intensius livido. *Sporae* 8:nae, elongato-oblongae, vulgo rectae, 1-septatae, long. 0,016—0,010, crass. 0,003—0,002 millim.

Ad terram arenosam supra rupem in Carassa (1450 metr. s. m.) in civ. Minarum, n. 1565. — *Hypothallus* indistinctus. *Excipulum* proprium, chondroideum, ex hyphis formatum radiantibus, conglutinatis, basi fuscescens, in margine lividum. *Hypothecium* KHO non reagens. *Hymenium* circ. 0,050 millim. crassum, jodo caerulescens deindeque sordide vinose rubens. *Paraphyses* arcte cohaerentes, 0,001—0,0015 millim. crassae, apice non aut leviter incrassatae, neque constrictae, nec ramosae. *Asci* clavati, circ. 0,010 millim. crassi. *Sporae* distichae, decolores, apicibus rotundatis aut obtusis, primo simplices, demum 1-septatae.

Subg. IX. **Psora** (Hall.) Th. Fr. *Thallus* squamulosus aut squamaeformi-areolatus aut e verruculis demum in isidia accrescentibus constans. *Apothecia* laetius colorata aut atra. *Sporae* simplices, decolores, parvae aut minores.

Psora Hall., Hist. Stirp. Helv. III (1798) p. 93 pr. p. Mass., Ric. Lich. Crost. (1852) p. 90 pr. p., Mem. Lich. (1855) p. 123; Koerb., Syst. Germ. (1855) p. 175 (em.); Müll. Arg., Princ. Classif. (1862) p. 40. *Lecidea* A. *Psora* Th. Fr., Lich. Scand. (1874) p. 411.

47. **L. breviuscula** Nyl., Lich. Nov.-Gran. ed. 2 (1863) p. 339, Lich. Nov.-Gran. Addit. (1867) p. 321 (mus. Paris.). *Psora breviuscula* Müll. Arg., Lich. Beitr. (Fl. 1882) p. 494.

Thallus squamulosus, aut fere foliaceus, squamis incisis laciniatisve, laciniis crenulatis et insico-crenulatis aut demum margine fere isidioso-laceratis, partim sublinearibus, circ. 0,5—0,3 millim. latis, circ. 5—1 millim. longis, adnatis, demum plus minusve imbricatis, planis aut convexiusculis, stramineo-glaucescentibus aut stramineo- vel olivaceo-pallescentibus, inferne et ad ambitum hypothallo vulgo bene evoluto byssomorpho fusco aut pallido instructus. *Apothecia* circ. 0,8—2 millim. lata, testaceo-fuscescentia, aut pallida, convexa aut planiuscula, immarginata aut margine demum evanescente exclusoque. *Hypothecium* fulvescens aut testaceo-pallidum, KHO non reagens. *Sporae* 8:nae, oblongae aut fusiformi-oblongae aut ellipsoideae, long. 0,005—0,010, crass. 0,0015—0,002 millim. [—0,0045 millim., observante Nyl., Lich. Nov.-Gran. p. 339].

Ad corticem arborum pluribus locis prope Lafayette et Sitio (1000 metr. s. m.) in civ. Minarum, n. 337, 338, 795. — Valde est variabilis et verisimiliter in L. parvifoliam Pers. (Nyl., Lich. Nov.-Gran. ed. 2 p. 339) transit. — *Thallus* superne strato corticali instructus, 0,050—0,030 millim. crasso, pellucido, decolorato, chondroideo, ex hyphis formato subverticalibus, ramosis, conglutinatis, membranis incrassatis, lumine cellularum angusto, oblongo aut fere parenchymatico. Infra zonam gonidialem adest stratum medullare tenue tenuissimumve, hyphis intricatis, sat leptodermaticis, in hyphas hypothallinas continuatis. *Hypothallus* ex hyphis circ. 0,004 millim. crassis, maxima parte fasciculatis et fere rhizinas formantibus, at parum conglutinatis, membranis sat tenuibus, lumine sat lato, cellulis elongatis. *Gonidia* globosa, diam.

0,010—0,008 millim., glaucescentia, membrana tenuissima (in KHO distincta). *Apothecia* jam ab initio superficialia, jam valde juvenilia adpressa, solitaria aut aggregata, demum saepe lobata. *Excipulum* extus partim rufescens aut fulvescens, intus decoloratum aut partim pallidum, strato medullari nullo, in margine fere pseudoparenchymaticum et hyphis radiantibus, conglutinatis, cellulis oblongis, lumine sat angusto, in parte interiore chondroideum. *Hypothecium* pseudo-parenchymaticum, ex hyphis erectis, conglutinatis formatum. *Hymenium* circ. 0,040—0,060 millim. crassum, epithecio testaceo pallidove, aut totum pallidum decoloratumve, jodo persistenter caerulescens. *Asci* clavati, circ. 0,008 millim. crassi. *Paraphyses* arcte cohaerentes, gelatina (in KHO turgescente) indutae, 0,002—0,001 millim. crassae, apice haud incrassatae, increbre septatae, neque constrictae, nec ramosae (KHO, $ZnCl_2 + I$). *Sporae* distichae, apicibus rotundatis aut obtusis, simplices.

48. **L. spinulosa** Wainio (n. sp.).

Thallus squamulosus, squamulis circ. 1,5—1 longis, 0,5—0,8 millim. latis, adscendentibus, planis, incisis crenulatisque, demum margine isidiosis, isidiis 0,2—0,12 millim. crassis, circ. 1—0,5 millim. longis, teretibus, suberectis, stramineo-glaucescens aut glauco-virescens, hypothallo vulgo fusco-nigricante plus minusve evoluto instructus. *Apothecia* circ. 2—0,8 millim. lata, rufa, convexa aut primum planiuscula, immarginata aut primum marginata. *Hypothecium* fulvo-rubescens aut rufescens, KHO non reagens. *Sporae* 8:nae, oblongae, long. 0,010—0,005, crass. 0,0025—0,002 millim.

Ad corticem vetustum arborum prope Sitio (1000 metr. s. m.) in civ. Minarum, n. 993. — Squamulis multo majoribus a L. coralllina facile distinguitur. *Thallus* strato corticali instructus. Conferenda cum Ps. polydactyla Müll. Arg. (Lich. Beitr. n. 1156), quae apotheciis fuscis et forsan etiam squamis minoribus ab ea differt, at tantum ex descriptione mihi est cognita. *Hypothallus* tomentoso-stuppeus. *Gonidia* protococcoidea, glaucescentia, globosa, diam. 0,010—0,008 millim., membrana tenuissima. *Excipulum* in lamina tenui extus rubescens, intus fulvescens, KHO non reagens, chondroideum, ex hyphis formatum conglutinatis in parte exteriore radiantibus. *Hymenium* pallidum aut fulvescenti-pallidum; jodo praecipue asci subpersistenter caerulescunt. *Paraphyses* arctissime cohaerentes, 0,0015—0,002 millim. crassae, apice haud incrassatae, strato gelatinoso indutae. *Asci* clavati, 0,008 millim. crassi. *Sporae* distichae, simplices, apicibus obtusis aut rotundatis.

49. **L. furfuracea** Pers. in Gaudich. Voy. Uran. (1826) p. 192 (mus. Paris.); Nyl., Lich. Nov.-Gran. (1863) p. 457, ed. II (1863) p. 341, Lich. Nov.-Gran. Addit p. 321. Coll. Glaz. n. 1947 (hb. Warm.).

Thallus verruculoso-squamulosus aut distincte squamulosus, squamulis —0,5 (—1) millim. longis aut verruculaeformibus (diametro circ. 0,1 millim.), in verruculas aut lacinulas angustissimas (circ. 0,1—0,2 millim. latas), subteretes aut planas divisis, adpressis, demum imbricato-confertis, cinereo- aut stramineo- aut olivaceo-glaucescentibus, hypothallo nigricante aut fusco-nigro plus minusve evoluto impositis. *Apothecia* circ. 1,5—0,5 [—4] millim. lata, umbrino-fuscescentia aut rufescentia aut testaceo-rufescentia, convexa aut primum planiuscula, immarginata aut margine evascente exclusove. *Hypothecium* purpureum aut fulvescens, KHO solutionem violaceam effundens. *Sporae* 8:nae, oblongae aut fusiformi-oblongae, long. 0,012—0,007, crass. 0,0025—0,0015 [—0,003] millim.

Ad corticem arborum prope Sitio (1000 metr. s. m.), n. 719, et in Carassa (1400 metr. s. m.), n. 1469, in civ. Minarum. — F. **schizophylla** Wainio, thallo distincte squamuloso, squamulis —0,2 millim. latis, laciniatis, planis, apotheciis umbrino-fuscescentibus, vulgo demum aggregatis, hypothecio purpureo dignota, ad Lafayette (1000 metr. s. m.) in civ. Minarum a me lecta est, n. 318, 335, 366. — Pannariam triptophyllam habitu in memoriam revocat. *Thallus* superne strato corticali chondroideo-parenchymatico obductus; hyphae strati medullaris membrana leviter aut parum incrassata, lumine cellularum sat angusto. *Hypothallus* tomentoso-stuppeus. *Gonidia* protococcoidea, diam. 0,010 0,008 millim., membrana tenui. *Apothecia* solitaria aut aggregata, inferne hypothallino-tomentosa. *Excipulum* fulvorufescens, in margine extus violaceum aut violaceofuligineum, KHO solutionem violaceam effundens, ex hyphis formatum conglutinatis, in parte exteriore radiantibus, fere parenchymatice septatis, cellulis angustis, oblongis, membranis crassis. *Hypothecium* ex hyphis erectis conglutinatis parenchymatice minute cellulosis formatum. *Hymenium* circ. 0,030 millim. crassum, totum dilute pallidum aut epithecio lutescente, jodo caerulescens, dein saltem partim obscure vinose rubens. *Paraphyses* arcte cohaerentes, 0,0015 millim. crassae, apice haud incrassatae, strato gelatinoso tenui indutae. *Asci* clavati, 0,008—0,010 millim. crassi. *Sporae* distichae, simplices, apicibus obtusis.

50. **L. corallina** Eschw., in Mart. Fl. Bras. (1833) p. 256; Nyl., Lich. Nov.-Gran. Addit. (1867) p. 321?, Fl. 1869 p. 122?, Krempelh., Fl. 1876 p. 268?; Müll. Arg., Lich. Beitr. (Fl. 1888) p. 527 pr. p. *L. parvifolia* d. *corallina* Tuck., Obs. Lich. III (1864) p. 273 (Wright, Lich. Cub. n. 184: mus. Paris.). *Psora parvifolia* var. *corallina* Müll. Arg., Lich. Beitr. (Fl. 1882) n. 494 pr. p. *Biatora parvifolia* c. *corallina* Tuck., Syn. North Am. II (1888) p. 18.

Thallus primum subsquamuloso-verruculosus, verruculis depresso-convexis, —0,1 millim. latis, aut granulosus, verruculis granulisque demum in isidia adscendentia suberectave, subteretia, circ. 0,080 millim. crassa et 0,5—0,8 millim. longa accrescentibus, glauco-virescens aut stramineo-glaucescens, hypothallo albido aut ad ambitum etiam violaceo-nigricante plus minusve evoluto instructus. *Apothecia* circ. 2—0,5 millim. lata, umbrino-rufescentia aut testacea, convexa aut primum planiuscula, immarginata aut primum marginata. *Hypothecium* testaceum aut pallidum aut fulvescens lutescensve, KHO non reagens. *Sporae* 8:nae, oblongae aut fusiformi-oblongae, long. 0,011—0,005, crass. 0,004—0,0015 millim.

Ad corticem arboris in Carassa (1400 metr. s. m.) in civ. Minarum, n. 1451, et prope Rio de Janeiro, n. 145. — *Hypothallus* tomentoso-stuppeus. *Gonidia* protococcoidea, globosa, diam. 0,010—0,006 millim., membrana tenui. *Apothecia* inferne hypothallino-tomentosa. *Excipulum* testaceum aut pallidum, KHO non reagens, hyphis radiantibus, conglutinatis, parenchymatice divisis, cellulis oblongis aut subglobosis. *Hypothecium* ex hyphis formatum erectis, conglutinatis, parenchymatice septatis, in paraphyses distincte continuatis. *Hymenium* totum pallidum, jodo persistenter caerulescens. *Paraphyses* arcte cohaerentes, 0,002 millim. crassae, apice haud incrassatae, strato gelatinoso tenui indutae, apicem versus increbre et basin versus crebrius septatae, haud aut parum (praecipue basin versus) constrictae. *Asci* clavati, circ. 0,007—0,006 millim. crassi. *Sporae* distichae, simplices, apicibus obtusis aut rotundatis.

51. **L. isidiotyla** Wainio.

Thallus granulosus, demum e granulis tenuissimis isidioideo-confluentibus concatenatisve constans, stramineo-glaucescens, hypothallo albido tenui impositus. *Apothecia* circ. 2—0,8 millim. lata, disco fusco-rufescente aut purpureo-fuscescente, plano planiusculove, margine sordide albicante cinerascenteve aut pallido, sat tenui aut mediocri, discum leviter superante aut aequante, persistente. *Hypothecium* rufescens, KHO solutionem rubescentem effundens. *Sporae* 8:nae, oblongae elongataeve aut fusiformi-oblongae, long. 0,014—0,008, crass. 0,0025—0,002 millim.

Ad corticem arborum prope Lafayette (1000 metr. s. m.) in civ. Minarum, n. 222. — L. corallinae est affinis et habitu subsimilis, at isidiis e granulis compositis, et hypothecio atque margine apotheciorum differens. Quamquam solum isidiosa neque vere squamosa est, ad Psoras tamen pertinet, quod etiam hypothallus tomentosus et apotheciorum structura demonstrant. *Thallus* demum crustam —1 millim. crassam formans, hypothallo tomentoso-stuppeo. *Gonidia* protococcoidea. *Apothecia* solitaria. *Excipulum* intus rufescens, extus pallidum, chondroideum, hyphis crassis, radiantibus, conglutinatis, basin versus excipuli in filamenta hypothallina continuatis. *Hymenium* circ. 0,040 millim. crassum, totum pallidum lutescensve, jodo dilute caerulescens, deinde vinose rubens. *Paraphyses* arcte cohaerentes, 0,001—0,0015 millim. crassae, apice non aut parum incrassatae, neque ramosae, nec constrictae. *Asci* clavati, 0,012—0,010 millim. crassi. *Sporae* distichae, simplices, apicibus obtusis.

52. **L. pycnocarpa** (Müll. Arg.) Wainio. *Psora pycnocarpa* Müll. Arg., Lich. Parag. (1888) p. 8 (mus. Paris.).

Thallus squamosus, squamis circ. 3—1 millim. longis, 2—0,3 millim. latis, sat tenuibus, irregularibus, crenatis aut inciso-crenatis aut subintegris, adnatis, planis aut rugoso-plicatis convexisve, tabacino- aut olivaceo-fuscescentibus. *Apothecia* circ. 0,5—0,8 (—1,5) millim. lata, atra, nuda, immarginata, convexa, aut primum planiuscula et tenuissime marginata. *Hypothecium* dilute fuscescens [aut olivaceo-virescens], KHO non reagens. *Sporae*

8:nae, ovoideo-oblongae oblongaeve, long. 0,008—0,010 [—0,013], crass. 0,003—0,004 [—0,0055] millim.

Ad terram arenosam supra nidum termitum in Carassa (1400 metr. s. m.) in civ. Minarum. — L. pycnocarpa (Müll. Arg.) „epithecio et hypothecio intense olivaceo-viridi et sporis 0,010—0,013 millim. longis, 0,004—0,0055 millim. latis" a planta nostra differt, at formam diversam systematicam vix constituat. — *Thallus* subopacus, strato corticali fere amorpho, ex hyphis verticalibus conglutinatis formato, hypothallo indistincto. *Gonidia* protococcoidea, diam. 0,012—0,008 millim., membrana sat tenui. *Apothecia* adpressa, demum saepe aggregata aut confluentia. *Excipulum* fuscum, KHO non reagens. *Hypothecium* in specimine nostro dilute fuscescens. *Hymenium* circ. 0,045 millim. crassum, saepe subpallescens, jodo persistenter caerulescens. *Epithecium* fuscescens, KHO non reagens. *Paraphyses* arcte cohaerentes, apice leviter clavato-incrassatae. *Asci* clavati, circ. 0,014—0,016 millim. crassi. *Sporae* distichae, simplices, apicibus obtusis aut altero apice rotundato.

53. **L. glaucoplaca** Wainio (n. sp.).

Thallus squamosus, squamis circ. 0,5—0,8 (0,2—1) millim. longis latisque, sat tenuibus, saepe subcrenulatis, vulgo demum aut mox verruculoso-inaequalibus, planiusculis, adnatis, glaucescenti-albidis, plus minusve dispersis. *Apothecia* circ. 1—0,5 millim. lata, turbinato-elevata, fere substipitata, atra, nuda aut subnuda, disco planiusculo aut demum rarius depresso-convexiusculo, margine tenuissimo, demum vulgo excluso. *Hypothecium* superne intensius, inferne dilutius rufescens, KHO non reagens. *Sporae* 8:nae, oblongae aut ellipsoideae aut fusiformi-oblongae ellipsoideaeve, long. 0,011—0,006, crass. 0,005—0,0025 millim.

Ad rupem itacolumiticam in Carassa (1000 metr. s. m.) in civ. Minarum, 1308, 1316. — *Thallus* neque KHO, nec $Ca\,Cl_2\,O_2$ reagens, hypothallo indistincto. *Apothecia* solitaria aut rarius aggregata. *Excipulum* dilute rufescens, parte intima albidum subdecoloratumve. *Hymenium* pallidum, jodo persistenter caerulescens. *Epithecium* fuscum aut rufescens, KHO non reagens. *Paraphyses* arcte cohaerentes, 0,0015 millim. crassae, apice clavatae, neque constrictae, nec ramosae. *Asci* clavati, 0,010—0,008 millim. crassi. *Sporae* distichae, simplices, apicibus obtusis aut rotundatis.

Subg. X. **Biatora** (Fr.) Th. Fr. *Thallus* crustaceus, uniformis. *Apothecia* saltem pro parte disco et margine laetius colorato. *Sporae* simplices, decolores, parvae aut mediocres.

Biatora Fr. in Kongl. Vet. Ac. Handl. 1822 p. 263 (pr. p.); Mass., Ric. Lich. Crost. (1852) p. 123; Koerb., Syst. Germ. (1855) p. 192 (em.). *Lecidea* B. *Biatora* Th. Fr., Lich. Scand. (1874) p. 422; Müll. Arg., Lich. Beitr. (Fl. 1881) n. 278, cet.

54. **L. russula** Ach., Lich. Univ. (1810) p. 197; Nyl., Énum. Gén. Lich. (1857) p. 120, Lich. Nov.-Gran. (1863) p. 457; Müll. Arg., Rev. Lich. Eschw. (1884) n. 37, Lich. Sebast. (1889) p. 359. *Biatora* Tuck., Syn. North Am. II (1888) p. 20.

Thallus crustaceus, mediocris aut sat tenuis aut raro tenuis, subcontinuus aut areolatus, leviter aut bene verruculoso-inaequalis aut sublaevigatus, esorediatus [aut raro sorediosus: Nyl. in Énum. Gén. Lich. p. 120], albidus [aut raro obscure cinereus]. *Apothecia* circ. 1 (3—0,3) millim. lata, adpressa, coccinea aut raro obscurata, nuda, disco plano, margine tenui, persistente aut rarius demum excluso, disco concolore. *Sporae* (raro evolutae) „8:nae, ellipsoideae aut oblongae, long. 0,012—0,008, crass. 0,004—0,003 millim." (Tuck., l. c.).

Ad cortices arborum et ad saxa (et ligna) sat frequenter in Brasilia obvenit, n. 602, 891, 909, 1144, 1203, 1253, 1315, 1547, 1575, 1586. — *Thallus* KHO non reagens, hypothallo indistincto, medulla jodo non reagente. *Apothecia* thallo innata, valde prope superficiem aut in ipsa superficie enata, vulgo jam valde juvenilia adpressa. *Excipulum* proprium, gonidiis destitutum, ex hyphis formatum radiantibus, conglutinatis aut in parte interiore laxe contextis, crassis, parte exteriore (in lamina tenui) fulvorubescens, intus fere decoloratum aut dilute fulvescens. *Hypothecium* fulvescens aut rubescens aut parte subhymeniali subalbida. *Hymenium* vulgo dilute rubescens, jodo persistenter caerulescens. *Epithecium* rubescens aut fulvo-rubescens (KHO solutionem violaceam effundens). *Paraphyses* sat laxe cohaerentes, 0,002—0,0015 millim. crassae, apice haud incrassatae, basin versus ramoso-connexae, increbre septatae ($ZnCl_2$ + I). *Asci* clavati, apicem versus membrana incrassata.

55. **L. canorubella** Nyl., Énum. Gén. Lich. (1857) p. 121 (mus. Paris.).

Thallus crustaceus, sat tenuis, continuus, superficie leviter verruculoso, aut raro subgranuloso, glaucovirescens aut cinereoglaucescens [aut raro flavescens]. *Apothecia* circ. 0,8—0,5 (1,8) millim. lata, adpressa, disco plano aut rarius demum convexo, griseo-fuscescente aut griseo-pallescente aut rarius testaceo pallidove, nudo, margine tenui, subpersistente, disco subconcolore aut obscuriore pallidioreve. *Hypothecium* rufescenti-nigricans aut testaceum. *Epithecium* pallidum aut decoloratum. *Sporae* 8:nae, ellipsoideae aut oblongae aut rarius parce subglobosae, long. 0,016—0,007, crass. 0,006—0,0035 millim.

Ad corticem arboris prope Rio de Janeirio, n. 32. — Habitu subsimilis est L. virellae Tuck. (in Wright Lich. Cub. n. 188), quae autem hypothallo crasso tomentoso fusconigro ab ea differt. — *Thallus* KHO dilute flavescens aut vix reagens, $CaCl_2O_2$ non reagens [aut KHO ($CaCl_2O_2$) rubescens: f. flavescens Nyl. in mus. Paris.], hypothallo indistincto aut tenui, albido aut nigro, consistentia thallo simili limitatus. *Excipulum* proprium, cartilagineum aut fere pseudoparenchymaticum, strato myelohyphico nullo, fere decoloratum aut rufescenti-nigricans. *Hypothecium* KHO non reagens. *Hymenium* circ. 0,070—0,090 millim. crassum, jodo persistenter caerulescens, aut ascis nonnullis demum sordide subvinose rubentibus. *Paraphyses* sat arcte aut haud valde arcte cohaerentes, 0,0015 millim. crassae, apice non aut levissime incrassatae, neque constrictae, nec ramosae. *Asci* clavati, circ. 0,008—0,012 millim. crassi. *Sporae* 8:nae, distichae aut monostichae, simplices, apicibus rotundatis aut obtusis.

56. **L. testaceoglauca** Wainio (n. sp.).

Thallus crustaceus, sat tenuis aut mediocris, subcontinuus, superficie leviter verruculoso- aut granuloso-inaequali, glaucovirescens aut stramineo-glaucescens. *Apothecia* circ. 1—0,5 millim. lata, adpressa, disco plano aut demum convexo, testaceo aut testaceo-pallido, nudo, margine tenui, persistente, pallido. *Hypothecium* dilutissime pallidum. *Epithecium* dilutissime pallidum. *Sporae* 8:nae, fusiformi-oblongae aut oblongae aut fere ellipsoideae, long. 0,017—0,008, crass. 0,006—0,003 millim.

Ad corticem arboris prope Rio de Janeiro, n. 852 b. — A L. canorubella praesertim hypothecio differt et forsan magis est L. vernali affinis. *Thallus* neque KHO, nec $CaCl_2O_2$ reagens, hypothallo nigricante tenui partim anguste limitatus. *Excipulum* proprium, dilute pallidum. *Hymenium* circ. 0,070 millim. crassum, jodo persistenter caerulescens. *Paraphyses* arcte cohaerentes, 0,001 millim. crassae, apice haud incrassatae, neque constrictae, nec ramosae. *Asci* clavati, circ. 0,012 millim. crassi. *Sporae* simplices.

57. **L. piperis** (Spreng.) Nyl., Fl. 1869 p. 121; Müll. Arg., Lich. Beitr. (Fl. 1881) n. 284, Rev. Lich. Eschw. (Fl. 1884) n. 41, Enum. Lich. Noum. (1887) p. 3. *Biatora rhodopis* Tuck., Syn. North Am. II (1888) p. 156 (mus. Paris.).

Thallus crustaceus, sat tenuis aut mediocris, continuus, sublaevigatus aut verruculoso-inaequalis, rubescens aut glaucescens aut cinereo-albicans aut fuscescens. *Apothecia* circ. 1,5—1 (—0,5) millim. lata, adpressa, disco plano aut raro depresso-convexiusculo, rufo aut rubescente aut fusco aut nigricante aut pallescente, margine mediocri, persistente, rubescente aut rufescente fuscescenteve aut nigricante aut cinerascente. *Hypothecium* nigricans aut fusco-nigrum. *Epithecium* decoloratum aut roseum aut fusconigricans. *Sporae* 8:nae, ellipsoideae aut fusiformi-oblongae, long. 0,018—0,009, crass. 0,010—0,005 millim.

F. erythroplaca (Fée) Krempelh., Fl. 1876 p. 266 (coll. Glaz. n. 6256: hb. Warm.); Müll. Arg., Rev. Lich. Fée (1887) p. 5. *Lecidea erythroplaca* Fée, Bull. Soc. Bot. XX (1873) p. 316 pr. p. (mus. Paris.).

Thallus cinnabarino-rubescens. *Apothecia* disco nigricante aut testaceo-fuscescente, margine variabili, vulgo nigricante aut rufescente, partim etiam subrubescente.

Ad corticem arboris prope Lafayette (1000 metr. s. m.) in civ. Minarum, n. 240. — *Thallus* praecipue intus materiam cinnabarinam continens, partim hypothallo nigro limitatus.

F. **circumtincta** Nyl., Lich. Nov.-Gran. (1863) p. 457, ed. 2 (1863) p. 340 (coll. Lindig n. 775: mus. Paris.).

Thallus glaucescens. *Apothecia* disco pallescente aut rubescente, margine rubescente. Ad ramulos vetustos arboris prope Rio de Janeiro, n. 182. — *Thallus* saepe passim in parte interiore materiam cinnabarinam continens.

F. **umbrinella** (Pers.) Wainio. *Lecidea umbrinella* Pers. in Gaudich. Voy. Uran. (1826) p. 192 (mus. Paris.).

Thallus glaucescenti- aut cinereo-albicans. *Apothecia* disco et margine subfusco. Ad corticem arboris in Carassa (1400 metr. s. m.) in civ. Minarum. n. 1481 b. — *Thallus* in parte interiore passim materiam coccineam continens.

Obs. Nonnullas alias formas, nimis parce lectas, hic omisi. — Formae hujus speciei variabilis. habitu dissimillimae, valde inconstantes sunt et saepe in eodem specimine transeunt. *Thallus* in parte interiore materiam coccineam vulgo saltem passim continens, hypothallo nigricante passim limitatus. *Excipulum* proprium, gonidiis destitutum, cartilagineum, in parte exteriore ex hyphis radiantibus parenchymatice septatis conglutinatis formatum, strato myelohyphico nullo, parte interiore fusco-nigricans, parte exteriore colore variabile. *Hymenium* circ. 0,070 millim. crassum, jodo persistenter caerulescens, aut demum fere decoloratum et ascis vinose rubentibus. *Paraphyses* arcte cohaerentes, 0,001—0,0015 millim. crassae, neque ramosae, nec constrictae. *Asci* clavati, circ. 0,012—0,016 millim. crassi. *Sporae* distichae, simplices.

58. **L. aurigera** Fée, Ess. Crypt. Écorc. (1824) p. 106, tab. 28 fig. 5; Nyl., Not. Lich. Port-Nat. (1868) p. 8; Müll. Arg., Rev. Lich. Fée (1887) p. 5.

Thallus crustaceus, continuus, cinereo- aut glaucescenti-albicans, verrucis instructus sparsis, elevatis, circ. 0,2—0,1 millim. latis, intus sulfureis aut stramineo-albidis, KHO non reagens. *Apothecia* circ. 1.2—0,5 millim. lata, adpressa, disco plano aut demum depresso-convexo, fusco aut rarius rufo nigricanteve, nudo, margine medioeri aut tenui. cinereo, persistente. *Hypothecium* pallido-fuscescens, aut partim pallidum [in specim. orig. late nigro-fuscum]. *Epithecium* pallidum rufescensve. *Sporae* 8:nae, ellipsoideae aut partim oblongae aut fusiformi-ellipsoideae, long. 0,017—0,010, crass. 0,009—0.004 millim.

Ad corticem arboris prope Lafayette (1000 metr. s. m.) in civ. Minarum, n. 308. — *Thallus* crassitudine medioeris, hypothallo nigricante partim limitatus. *Excipulum* proprium, gonidiis et strato stuppeo destitutum, cartilagineum, ex hyphis conglutinatis formatum, pallidum, margine partim fuscescens. *Hymenium* circ. 0,100 0,080 millim. crassum. jodo caerulescens deindeque subvinose rubens. *Paraphyses* arcte cohaerentes. 0.001 millim. crassae, apice haud incrassatae, neque ramosae. nec constrictae. *Asci* clavati, circ. 0,016—0,012 millim. crassi. *Sporae* vulgo distichae, simplices, apicibus obtusis rotundatisve.

59. **L. coarctata** (Sm.) Nyl., Prodr. Fl. Gall. (1857) p. 112; Th. Fr., Lich. Scand. (1874) p. 447. *Lichen coarctatus* Sm., Engl. Bot. VIII (1799) tab. 534. *Zeora coarctata* Koerb., Syst. Germ. (1855) p. 132. *Lecanora* Bagl. et Car., Anacr. (1881) p. 206; Nyl., Fl. 1886 p. 101 (Hue, Addend. 1888 p. 134).

Thallus crustaceus, crassus aut sat tenuis, verruculosus aut areolatus aut squamosus aut granulosus, albidus aut cinerascens aut glaucescens, aut raro evanescens. *Apothecia* circ. 0.6—0.2 millim. lata, thallo innata, demum adpressa, disco plano convexove, fuscescente aut rufescente aut rubescente aut fusconigricante, margine tenui, primum inflexo, demum elevato aut evanescente, disco aut thallo subconcolore. *Hypothecium* pallidum. *Epithecium* fuscescenti-pallidum fuscescensve. *Sporae* 8:nae, ellipsoideae aut oblongae, long. 0,020—0,011 [—0,026], crass. 0,010—0,006 [—0,012] millim. *Pycnoconidia* cylindrica (Linds., Mem. Sperm. Crust. Lich. tab. 11 fig. 34).

Var. **elachista** (Ach.) Th. Fr., Lich. Scand. (1874) p. 447. *Parmelia elachista* Ach., Meth. Lich. (1803) p. 159.

Thallus areolatus aut areolato-diffractus aut verruculosus granulosusve aut raro evanescens. Ad rupes et terram arenosam pluribus locis prope Sitio (1000 metr. s. m.) in civ. Minarum, n. 608, 644, 990, 992, 1147, et ad Rio de Janeiro, n. 60. — *Thallus* neque KHO nec $Ca\,Cl_2\,O_2$ nec I reagens, KHO ($Ca\,Cl_2\,O_2$) praecipue intus rubescens. *Gonidia* protococcoidea. *Apothecia* thallo innata et interdum adhuc satis evoluta thallo cincta (ad instar excipuli thallodis). *Excipulum* proprium aut bene evolutum aut tenue aut in basi apothecii evanescens, ex hyphis tenuibus conglutinatis aut interdum aëre disjunctis irregulariter contextis aut longitudinalibus (parallelis cum paraphysibus) formatum, fuscescens aut fuscescenti-pallidum. *Hymenium* circ. 0.160—0.080 millim. crassum, jodo vinose rubens aut primum dilute intenseve caerulescens. *Paraphyses* laxe (n. 60) aut arcte (n. 644, 1147) cohaerentes, 0,001—0,0015 millim. crassae, apice haud incrassatae, praecipue apice vulgo ramosae ramulosaeque, haud constrictae. *Asci* cylindrico-clavati aut clavati, circ. 0,010—0,016 millim. crassi, membrana tenui. *Sporae* fere distichae, simplices.

Obs. Lecanorae Grimselanae (Hepp, Lich. Helv. n. 225) L. coarctata minime est affinis, ut Nylander (in Hue Addend. 1888 p. 134) existimat, sed affinitatem proximam cum Lecidea Brujeriana (Hepp, Lich. Helv. n. 615), excipulo proprio bene evoluto instructa, distincte ostendit. Neque formae L. coarctatae desunt, in quibus excipulum proprium est crassum et strato thallino obducente destitutum. Ita res se habet in specimine, quod ccl. Nyl. in mus. Paris. determinavit et nominavit „v. ornata".

60. **L. flexuosa** (Fr.) Norrl., Öfvers. Torn. Lapp. (1873) p. 346; *L. granulosa *L. flexuosa* Th. Fr., Lich. Scand. (1874) p. 444.

Thallus crustaceus, crassitudine mediocris aut sat tenuis, verruculosus et parcius etiam granulosus, verruculis contiguis, cinerascens [aut glaucescenti-virescens]. *Gonidia* pleurococcoidea. *Apothecia* circ. 0,3—0,2 [—0,5] millim. lata, adpressa, disco plano aut primum concavo, livido-nigricante nigrove, nudo, margine tenui, cinereo aut cinereo-nigricante, persistente. *Hypothecium* dilute pallidum albidumve. *Epithecium* olivaceo-smaragdulum. *Sporae* 8:nae, oblongae aut ellipsoideae, long. 0,010—0,007, crass. 0,005—0,004 [—0,003] millim.

Ad cortices putridos arborum prope Sitio (1000 metr. s. m.) in civ. Minarum, n. 624, 712. — *Thallus* in speciminibus nostris brasilianis neque KHO nec $Ca\,Cl_2\,O_2$ reagens, KHO ($Ca\,Cl_2\,O_2$) rubescens, hypothallo indistincto. *Gonidia* potius ad Pleurococcos quam Protococcos pertineant, diam. 0,006—0,010 millim., partim simplicia, partim in duas aut quatuor cellulas cohaerentes (parcius etiam in plures) divisa, membrana crassiuscula. *Apothecia* solitaria aut aggregata, margine integro aut demum leviter flexuoso (in specim. europaeis magis sunt flexuosa). *Excipulum* proprium, chondroideum, ex hyphis tenuibus conglutinatis formatum, olivaceo-smaragdulum, KHO fuscescens. *Hymenium* circ. 0,040 millim. crassum, jodo leviter caerulescens deindeque sordide vinose rubens. *Epithecium* olivaceo-smaragdulum, KHO fuscescens. *Paraphyses* 0,0005—0,001 millim. crassae, gelatinam sat firmam percurrentes, sat abundanter ramoso-connexae, etiam apice ramosae. *Asci* clavati, circ. 0,010—0,008 millim. crassi. *Sporae* distichae, simplices, apicibus obtusis rotundatisve.

61. **L. misella** Nyl., Lich. Lapp. Or. (1866) p. 177; Wainio,

Adj. Lich. Lapp. II (1883) p. 49. *L. asserculorum* Th. Fr., Lich. Scand. (1874) p. 473 (L. asserculorum Ach., Lich. Univ. 1810 p. 170, „apotheciis plano-concaviusculis, crusta fuligineo-atra" descripta est, quare hoc nomen prioritatem habere vix dici potest).

Thallus crustaceus, tenuissimus, virescens aut cinereo-glaucescens, verruculoso-inaequalis, dispersus, aut evanescens. *Apothecia* 1,5—3 millim. lata, adpressa, atra [aut fusco-nigra], nuda, jam primo convexa aut depresso-convexa immarginataque. *Hypothecium* virescens aut pallidum. *Hymenium* parte inferiore virescens, KHO violascens. *Epithecium* olivaceo-fuligineum olivaceumve. *Sporae* 8:nae, ellipsoideae ovoideaeve, long. 0,010—0.005, crass. 0,004—0,0025 millim.

F. **Brasiliana** Wainio. *Hymenium* jodo persistenter caerulescens. *Hypothecium* virescens.

Ad lignum vetustum in Carassa (1400 metr. s. m.) in civ. Minarum, n. 1420, 1450. — *Gonidia* protococcoidea. *Apothecia* demum saepe tuberculata. *Excipulum* tenue, fusco-nigricans. *Hypothecium* in speciminibus nostris brasilianis virescens, KHO violascens aut fuscescens. *Epithecium* KHO decoloratur. *Hymenium* arcte cohaerens, circ. 0,040—0,050 millim. crassum, jodo persistenter caerulescens (demum vinose rubens in speciminibus europaeis L. misellae). *Paraphyses* 0,0005 millim. crassae, apice haud incrassatae, sat numerosae (in KHO conspicuae). *Asci* clavati, crass. circ. 0,008—0,014 millim. *Sporae* distichae, simplices.

Subg. XI. **Eulecidea** Th. Fr. *Thallus* crustaceus, uniformis. *Apothecia* disco et margine atro (aut pruinoso). *Sporae* simplices, decolores, parvae aut mediocres.

Lecidea β Eulecidea Stizenb., Beitr. Flechtensyst. (1862) p. 161 (emend.); Th. Fr., Lich. Scand. (1874) p. 481.

62. **L. violaceo-fuliginea** Wainio (n. sp.).

Thallus crustaceus, tenuis, continuus, verruculoso-inaequalis, esorediatus, albidus, KHO lutescens. *Apothecia* circ. 1,5—1 millim. lata, adpressa, atra, nuda, disco plano aut demum convexo (plano in apotheciis recentibus), margine mediocri aut demum extenuato, integro, discum superante aut rarius demum aequante. *Excipulum hypotheciumque* (in lamina tenui) purpureo-fuligineum, KHO non reagens, parte subhymeniali hypothecii tenui albida.

Epithecium violaceo-caeruleo-fuligineum, KHO non reagens. *Sporae* 8:nae, ellipsoideae aut pr. p. subglobosae, long. 0,016—0,009, crass. 0,010—0,006 millim.

Ad corticem arboris in Carassa (1400 metr. s. m.) in civ. Minarum, n. 1344. — Habitu vix differt a L. glomerulosa f. achrista Sommerf. (Wainio, Adjum. I p. 93), cui tamen parum est affinis, hypothecio et epithecio ab ea differens. *Thallus* (e materia aliena partim cinereo-fuscescens) Ca Cl_2 O_2 non reagens, KHO (Ca Cl_2 O_2) rubescens, hypothallo nigricante partim limitatus. *Gonidia* protococcoidea. *Apothecia* jam primo superficialia discoque aperto; disco nitidiusculo subopacove, margine bene nitido. *Excipulum* cartilagineum, strato medullari stuppeo nullo. *Hymenium* oleosum eamque ob causam semipellucidum, 0,110 millim. crassum, jodo intense caerulescens, deindeque decoloratum, ascis vinose rubentibus. *Paraphyses* sat laxe cohaerentes, 0,001 millim. crassae, apice haud incrassatae, partim saepe aliquantum ramosae et ramoso-connexae, partim simplices, haud constrictae. *Asci* clavati, circ. 0,020 millim. crassi. *Sporae* distichae, simplices, membrana tenui aut sat tenui.

63. **L. goniophila** Floerk., Berl. Mag. 1809 p. 311; Wainio, Adj. Lich. Lapp. II (1883) p. 90.

Thallus crustaceus, crassus aut tenuis aut obsoletus, variabilis, vulgo verruculoso-inaequalis, esorediatus aut raro parce subleproso-granulosus, albidus aut raro cinerascens caesiusve, KHO flavescens, Ca Cl_2 O_2 non reagens. *Apothecia* mediocria aut rarius sat parva, adpressa, atra aut rarius fusco-atra, nuda, saltem primo plana marginataque (aut primum concava), margine integro. *Hypothecium* albidum aut pallidum. *Epithecium* aeruginoso- aut olivaceo- aut violaceo-nigricans aut fuscens, KHO non reagens. *Sporae* 8:nae, ellipsoideae, long. 0,018—0,008, crass. 0,010—0,004 millim. *Pycnoconidia* longa, filiformi-cylindrica, curvata. Vulgo saxicola.

Var. **diminuta** Wainio. *Thallus* mediocris aut sat tenuis, verruculoso-inaequalis. *Apothecia* parva, 0,5—0,2 millim. lata, planiuscula, nigra, margine tenui, demum evanescente. *Epithecium* fusco- aut olivaceo- aut aeruginoso-fuligineum aut nigricans.

Ad lignum in Sitio (1000 metr. s. m.) in civ. Minarum, n. 599. — Habitu similis L. glomerulosae f. euphoreae Floerk.

(Wainio, l. c. p. 94), quae praesertim colore hypothecii ab ea differt. *Excipulum* basi pallidum, marginem versus purpureo-fuscescenti- aut caeruleofuscescenti-fuligineum, ex hyphis radiantibus conglutinatis formatum. *Hypothecium* pallidum, tenue. *Hymenium* circ. 0,090—0,050 millim. crassum, jodo caerulescens, dein obscure violacee vinose rubens. *Paraphyses* sat laxe cohaerentes, 0,0015 millim. crassae, apice clavatae aut parum incrassatae. *Asci* clavati, 0,020—0,016 millim. crassi. *Sporae* distichae, ellipsoideae, simplices, long. 0,012—0,008, crass. 0,007—0,004 millim.

64. **L. camptospora** Wainio (n. sp.).

Thallus crustaceus, crassitudine mediocris aut sat tenuis, dispersus, varie aut verruculose inaequalis, haud distincte sorediosus, olivaceo-nigricans aut griseo-olivaceus. *Apothecia* 0,7—0,5 millim. lata, adpressa, atra, nuda, planiuscula aut demum convexa, immarginata (ab origine immarginata aut juvenilia valde indistincte submarginata). *Hypothecium* albidum. *Epithecium* caeruleo-smaragdulo-fuligineum, KHO non reagens. *Sporae* 8:nae, oblongae, curvatae aut pro parte rectae, long. 0,011—0,009, crass. 0,003—0,0025 millim.

Ad saxa granitica prope Rio de Janeiro, n. 57, 77. — *Thallus* hypothallo caeruleo-nigricante parum conspicuo. *Excipulum* intus subdecoloratum, extus smaragdulo-fuligineum, KHO non reagens. *Hymenium* circ. 0,060 millim. crassum, jodo persistenter caerulescens. *Paraphyses* arcte cohaerentes, 0,001 millim. crassae, apice vix incrassatae, neque ramosae, nec constrictae. *Asci* clavati, circ. 0,014—0,012 millim. crassi. *Sporae* distichae, simplices, apicibus rotundatis, rarius obtusis, membrana tenui.

65. **L. subplebeja** Wainio (n. sp.).

Thallus crustaceus, tenuissimus, verruculoso-inaequalis aut granulosus, aut evanescens, haud distincte sorediosus, albidus aut cinereo-glaucescens. *Apothecia* 0,3—0,2 millim. lata, adpressa, atra aut parcius fusco-atra, nuda, plana aut demum convexa, margine tenui, integro, persistente aut demum excluso. *Hypothecium* rufescens aut pallido-rufescens aut pallidum. *Epithecium* purpureo- aut fusco- aut aeruginoso-fuligineum, KHO non reagens. *Sporae* 8:nae, ellipsoideae, long. 0,012—0,007, crass. 0,008—0,005 millim.

Ad corticem vetustum prope Sitio (1000 metr. s. m.) in civ.

Minarum, n. 731 b. *Thallus* hypothallo indistincto. *Excipulum* purpureo-fuscescens, basin versus pallescens aut pallescenti-fuscescens. *Hymenium* circ. 0,070 millim. crassum, jodo sat leviter caerulescens, dein vinose rubens. *Paraphyses* arcte cohaerentes, 0,0015 millim. crassae, apice saepe clavatae, clava fuscescente, neque ramosae, nec constrictae. *Asci* clavati, circ. 0,016 millim. crassi. *Sporae* distichae, simplices.

66. **L. eubuelliana** Wainio (n. sp.).

Thallus crustaceus, crassus aut sat crassus, verrucosus aut verrucoso-areolatus, areolis formatis e verrucis solitariis aut demum vulgo e verrucis numerosis connatis, albidus aut cinereo-albicans, KHO lutescens. *Apothecia* circ. 0,5—1,5 millim. lata, fere adpressa, atra, nuda, immarginata, disco planiusculo aut depresso-convexo. *Hypothecium* rufum. *Epithecium* rufo-fuscescens. *Sporae* 8:nae, oblongae aut fusiformi-oblongae, long. 0,012—0,010, crass. 0,004—0,0035 millim.

Ad rupem itacolumiticam in Carassa (1400 metr. s. m.) in civ. Minarum, n. 1208. — *Thallus* Ca Cl_2 O_2 non reagens, KHO (Ca Cl_2 O_2) demum rubescens, medulla jodo non reagente. *Apothecia* disco nitido. *Excipulum* proprium, ex hyphis radiantibus formatum, rufescens, aut extus partim rufofuscescens et intus partim pallidum, KHO non reagens. *Hymenium* circ. 0,060 millim. crassum, pallidum aut pallido-rufescens, jodo persistenter caerulescens. *Epithecium* KHO non reagens. *Paraphyses* arcte cohaerentes, 0,001 millim. crassae, gelatina epithecium obducente. *Asci* clavati, circ. 0,014 millim. crassi. *Sporae* distichae, simplices, apicibus obtusis aut raro acutiusculis aut altero apice rotundato, membrana tenui.

67. **L. pernigrata** Wainio (n. sp.).

Thallus crustaceus, crassitudine mediocris, continuus, rimulosus, laevigatus, esorediatus, nigricans aut fusconigricans. *Apothecia* circ. 0,6—0,3 millim. lata, thallo immersa, disco concavo, nigro aut fusco-nigro, nudo, margine tenuissimo aut evanescente indistinctove, nigro. *Hypothecium* fusco-nigrum. *Epithecium* fuscum. *Sporae* 8:nae, ellipsoideae aut ovoideae, long. 0,018—0,016, crass. 0,009—0,007 millim.

Ad rupem itacolumiticam in Carassa (1500 metr. s. m.) in civ. Minarum, n. 1275. — Ad species inter Lecanoras (Aspicilias) et Lecideas intermedias pertinet. habitu magis prioribus congruens, at microscopio examinata excipulo proprio fuligineo affinitatem proxiorem cum Lecideis ostendens. *Thallus* strato corticali fuligineo (caerulescenti-fuligineo in KHO), ex apicibus hypharum incrassatarum, septa una constricte articulatarum formato, strato medullari jodo non reagente, hyphis leptodermaticis. *Gonidia* protococcoidea. *Excipulum* proprium, thallo immersum, fuligineum, KHO non reagens. *Epithecium* fuscum, KHO non reagens. *Hymenium* jodo caerulescens, dein vinose rubens. *Paraphyses* arcte cohaerentes, 0,0015 millim. crassae, apice vix incrassatae, simplices aut parce ramosae, haud constrictae. *Asci* clavati, circ. 0,018 millim. crassi, membrana apicem versus incrassata. *Sporae* distichae, simplices.

68. **L. buelliana** Müll. Arg., Lich. Beitr. (Fl. 1880) n. 202 (hb. Warm.).

Thallus crustaceus, crassitudine mediocris aut rarius sat tenuis, esorediatus, areolatus, areolis contiguis aut rarius supra hypothallum nigrum dispersis, minutis (vulgo circ. 0,5—0,2 millim. latis), angulosis, planiusculis, vulgo sublaevigatis, albido-glaucescentibus aut subcinerascentibus, KHO flavescentibus, hypothallo nigro ad ambitum et inter areolas plus minusve conspicuo. *Apothecia* 0,5—0,3 millim. lata, thallo immersa aut demum leviter emergentia, atra, nuda, immarginata aut raro tenuissime marginata, disco primum planiusculo, demum convexo aut depresso-convexiusculo. *Hypothecium* dilute cerasino-violaceum. *Epithecium* cerasino-fuligineum nigricansve. *Sporae* 8:nae, ellipsoideae, long. 0,014—0,010, crass. 0,008—0,006 millim.

Supra rupes in Carassa (1400—1500 metr. s. m.) in civ. Minarum frequenter obvia, n. 1260, 1285 b, 1107 b, 1576. — Ad species inter Lecanoras et Lecideas intermedias pertinet. *Thallus* KHO ($CaCl_2O_2$) dilute rubescens. *Medulla* thalli jodo non reagens. *Apothecia* disco nitidiusculo aut subopaco, demum thallum leviter superante. *Excipulum* proprium, tenue, ex hyphis radiantibus, conglutinatis formatum, cerasino-fuligineum aut dilute cerasinum. *Hypothecium* tenue. *Hymenium* circ. 0,080 millim. crassum, dilute cerasinum, jodo persistenter caerulescens, epithecio cerasino-fuligineo nigricanteve, KHO non reagens. *Paraphyses* arcte cohaerentes, 0,001 millim. crassae, clava gelatinosa crassa violacea terminatae, neque ramosae, nec constrictae. *Asci* clavati, circ. 0,016—0,14 millim. crassi. *Sporae* distichae, simplices, apicibus rotundatis, membrana sat tenui.

5. Biatorella.

De Not. in Giorn. Bot. Ital. 1846 t. I p. 192; Mass., Ric. Lich. Crost. (1852) p. 130, Geneac. Lich. (1854) p. 10; Koerb., Par. Lich. (1859—65) p. 124; Th. Fr., Gen. Lich. (1861) p. 86, Lich. Scand. (1874) p. 396; Rehm in Rabenh. Krypt.-Fl. III (1890) p. 303 (excl. species gonidiis egentes).

Thallus crustaceus, uniformis aut raro ambitu lobatus, hypothallo aut hyphis medullaribus substrato affixus, rhizinis veris nullis, strato corticali nullo aut raro (in B. testudinea) thallum superne obtegente, subcartilagineo, ex hyphis formato irregulariter contextis, conglutinatis, sat leptodermaticis. *Stratum medullare* stuppeum, hyphis implexis, tenuibus, leptodermaticis, lumine cellularum comparate sat lato. *Gonidia* protococcoidea. *Apothecia* lecideina, thallo innata aut in superficie thalli aut in hypothallo enata, vulgo dein mox emergentia adpressaque aut raro immersa permanentia. *Excipulum* proprium, gonidiis destitutum, ex hyphis sat leptodermaticis conglutinatis aut (praecipue in subgen. *Sarcogyne*) pro parte materia granulosa conjunctis formatum, strato medullari stuppeo nullo. *Paraphyses* simplices aut parce ramoso-connexae. *Sporae* numerosissimae (in eodem asco), decolores, simplices, breves minutaeque. *Conceptacula pycnoconidiorum* thallo immersa aut verruculas in thallo formantia. „*Sterigmata* simplicia. *Pycnoconidia* oblonga aut oblongo-cylindrica aut ellipsoidea aut ovoidea" (Th. Fr., l. c., et Nyl. in Hue Addend. p. 115).

1. **B. conspersa** (Fée) Wainio. *Lecidea conspersa* Fée, Ess. Lich Écorc. (1824) p. 109, tab. 42 fig. 26; Nyl., Lich. Nov.-Gran. Addit. (1867) p. 327; Krempelh. in Warm. Lich. Bras. (1873) p. 24, Fl. 1873 p. 468; Müll. Arg., Lich. Beitr. (Fl. 1881) n. 345, Rev. Lich. Fée (1887) p. 8.

Thallus crustaceus, crassitudine mediocris, sorediosо- et verruculoso-granulosus, granulis contiguis aut dispersis, minutissimis, fulvis aut raro fulvescenti-flavis. *Apothecia* 0,8—0,5 millim. lata, adpressa, disco plano aut demum convexo, fulvo aut fulvo-lutescente, pruinoso, margine tenui, disco vulgo concolore, persistente aut demum excluso. *Hypothecium* fuscum. *Sporae* in ascis numerosissimae, simplices, globosae, diam. 0,002—0,0015 [—0,0025 millim.

Ad corticem arborum prope Sitio, n. 896, et Lafayette, n. 283 et 330 (1000 metr. s. m.), et in Carassa (1400 metr. s. m.), n. 1492, in civ. Minarum. — *Thallus* KHO violascens, hypothallo nigricante partim limitatus. *Gonidia* protococcoidea, diam. 0,010—0,008 millim., membrana tenui. *Excipulum* proprium, ex hyphis conglutinatis formatum, carbonaceum, in lamina tenui fusco-fuligineum, extus fulvescens. *Hymenium* circ. 0,070—0,090 millim. crassum, jodo persistenter caerulescens. *Epithecium* fulvescens, KHO solutionem violaceam effundens. *Paraphyses* sat laxe cohaerentes, 0,001 millim. crassae, apice non aut parum incrassatae, haud constrictae, parce ramosae et ramoso-connexae, maxima parte simplices. *Asci* cylindrici aut clavati, 0,014—0,012 millim. crassi, apice aut parte superiore membrana leviter incrassata. *Sporae* polystichae, decolores, membrana tenui.

Trib. 13. **Coenogonieae.**

Thallus laxissime spongioso-byssinus, lamellosus aut adnatus, homoeomericus, strato corticali nullo, ex hyphis leptodermaticis filamenta gonidiorum obducentibus formatus. *Gonidia* ad species diversas Trentepohliae pertinentia. *Apothecia* gonidiis destituta, peltata, basi excipuli constricta. *Excipulum* parenchymaticum, lumine cellularum majusculo, strato medullari stuppeo nullo. *Paraphyses* evolutae, haud ramoso-connexae. *Sporae* breves, simplices aut 1-septatae, decolores.

1. **Coenogonium.**

Ehrenb. in Nees ab Esenb. Horae Phys. Berol. (1820) p. 120, tab. 27; Fée, Ess. Crypt. Écorc. (1824) p. LXXVIII; Karsten in Ann. Sc. Nat. Sér. 4 Bot. Tom. XIII (1860) p. 277, tab. 1 et 2; Nyl., Obs. Coenog. (1861) p. 89 (excl. speciebus ad algas pertinentibus), tab. 12; Schwend., Fl. 1862 p. 225, tab. 1, Beitr. Flecht. III (1868) p. 172, tab. 23 fig. 18—21; Tuck., Gen. Lich. (1872) p. 149; Bornet, Rech. Gon. (1873) p. 16, tab. 8; Müll. Arg., L'org. Coenog. (1881) p. 370; Tuck., Syn. North Am. (1882) p. 256; Hariot, Not. Trentepohl. (1890) p. 3.

Thallus laxissime spongioso-byssinus, lamellas fere reniformes, uno margine substrato affixas, prostrato-pendentes formans, aut substrato adnatus, ex hyphis constans tenuibus (0,003—0,0015 millim. crassis), leptodermaticis, increbre aut partim sat crebre septatis, filamenta ramosa gonidiorum crebre aut increbre parcissimeve irregulariter aut reticulatim obducentibus et passim ex uno filamento in alterum transeuntibus. *Gonidia* ad species diversas Trentepohliae pertinentia, filamenta flavescentia vel flavovirescentia, cylindrica, increbre ramosa, septata, haud constricta formantia, interdum etiam zoosporangiis (hyphis saepe creberrime obductis) instructa. *Apothecia* peltata, lecideina, gonidiis destituta. *Excipulum* grosse aut sat grosse parenchymaticum, ex hyphis parte exteriore radiantibus, parenchymatice septatis, conglutinatis formatum, parietibus cellularum sat tenuibus (in KHO gelatinoso-turgescentibus), strato medullari destitutum. *Paraphyses* haud ramoso-connexae. *Sporae* 8:nae, decolores, fusiformes aut oblongae ellipsoideaeve, 1-septatae aut simplices. *Conceptacula pycnoconidiorum* globosa, albida. *Sterigmata* simplicia, exarticulata, *anaphysibus* vel filamentis elongatis simplicibus aut ramosis aut ramoso-connexis immixta. *Pycnoconidia* fusiformia, recta.

1. **C. Linkii** Ehrenb. in Nees ab Esenb. Horae Phys. Berol. (1820) p. 120, tab. 27; Fée, Ess. Crypt. Écorc. Suppl. (1837) p. 134; Nyl., Obs. Coenog. (1861) p. 89, tab. 12 fig. 1—14, Addit. Lich. Boliv. (1862) p. 225; Schwend., Fl. 1862 p. 225, tab. 1, Beitr. Flecht. III (1868) p. 172, 202, tab. 23 fig. 18—21; Tuck., Syn. North Am. (1882) p. 256.

Thallus lamellas spongioso-byssinas, reniformes aut rotundatas, circ. 70—30 millim. latas, 30—15 millim. longas, uno margine substrato affixas, prostrato-pendentes, demum vulgo plures superpositas formans. *Gonidia* cellulis circ. 0,030—0,018 millim. crassis. *Apothecia* in latere inferiore aut raro etiam in latere superiore (in n. 226) thalli sita, 1,2—0,6 millim. lata, disco convexiusculo aut planiusculo, carneo- vel fulvescenti-pallido, margine tenui, pallido. *Sporae* fusiformes, 1-septatae, long. 0,011—0,008, crass. 0,003—0,002 millim. [„—0,0045 millim.": Nyl., l. c.].

Ad corticem et ramulos arborum in silvis umbrosis, sat frequens, n. 226, 226 b, 1278, 1590, 1591. — *Thallus* e rore nocturno fere totam diem vulgo omnino madidus permanet, colore viridis flavescensve aut demum stramineus. *Hyphae* filamenta gonidiorum obtegentes 0,003—0,002 millim. crassae, leptodermaticae. *Gonidia* cellulis circ. 0,030—0,070 millim. longis. *Excipulum* gonidiis destitutum, sat grosse parenchymaticum, strato medullari nullo. *Hypothecium* albidum pallidumve, tenue, ex hyphis irregulariter contextis fere conglutinatis formatum. *Hymenium* circ. 0,040—0,060 millim. crassum, fere totum dilute pallidum albidumve, caerulescens deindeque vinose rubens. *Paraphyses* laxe cohaerentes, 0,002 millim. crassae, apice capitatae (0,006—0,004 millim. crassae), haud ramosae, septatae. *Asci* cylindrici aut fusiformi-cylindrici, circ. 0,004—0,007 millim. crassi, membrana tota tenui. *Sporae* 8:nae, distichae, decolores, rectae aut obliquae aut levissime curvatae, apicibus acutis aut acutiusculis. *Conceptacula pycnoconidiorum* in latere superiore thalli sita, globosa, dilute pallida, parenchymatica. *Sterigmata* 0,025—0,0015 millim. crassa, basi aut basin versus ramosa (trichotome aut fasciculatim aut dichotome), ramis simplicibus aut furcatis, inaequaliter elongatis, nonnullis in filamenta elongata (anaphyses) continuatis, increbre septatae, haud aut vix constrictae, apicibus pycnoconidia efferentibus. *Pycnoconidia* fusiformia aut fusiformi-oblonga, apicibus acutis aut obtusis, recta, simplicia, long. 0,009—0,006, crass. 0,002—0,001 millim., contento e „microgonidiis“ (h. e. granulationibus cellularum) parce granuloso ($ZnCl_2 + I$).

2. **C. Leprieurii** (Mont.) Nyl., Obs. Coenog. (1861) p. 89 pr. p., tab. 12 fig. 15—19, Syn. Lich. Nov. Cal. (1868) p. 40. *C. Linkii* var. *Leprieurii* Mont., Crypt. Guyan. (Ann. Sc. Nat. 3 sér. Bot. T. XVI 1851 p. 47).

Thallus lamellas spongioso-byssinas, ambitu rotundatas, circ. 40—10 millim. latas, 25—10 millim. longas, saepe plures imbricatim superpositas, praecipue margine uno (partim etiam lamina inferiore) substrato affixas, ambitum alterum versus liberas prostratasque formans. *Gonidia* cellulis circ. 0,011—0,017 millim. crassis. *Apothecia* praesertim in latere inferiore, saepe parcius etiam in latere superiore sita, 1—0,5 millim. lata, disco planiusculo aut demum convexo, carneo- aut fulvescenti-pallido, margine tenui, pallido. *Sporae* oblongo- aut ellipsoideo-fusiformes, simplices[1]), long. 0,007—0,004 millim. [„—0,010 millim.: Nyl.,

[1]) Ex observatione cel. Nyl. in Syn. Lich. Nov. Cal. p. 40 sporae in specim. nov.-caled. 1-septatae essent. Hanc observationem affirmare non po-

Obs. Coenog. p. 89], crass. 0,002 millim. [„—0,004 millim.": Nyl., l. c.].

Ad corticem arborum prope Rio de Janeiro et ad Sitio (1000 metr. s. m.) in civ. Minarum, n. 203, 1593. — *Thallus* viridis flavescensve. *Hyphae* filamenta gonidiorum obtegentes 0,002—0,0015 millim. crassae, leptodermaticae. *Gonidia* cellulis circ. 0,036—0,050 millim. longis. *Excipulum* gonidiis destitutum, grosse parenchymaticum, membranis cellularum sat tenuibus (in KHO turgescentibus), strato medullari nullo. *Hypothecium* dilute pallidum, tenue, ex hyphis tenuibus, irregulariter contextis, partim parenchymatice septatis, conglutinatis formatum. *Hymenium* circ. 0,060 millim. crassum, jodo dilutissime aut vix distincte caerulescens, dein vinose rubens. *Paraphyses* laxe cohaerentes, 0,0015 millim. crassae, apice capitatae aut clavatae (0,003—0,002 millim.) aut parum incrassatae, neque ramosae, nec septatae aut raro parcissime septatae ($PH_3 O_4$ + I). *Asci* cylindrici aut cylindrico-clavati, circ. 0,004 millim. crassi, membrana tenui. *Sporae* 8:nae, monostichae, decolores, apicibus obtusiusculis.

3. **C. subvirescens** Nyl., Fl. 1874 p. 72 (mus. Paris.). *C. Leprieurii* var. *subvirescens* Nyl., Obs. Coenog. (1861) p. 89.

Thallus lamellas spongioso-byssinas, ambitu rotundatas, circ. 25—10 millim. latas, 10—3 millim. longas, plures imbricatim superpositas, praecipue margine uno (partim etiam lamina inferiore) substrato affixas, ambitum alterum versus liberas prostratasque formans. *Gonidia* cellulis circ. 0,008—0,006 millim. crassis. *Apothecia* in latere superiore thalli sita, 0,6—0,4 millim. lata, disco convexiusculo aut planiusculo, carneo- aut fulvescenti-pallido, margine tenui, pallido. *Sporae* oblongae aut oblongo- vel ellipsoideo-fusiformes, simplices, long. 0,010—0,006, crass. 0,003—0,0025 millim.

Ad corticem arborum prope Rio de Janeiro, n. 171, et ad Lafayette (1000 metr. s. m.), in civ. Minarum, n. 231 et 1592. — *Thallus* flavescens aut demum stramineus. *Hyphae* filamenta gonidiorum obtegentes 0,002—0,0015 millim. crassae, leptoderma-

---

tuimus, quia in specimine ab eo citato (in mus. Paris.) solum unum apothecium morbosum hymenioque destitutum invenimus. Etiam in coll. Balansa n. 4113 sporae sunt simplices.

ticae. *Gonidia* cellulis circ. 0,020—0,030 millim. longis. *Excipulum* gonidiis destitutum, grosse parenchymaticum, membranis cellularum sat tenuibus. *Hypothecium* dilute pallidum, tenue, ex hyphis irregulariter contextis fere conglutinatis formatum. *Hymenium* circ. 0,055—0,060 millim. crassum, jodo vinose rubens. *Paraphyses* laxe cohaerentes, 0,001 millim. crassae, apice capitatae clavataeve aut vix incrassatae (0,003—0,0015 millim. crassae). marginem apotheciorum versus vulgo apice crassiores, haud ramosae. *Asci* cylindrici, circ. 0,004 millim. crassi, membrana tenui. *Sporae* 8:nae, decolores, apicibus obtusis aut obtusiusculis. *Conceptacula pycnoconidiorum* in lamina superiore thalli sita, globosa, circ. 0,280 millim. lata, albida, minute parenchymatica. *Sterigmata* circ. 0,010—0,008 millim. longa, 0,0025—0,0015 millim. crassa, neque ramosa, nec septata (in $ZnCl_2$ + I examinata), apice pycnoconidia efferente, *anaphysibus* vel filamentis 0,060—0,090 millim. longis, 0,0015 millim. crassis, simplicibus aut furcatis aut increbre ramoso-connexis, increbre aut vulgo haud septatis, saepe ad instar pycnoconidii intercalaris partim inflatis, immixta. *Pycnoconidia* fusiformia, apicibus acutis, recta, simplicia, long. 0,008 —0,005, crass. 0,002—0,0025 millim.

Trib. 14. **Gyalecteae.**

Thallus crustaceus, vulgo homoeomericus, strato corticali nullo, hyphis leptodermaticis. *Gonidia* chroolepoidea aut phycopeltidea. *Apothecia* thallo immersa aut demum elevata thalloque adpressa, orbicularia, *perithecio proprio* nullo aut bene evoluto, extus *strato thallino* (amphithecio) gonidia continente obducta, aut rarius lecideina gonidiisque destituta. *Paraphyses* evolutae, haud ramoso-connexae. *Sporae* breves aut longae, fusiformes aut fusiformi-aciculares aut oblongae ellipsoideaeve, 1—pluri-septatae aut murales, decolores.

1. **Gyalecta.**

Ach., Lich. Univ. (1810) p. 30, 151 pr. p.; Tul., Mém. Lich. (1852) p. 181; Mass., Ric. Lich. Crost. (1852) p. 145 (emend.), Mem. Lich. (1853) p. 132 (em.); Koerb., Syst. Germ. (1855) p. 170 (em.), Parerg. (1859—65) p. 108 (em.); Th. Fr., Gen. Heterolich. (1861) p. 73 (em.); Tuck., Gen. Lich. (1872) p. 130 (excl.

G. rhexoblephara), Syn. North Am. (1882) p. 217 (excl. G. rhexobl.). *Lecidea* subg. *Gyalecta* Nyl. in Hue Addend. (1886) p. 311 (pr. p.*) et em.). *Secoliga* Norm., Con. Gen. Lich. (1852) p. 230 (em.); Mass., Descr. Alc. Lich. (1857) p. 19 (em.); Koerb., Parerg. (1859—65) p. 109 (em.); Müll. Arg., Lich. Parag. (1888) p. 12, 13 (em.). *Phialopsis* **) Koerb., Syst. Germ. (1855) p. 169 (em.); Fuist., De Ap. Evolv. (1865) p. 35 (em.). *Biatorinopsis* Müll. Arg., Lich. Beitr. (Fl. 1881) n. 254 (em.), Graph. Fécan. (1887) p. 5 (em.).

Thallus crustaceus, uniformis, hyphis medullaribus (aut hypothallo) substrato affixus, rhizinis nullis, strato corticali destitutus. *Stratum medullare* stuppeum, hyphis implexis, sat tenuibus (circ. 0,003 millim. crassis), leptodermaticis, lumine cellularum comparate sat lato. *Gonidia* flavovirescentia, chroolepoidea, cellulis concatenatis, 1) minutis (circ. 0,010—0,005 millim. crassis), leptodermaticis, aut 2) crassioribus (circ. 0,020—0,012 millim. crassis) et sat leptodermaticis [sect. Phialopsis (Koerb.) Wainio, cet.] aut phycopeltidea, cellulis concatenatis, membranaceo-connatis [sect. Lopadiopsis Wainio]. *Apothecia* thallo innata, immersa permanentia aut demum elevata adpressaque. *Excipulum* perithecio proprio gonidiisque destituto bene evoluto, cartilagineo aut majore minoreve parte pseudoparenchymatico, strato thallino (amphithecio) gonidia continente perithecium omnino aut solum maculatim obducente aut rarius omnino deficiente (strato medullari nullo evoluto). *Paraphyses* haud ramoso-connexae. *Sporae* 8:nae aut numerosae, decolores, fusiformes aut fusiformi-aciculares aut oblongae ellipsoideaeve, 1-septatae [sect. Microphiale Stizenb.] aut 3—pluri-septatae [sect. Tronidia Mass. et Phialopsis (Koerb.)] aut murales [sect. Secoliga (Norm.)]. „*Pycnoconidia* subellipsoidea, recta. *Sterigmata* simplicia, exarticulata." (Linds., Mem. Sperm. Crust. Lich. p. 265, tab. X fig. 32).

Sect. 1. **Tronidia** Mass. *Sporae* 3—pluri-septatae. *Gonidia* chroolepoidea.

Secoliga γ. *Tronidia* Mass. in Stizenb., Beitr. Flechtensyst. (1862) p. 159. *Secoliga* Norm., Con. Gen. Lich. (1852) p. 230 pr. p.

---

*) Genera *Petractis* Fr. et *Ionaspis* Th. Fr. ab hoc genere sunt excludenda. Genus posterius a *Gyalecta* differt sporis simplicibus, apotheciis perithecio proprio destitutis et gonidiis chroolepoideis magnis (circ. 0,025—0,020 millim. crassis) pachydermaticis (conf. Th. Fr., Lich. Scand. p. 273).

**) *G. rubra* (Hoffm.) Mass. gonidiis chroolepoideis circ. 0,020—0,012 millim. crassis, sat leptodermaticis, perithecio cartilagineo bene evoluto, extus strato thallino obducto instructa est et cum ceteris *Gyalectis* bene congruit.

1. **G. geoicoides** Wainio (n. sp.).

Thallus sat tenuis, granulosus aut granuloso-inaequalis, glaucescens aut cinereo-glaucescens. *Apothecia* 0,3—0,4 millim. lata, demum elevata, disco urceolato, pallido, margine excipuloque albido. *Sporae* numerosae, oblongae aut fusiformi-oblongae, 3-septatae, long. 0,015—0,018, crass. 0,005 (—0,0035) millim.

Ad corticem arboris prope Sitio (1000 metr. s. m.) in civ. Minarum, n. 813. — A G. geoica Ach. (Tuck., Syn. North Am. p. 209, Wainio, Adj. Lich. Lapp. II p. 3) sporis numerosis tenuioribusque et apotheciis paullo minoribus differt. *Thallus* partim subdispersus, strato corticali destitutus. *Gonidia* chroolepoidea, cellulis flavo-virescentibus, concatenatis, circ. 0,005—0,008 millim. crassis, membrana sat tenui aut crassiuscula. *Apothecia* thallo innata et primum thallo subimmersa, demum elevata. *Perithecium* in margine extus zona angusta parenchymatica cellulisque mediocribus (circ. 0,004—0,003 millim. latis) leptodermaticis instructa, ceterum cartilagineum, tubulisque tenuibus ramosis gelatinam chondroideam, e membranis incrassatis formatam, percurrentibus, albidum, extus *amphithecio* thallino tenui gonidia sat parce continente obductum. *Hypotheeium* dilute lutescens, tenue, ex hyphis irregulariter contextis conglutinatisque formatum, perithecio cartilagineo impositum. *Hymenium* circ. 0,140 millim. crassum, totum decoloratum, jodo caerulescens, dein vinose rubens. *Paraphyses* gelatinam abundantem laxamque percurrentes, 0,0015 millim. crassae, apice vulgo capitato-incrassatae (0,002—0,003 millim. crassae), septatae, haud ramosae. *Asci* clavati aut oblongi, circ. 0,012 millim. crassi, membrana tenui. *Sporae* decolores, rectae, apicibus obtusis.

2. **G. riparia** Wainio (n. sp.).

Thallus sat tenuis, continuus, sat laevigatus aut leviter inaequalis, olivaceo- vel cinereo-glaucescens, nitidus. *Apothecia* 2—0,8 millim. lata, elevata, adpressa, disco planiusculo aut demum convexiusculo, fulvescenti-testaceo, margine tenui, integro, disco concolore aut paullo obscuriore. *Sporae* 8:nae, fusiformi-ellipsoideae aut fusiformi-oblongae, 1-septatae et parcius 3-septatae, long. 0,007—0,0011, crass. 0,025—0,003 millim.

Ad saxa granitica in rivulo ad Tijuca prope Rio de Janeiro. — Habitu subsimilis G. luteae. *Gonidia* chroolepoidea, cellulis flavovirescentibus, concatenatis, circ. 0,010—0,005 millim. crassis, membrana sat tenui. *Excipulum* gonidiis destitutum, extus testaceum, intus albidum, maxima parte grosse parenchymaticum, ex hyphis radiantibus parenchymatice septatis conglutinatis formatum, cellulis irregularibus, sat leptodermaticis, (membranis in KHO aliquantum turgescentibus), lumine cellularum circ. 0,010—0,008 millim. longo et 0,008—0,004 millim. lato, in parte interiore hyphis tenuioribus, irregulariter contextis, conglutinatis cellulisque longioribus et magis pachydermaticis. *Hypothecium* tenue, pallidum, ex hyphis tenuissimis irregulariter contextis conglutinatisque parenchymatice septatis formatum ($PH_3 O_4 + I$). *Hymenium* totum decoloratum, circ. 0,110 millim. crassum, jodo dilute caerulescens, dein dilute vinose rubens. *Paraphyses* laxe cohaerentes, 0,001—0,0015 millim. crassae, apice clavatae aut capitato-clavatae, (0,003—0,002 millim. crassae), increbre septatae ($PH_3 O_4 + I$). *Asci* cylindrici, circ. 0,005—0,003 millim. crassi, membrana tenui. *Sporae* monostichae, decolores, rectae, apicibus obtusiusculis aut acutiusculis.

Sect. 2. **Microphiale** Stizenb. *Sporae* 1-septatae. *Gonidia* chroolepoidea.

Secoliga ζ. *Microphiale* Stizenb., Beitr. Flechtensyst. (1862) p. 159. *Biatorinopsis* Müll. Arg., Lich. Beitr. Fl. (1881) p. 254, haud *Lecania* sect. *Biatorinopsis* Müll. Arg., Princ. Classif. (1862) p. 46.

3. **G. atrolutea** Wainio (n. sp.).

Thallus sat tenuis, continuus, sat laevigatus, lutescens aut luteo-albicans. *Apothecia* 1—0,5 millim. lata, elevata, adpressa, disco plano, pallescenti-luteo, margine sat tenui, integro, superne vulgo partim anguste nigricante. *Sporae* 8:nae, fusiformi- aut ovoideo-oblongae oblongaeve, primum simplices, demum 1-septatae, long. 0,012—0,008, crass. 0,0025—0,002 millim.

Ad corticem arboris prope Rio de Janeiro, n. 206. — *Thallus* strato corticali destitutus. *Gonidia* chroolepoidea, cellulis flavovirescentibus, primum concatenatis, circ. 0,011—0,007 millim. crassis, membrana sat tenui aut crassiuscula. *Excipulum* gonidiis destitutum, parenchymaticum, ex hyphis radiatim dispositis, parenchymatice septatis, conglutinatis formatum, membranis in KHO turgescentibus, lutescens aut decoloratum, superne extus pro parte nigricans. *Hypothecium* dilutissime lutescens. *Hymenium* jodo levissime glaucescens, dein mox vinose rubens. *Epithecium* dilute lutescens. *Paraphyses* laxe cohaerentes, increbre septatae, 0,0015 millim. crassae, apice clavatae capitataeve. *Asci* cylindrici aut cylindrico-clavati, circ. 0,005—0,008 millim. crassi, apice membrana parum incrassata. *Sporae* distichae, decolores, leviter curvato-obliquae aut rectae, apicibus obtusis aut raro acutiusculis.

4. **G. lutea** (Dicks.) Tuck., Lich. Hawai (1867) p. 227, Syn. North Am. (1882) p. 218. *Lichen luteus* Dicks., Fasc. Pl. Crypt. I (1785) p. 11. *Biatorina* Koerb., Parerg. Lich. (1859—65) p. 136. *Biatorinopsis* Müll. Arg., Lich. Beitr. (Fl. 1881) n. 254, Graph. Féean. (1887) p. 5.

Thallus tenuis, vulgo continuus et sat laevigatus [aut dispersus: in v. eximia Nyl.], virescens aut glaucescens aut albido-vel cinereo-glaucescens. *Apothecia* 1,5—0,3 millim. lata [—3,5 millim. in var. eximia], elevata, adpressa, disco plano, fulvescenti- vel lutescenti-pallido aut testaceo-carneo aut pallido, margine tenui [aut mediocri: v. eximia), vulgo integro, pallido aut disco concolore. *Sporae* 8:nae, oblongae aut fusiformi-oblongae, 1-septatae, long. 0,007—0,012 millim. [„—0,014 millim.": Müll. Arg.], crass. 0,002—0,003 millim. [„—0,004 millim.": Müll. Arg.].

Ad corticem arborum locis numerosis obvia, n. 713, 878, 1016 b, 1070, 1231, 1554. — Valde variabilis et habitu saepe etiam G. dilutae (Pers.) subsimilis. *Thallus* strato corticali destitutus, hyphis 0,003 millim. crassis, leptodermaticis, increbre septatis. *Gonidia* chroolepoidea, cellulis flavovirescentibus, concatenatis, circ. 0,005—0,007 millim. crassis, membrana sat tenui. *Excipulum* parenchymatico-chondroideum, in parte exteriore distincte parenchymaticum cellulisque leptodermaticis 0,005—0,003 millim. latis, in parte interiore fere chondroideum, cellulis longioribus brevioribusve pachydermaticis lumineque angustiore, albidum, extus presertimque basin versus verruculis maculisve gonidia continentibus obsitum, ceterum gonidiis destitutum. *Hypothecium* albidum, tenue. *Hymenium* circ. 0,055 millim. crassum, totum decoloratum, jodo caerulescens, dein vinose rubens. *Paraphyses* laxe cohaerentes, 0,0015 (—0,001) millim. crassae, apice capitatae clavataeve (0,002—0,003 millim. crassae), septatae. *Asci* cylindrici aut oblongo-clavati, circ. 0,005—0,008 millim. crassi, membrana tenui. *Sporae* distichae, decolores, rectae, apicibus obtusis.

Sect. 3. **Lecaniopsis** Wainio. *Sporae* 1-septatae. *Gonidia* phycopeltidea.

5. **G. perminuta** Wainio (n. sp.).

Thallus tenuissimus, continuus, laevigatus, glaucescens. *Apothecia* 0,250—0,150 millim. lata, elevata, adpressa, disco punctiformi, parum aut leviter impresso, planiusculo aut concaviusculo, pallido, margine integro, albido-pallescente. *Sporae* 8:nae, fusiformi-oblongae oblongaeve, 1-septatae, long. 0,010—0,007, crass. 0,003—0,002 millim.

Ad folia perennia arboris prope Rio de Janeiro, n. 170. — *Gonidia* phycopeltidea, cellulis angulosо-globosis oblongisve, 0,008—0,005 millim. latis, concatenatis et in membranam connatis, flavovirescentibus, membrana sat tenui. *Apothecia* numerosa et sat approximata. *Excipulum* cartilagineum, fere amorphum, in margine gonidia continens aut gonidiis destitutum. *Hypothecium* albidum aut dilute pallidum. *Hymenium* circ. 0,040—0,050 millim. crassum, jodo caerulescens, dein vinose rubens. *Epithecium* dilute pallidum. *Paraphyses* sat arcte cohaerentes, 0,001—0,0015 millim. crassae, apicem versus leviter aut parum incrassatae, haud ramosae. *Asci* subcylindrici aut cylindrico-clavati, circ. 0,005 millim. crassi, membrana sat tenui. *Sporae* monostichae aut distichae, decolores, apicibus obtusis.

Trib. 15. Urceolarieae.

Thallus crustaceus, heteromericus, *strato corticali* nullo aut interdum evoluto. *Stratum medullare* stuppeum, hyphis sat pachydermaticis, lumine cellularum tenuissimo. *Gonidia* protococcoidea. *Apothecia* thallo innata, immersa permanentia, aut rarius demum emergentia et basi tota adnata, orbicularia, *disco* urceolato aut rarius demum plano, *perithecio proprio* bene evoluto aut raro evanescente, *amphithecio* thallino evanescente aut rarius bene evoluto. *Paraphyses* evolutae, saepe apice ramosae, aut simplices, haud connexae. *Sporae* breves, oblongae aut ellipsoideae aut fusiformi- vel ovoideo-oblongae, murales, nigricantes.

1. Urceolaria.

Ach., Lich. Univ. (1810) p. 74 et 331 pr. min. p.; Flot., Lich. Fl. Siles. (1849) p. 60; Tul., Mém. Lich. (1852) p. 34, II p. 179, tab. 4 fig. 1—14, tab. 5 fig. 1—4; Mass. Ric. Lich. Crost. (1852) p. 33; Koerb. Syst. Germ. (1855) p. 168; Th. Fr., Gen. Heterolich. (1861) p. 74; Stizenb., Beitr. Flechtensyst. (1862) p. 168; Th. Fr., Lich. Scand. (1871) p. 301; Tuck., Gen. Heterol. (1872) p. 133, Syn. North Am. (1882) p. 222; Nyl., in Hue Addend. (1886) p. 125.

Thallus crustaceus, uniformis, rhizinis veris nullis, hypothallo et hyphis medullaribus substrato affixus, strato corticali nullo distincto aut raro ex hyphis verticalibus conglutinatis formato. *Stratum medullare* stuppeum, hyphis implexis, tenuibus, membranis leviter incrassatis, lumine cellularum tenuissimo. *Gonidia* protococcoidea. *Apothecia* thallo innata, immersa permanentia, aut rarius demum emergentia adnataque, disco urceolato aut demum aperto planoque. *Perithecium* proprium vulgo bene evolutum, ex hyphis formatum tenuibus, longitudinalibus, conglutinatis, sat breviter cellulosis, nigricans aut raro albidum evanescensve; excipulum thallodes (vel amphitecium) evanescens aut rarius bene evolutum. *Paraphyses* saepe apice ramosae, aut simplices. *Sporae* 8:nae aut pauciores, nigricantes, murales. „*Sterigmata* haud articulata. *Pycnoconidia* cylindrica aut oblonga" (Tul., l. c., Linds., Mem. Sperm. Crust. Lich. p. 233, tab. X fig. 1—2).

1. **U. hypoleuca** Wainio (n. sp.).

Thallus crassitudine mediocris aut sat tenuis, continuus aut subcontinuus, inaequalis, albidus aut caesioglaucescenti-albidus, esorediatus, neque I, nec KHO, nec $Ca\,Cl_2\,O_2$ reagens. *Apothecia* circ. 2,5—0,8 millim. lata, demum aperta planaque, margine sat tenui subintegro. *Excipulum* basale albidum.

Ad nidum argillaceo-arenosum termitum prope Sitio (1000 metr. s. m.) in civ. Minarum, n. 755. — Facie externa ab U. chloroleuca Tuck. et U. cinereocaesia Sw. (Nyl.) vix differens, at excipuli colore ab iis facile distinguitur. *Thallus* KHO ($Ca\,Cl_2\,O_2$) rubescens, strato corticali destitutus, hyphis 0,002—0,0025 millim. crassis, lumine cellularum tenuissimo. *Gonidia* protococcoidea, globosa, diam. 0,016—0,008 millim., simplicia, vacuolis lateralibus, membrana tenui. *Apothecia* thallo immersa, caesio-pruinosa.

Excipulum proprium in margine apothecii fusconigrum, infra hypothecium in basi apothecii albidum, tenue, ex hyphis horizontalibus conglutinatis formatum, gonidiis destitutum. *Excipulum* thallodes tenue, parum evolutum. *Hypothecium (subhymeniale)* albidum, tenue. *Hymenium* circ. 0,100—0,140 millim. crassum, jodo haud reagens. *Epithecium* sordidum aut sordide olivaceum, granulosum. *Paraphyses* 0,001 millim. crassae, apice haud incrassatae, sat laxe cohaerentes, ramosae aut pr. p. simplices, haud constrictae. *Asci* subcylindrici aut oblongi, membrana sat tenui. *Sporae* oblongae aut fusiformi-oblongae, apicibus obtusis, murales, septis transversalibus 5 (—3) et septis longitudinalibus paucis (1—2), fusconigrae, normaliter 8:nae, ut videtur, at abortu vulgo pauciores (5—4), membranis haud incrassatis, long. 0,026—0,016, crass. 0,011—0,008 millim.

2. **U. constellata** (Eschw.) Müll. Arg., Rev. Lich. Eschw. (1884) n. 20. „*Verrucaria?*" Eschw. in Mart. Fl. Bras. (1833) p. 139.

Thallus tenuis, continuus aut subcontinuus, leviter verruculoso-inaequalis aut fere laevigatus, glaucescenti-albidus aut glaucescens, esorediatus, neque I, nec KHO, nec Ca Cl_2 O_2 reagens. *Apothecia* circ. 2—0,8 millim. lata, demum aperta planaque, margine sat tenui, demum irregulariter denticulato. *Excipulum* proprium fusco-fuligineum.

Ad terram argillaceo-arenosam prope Sitio (1000 metr. s. m.) in civ. Minarum, n. 1030. — Affinis U. chloroleucae Tuck., Syn. North Am. II p. 150 (Wright, Lich. Cub. n. 123: mus. Paris.), at margine apotheciorum denticulato et thallo tenuiore ab ea differens. *Thallus* KHO (Ca Cl_2 O_2) rubescens, hyphis 0,002 millim. crassis, lumine cellularum tenuissimo. *Gonidia* protococcoidea, membrana tenui. *Apothecia* thallo immersa, caesio-pruinosa, demum saepe lobata. *Excipulum* thallodes tenue, parum evolutum. *Hypothecium subhymeniale* albidum, tenue. *Hymenium* circ. 0,080 millim. crassum, jodo non reagens. *Epithecium* dilute olivaceum sordidumve. *Paraphyses* 0,001 millim. crassae, apice haud incrassatae, ramosae, gelatinam sat laxam haud abundantem percurrentes, haud constrictae. *Asci* subcylindrici aut oblongi, membrana tenui. *Sporae* 8:nae aut abortu vulgo pauciores, oblongae aut fusiformi-oblongae, apicibus obtusis, murales, septis transversalibus 5—4 et septis longitudinalibus paucis (1—2), fusco-nigrae, long. 0,024—0,016, crass. 0,011—0,008 millim.

3. **U. chloroleuca** Tuck., Obs. Lich. (1864) p. 268, Syn. North Am. II (1888) p. 150 (Wright, Lich. Cub. n. 123: mus. Paris.).

Thallus crassitudine mediocris, subcontinuus, verrucoso-inaequalis, caesio-glaucescenti-albidus, esorediatus, neque I, nec KHO, nec $Ca\,Cl_2\,O_2$ reagens, KHO ($Ca\,Cl_2\,O_2$) rubescens. *Apothecia* demum aperta planaque, margine sat tenui, subintegro. *Excipulum* proprium fusco-fuligineum.

Supra cementum prope Rio de Janeiro, n. 38. Hanc speciem exactius non descripsimus, quia specimen nostrum haud est satis bene evolutum. *Thallus* KHO ($Ca\,Cl_2\,O_2$) rubescens. *Apothecia* thallo immersa.

Trib. 16. Thelotremeae.

Thallus crustaceus, homoemericus aut heteromericus. *Stratum corticale* haud evolutum aut tenue amorphumque. *Stratum medullare* stuppeum, totum gonidia continens aut parte inferiore gonidiis destitutum, hyphis leptodermaticis. *Gonidia* chroolepoidea (Trentepohliae umbrinae Bornet similia). *Apothecia* thallo innata, immersa permanentia aut demum emergentia et verrucas formantia (aut raro margine repetito-prolifera: Polystroma Clem. [1]), orbicularia aut raro oblonga, hymenia solitaria aut plura continentia, disco impresso urceolatove, punctiformi aut dilatato. *Perithecium proprium* bene evolutum, *amphithecio* thallino gonidia continente vulgo obductum. *Paraphyses* bene evolutae, simplices aut ramoso-connexae. *Sporae* breves aut longae, oblongae, ellipsoideaeve aut ovoideae aut fusiformes aut elongatae, septatae et loculis lenticularibus instructae, aut murales, decolores aut demum obscuratae.

1. Thelotrema.

Ach., Lich. Univ. (1810) p. 62 et 312 (pr. p.), Syn. Lich. (1814) p. 113 pr. p.; Eschw., Syst. Lich. (1824) p. 15, in Mart. Lich. Bras. (1833) p. 172;

---

[1] *Polystroma* Clem. vel *Ozocladium* Mont. forsan huc pertinet, ut ait Nyl. in Hue Addend. p. 124.

Fr., Lich. Eur. Ref. (1831) p. 427; Nyl., Consp. Thelotr. (1861) p. 95; Tuck., Gen. Lich. (1872) p. 135, Syn. North Am. (1882) p. 223; Nyl. in Hue Addend. (1886) p. 124; Möller, Cult. Flecht. (1887) p. 22. Trib. *Thelotremeae* Müll. Arg., Graph. Féean. (1887) p. 3 & 5.

Tallus crustaceus, uniformis, aut interdum hypophloeodes endophloeodesve, hypothallo et hyphis medullaribus substrato affixus, rhizinis nullis, homoeomericus aut saepe superne *strato corticali* obductus tenui, amorpho, ex hyphis tenuibus longitudinalibus leptodermaticis conglutinatis formato, *strato medullari* stuppeo, toto gonidia continente aut (in speciebus thallo crassiore instructis) parte inferiore gonidiis destituto, ex hyphis contexto tenuibus, leptodermaticis. *Gonidia* chroolepoidea (ad Trentepohliam umbrinam pertinentia: conf. Bornet, Rech. Gon. Lich. p. 10), cellulis minutis, anguloso-subglobosis aut ellipsoideis aut parcius etiam oblongis, saltem primum concatenatis, fila saepe parce ramosa formantibus, demum saepe pro parte etiam liberis, membrana sat tenui aut raro crassa, flavovirescentia. *Apothecia* thallo innata (aut parte inferiore substrato immersa), immersa permanentia aut demum emergentia et verrucas formantia, rotundata aut raro oblonga, disco bene aut leviter thallo verrucaeve impresso, aut urceolato, punctiformi aut dilatato. *Hymenium* simplex integrumque aut *columella* peritheciali transjectum vel varie divisum compositumve, hypothecio subhymeniali tenui impositum. *Excipulum* primum clausum, demum ostiolo parvo aut lato aperiens aut demum ad instar Lecanorae apertum, saltem ad marginem duplex, ex amphithecio (exipulo thallode) et perithecio (e. proprio) constans. *Perithecium* integrum aut saepius basi apothecii deficiens, ex hyphis tenuibus leptodermaticis conglunatis formatum (cellulis saepe brevibus aut sat brevibus), superne aut extus *amphithecio* obductum gonidia continente, textura thallo consimili, in speciebus corticolis fragmenta substrati includente. *Paraphyses* numerosae, vulgo neque ramosae, nec connexae, nec spinuloso-verruculosae. *Asci* membrana tenui. *Sporae* 8:nae — solitariae, oblongae aut ellipsoideae aut ovoideae aut fusiformes aut elongatae, decolores aut demum obscuratae, septatae et loculis lenticularibus instructae aut murales, vulgo jodo violascentes caerulescentesve aut raro haud reagentes (ceterum hymenium jodo haud reagens). „*Conceptacula pycnoconi-*

diorum thallo immersa. *Pycnoconidia* oblonga vel oblongo-cylindrica" (quantum cognita), ut ait Nyl. in Fl. 1869 p. 121.

Subg. I. **Leptotrema** (Mont. et v. d. Bosch) Wainio. *Sporae* demum obscuratae, murales.

Leptotrema Mont. et v. d. Bosch. Lich. Jav. (1855) p. 57, Syllog. (1856) p. 363; Müll. Arg., Lich. Beitr. (Fl. 1882) n. 443, Graph. Féean. (1887) p. 4 et 12. *Anthracocarpon* Mass., Misc. Lich. (1856) p. 38.

1. **Th. lepadinum** Ach. ***Th. saxicola** Wainio (n. subsp.).

Thallus crassitudine mediocris, laevigatus aut leviter inaequalis, stramineus vel stramineo-albicans, nitidus aut nitidiusculus. *Excipulum* verrucam hemisphaericam, 1,2—0,8 millim. latam, basin versus sensim dilatatam aut sat abruptam formans, ostiolo demum sat lato (circ. 0,4—0,6 millim.), vulgo rotundato, margine ostiolari subintegro, crassiusculo, simplice (haud in 2 labia concentrica dehiscente). *Apothecia* increbra aut sat crebra. disco pallido, bene urceolato-immerso. *Perithecium* fulvescens, parte summa fuscum. *Sporae* solitariae, demum obscuratae, murales, long. circ. 0,120—0,160, crass. 0,028—0,032 millim.

Ad rupem itacolumiticam in Carassa (1400—1500 metr. s. m.) in civ. Minarum. — Th. lepadinum Ach. sporis minoribus, disco obscurato, pruinoso, excipulo in 2 labia concentrica dehiscente leviter a planta nostra differt et verisimiliter in eam transit. — *Thallus* continuus aut demum rimoso-diffractus, KHO demum leviter fulvescens, $Ca Cl_2 O_2$ non reagens, strato corticali tenuissimo (0,010 millim. crasso aut tenuiore) amorpho partim obtectus. *Stratum medullare* thalli et excipuli jodo violaceo-caerulescens. *Gonidia* chroolepoidea, circ. 0,010—0,008 millim. crassa, membrana crassiuscula. *Perithecium* basi incrassatum fulvescensque, columella nulla. *Nucleus* circ. 0,560 millim. latus. *Hymenium* circ. 0,300 millim. crassum, oleosum, semipellucidum. *Paraphyses* 0,0015 millim. crassae, gelatinam i KHO turgescentem percurrentes, haud ramosae. *Sporae* (parce evolutae) oblongae, apicibus rotundatis aut obtusis, pariete tenui, halone nullo, cellulis numerosissimis, demum globosis.

2. **Th. monosporum** Nyl., Énum. Gén. Lich. (1857) p. 118 (mus. Paris.), Lich. Nov.-Gran. (1863) p. 452; ed. 2 (1863) p. 331,

Lich. Nov.-Gran. Addit. (1867) p. 320, Syn. Lich. Cal. (1868) p. 38; Krempelh., Neue Beitr. Flecht. Neu-Seel. (1877) p. 453; Tuck., Syn. North Am. (1882) p. 225.

Thallus tenuis aut crassitudine mediocris, sat laevigatus aut levissime verruculoso-inaequalis, albidus aut glaucescenti-albidus, opacus aut nitidiusculus. *Excipulum* verruculam leviter elevatam aut fere hemisphaericam, 0,5—0,8 millim. latam, basin versus sensim dilatatam, formans, ostiolo parvo, punctiformi, rotundato, margine ostiolari integro, tenui. *Apothecia* increbra, disco nigricante. *Perithecium* fusco-nigricans, dimidiatum. *Sporae* solitariae [„—4:nae"], demum olivaceo-fuscescentes, murales, long. circ. 0,090—0,140 [„0,056—0,170"], crass. 0,028—0,036 [„—0,011"] millim.

Ad corticem arboris prope Sitio (1000 metr. s. m.) in civ. Minarum, n. 807. — *Thallus* substratum obducens, strato corticali tenui (0,010 millim. crasso) amorpho instructus. *Gonidia* chroolepoidea, circ. 0,010—0,008 millim. crassa, membrana sat tenui. *Perithecium* basi deficiens, columella nulla. *Hypothecium* subhymeniale albidum. *Nucleus* circ. 0,570 millim. latus. *Paraphyses* 0,001 millim. crassae, gelatinam in KHO turgescentem laxamque percurrentes, haud ramosae. *Sporae* in specimine nostro solitariae aut raro binae, oblongae, apicibus rotundatis, cellulis demum rotundatis, numerosis, in seriebus transversalibus primariis — circ. 14, jodo violaceo-caerulescentes.

Subg. II. **Brassia** (Mass.) Wainio. *Sporae* decolores, murales.

Brassia Mass., Esam. Comp. Gen. (1860) p. 15. *Thelotrema* Müll. Arg., Graph. Féean. (1887) p. 4 et 10.

3. **Th. piperis** Wainio (n. sp.).

Thallus sat tenuis aut crassitudine mediocris, leviter verruculoso-inaequalis aut sat laevigatus, glaucescenti-albidus, nitidiusculus aut subopacus. *Excipulum* verrucam hemisphaericam, circ. 1,5—0,8 millim. latam, basin versus sensim dilatatam formans, ostiolo parvo, punctiformi, rotundato, margine ostiolari integro, tenui aut sat tenui, haud elevato. *Apothecia* vulgo increbra, disco urceolato-impresso, nigricante. *Perithecium* fuligineum, dimidiatum. *Sporae* solitariae, decolores, murales, long. 0,140—0,290, crass. 0,024—0,044 millim.

Ad corticem Piperacearum in Carassa (1400 metr. s. m.) in civ. Minarum, n. 1430. — Sporis et verrucis apotheciorum majoribus a Th. Minarum Wainio differt. *Thallus* strato corticali amorpho tenui instructus. *Gonidia* chroolepoidea. *Perithecium* basi deficiens, columella centrali fuliginea, conica, tenui, plus minusve elevata. *Ostiolum* apothecii demum 0,1—0,2 millim. latum. *Nucleus* circ. 0,9 millim. latus. *Paraphyses* gelatinam in KHO turgescentem percurrentes, pro parte simplices, pro parte parce ramoso-connexae. *Sporae* oblongae, apicibus rotundatis, pariete tenui, halone nullo indutae, cellulis numerosissimis, jodo intense violaceo-caerulescentes.

4. **Th. Minarum** Wainio (n. sp.).

Thallus sat tenuis aut crassitudine mediocris, sat laevigatus aut leviter inaequalis, glaucescenti-albidus, nitidiusculus aut supopacus. *Excipulum* verrucam hemisphaericam, circ. 0,8—0,5 millim. latam, basin versus sensim dilatatam formans, ostiolo parvo, punctiformi, rotundato, margine ostiolari integro, tenui, interdum demum in annulum leviter elevato. *Apothecia* increbra, disco urceolato-impresso, nigricante. *Perithecium* fuscescens, dimidiatum. *Sporae* solitariae, decolores, murales, long. 0,080—0,130, crass. 0,020—0,034 millim.

Ad corticem arboris in Carassa (1400 metr. s. m.) in civ. Minarum, n. 1397. — *Thallus* strato corticali tenui amorpho instructus. *Gonidia* chroolepoidea, circ. 0,010—0,008 millim. crassa, membrana crassa aut crassiuscula. *Perithecium* basi deficiens, columella nulla. *Nucleus* circ. 0,5—0,8 millim. latus. *Paraphyses* 0,001—0,0015 millim. crassae, gelatinam in KHO turgescentem percurrentes, haud ramosae. *Sporae* oblongae, apicibus rotundatis aut obtusis, pariete tenui, halone nullo, cellulis numerosissimis, jodo violaceo-caerulescentes.

5. **Th. Carassense** Wainio (n. sp.).

Thallus sat tenuis aut crassitudine mediocris, leviter verruculoso-inaequalis aut sat laevigatus, glaucescens aut albido-glaucescens, nitidulus. *Excipulum* verrucam fere hemisphaericam, circ. 0,7—1 millim. latam, basin versus sensim dilatatam formans, ostiolo parvo, punctiformi, rotundato, margine ostiolari integro, tenui. *Apothecia* increbra, disco urceolato-impresso, nigricante. *Perithecium* rufescens, dimiditatum. *Sporae* 4:nae aut abortu pauciores, decolores, murales, long. 0,050—0,080, crass. 0,020—0,026 millim.

Ad corticem arboris in Carassa (1400 metr. s. m.) in civ. Minarum, n. 1523. — Affinis est Th. Lockeano Müll. Arg., Lich. Beitr. n. 1181, et Th. adjecto Nyl., Fl. 1866 p. 290. — *Thallus* homoeomericus. *Gonidia* chroolepoidea, circ. 0,008—0,006 millim. crassa, membrana sat tenui. *Perithecium* basi deficiens, columella nulla. *Nucleus* circ. 0,5 millim. latus. *Hymenium* circ. 0,200—0,220 millim. crassum. *Paraphyses* 0,0015 millim. crassae, gelatinam in KHO turgescentem laxamque percurrentes, haud ramosae. *Asci* primum cylindrici, demum oblongi. *Sporae* monostichae aut distichae, oblongae aut fusiformi-oblongae, apicibus obtusis, membrana tenui, halone nullo, cellulis demum numerosis, subglobosis, septis transversalibus circ. 16, septis longitudinalibus circ. 6, jodo violaceo-caerulescentes.

6. **Th. leucomelanum** Nyl., Lich. Nov.-Gran. (1863) p. 452 (excl. var.), ed. 2 (1863) p. 329, Lich. Nov.-Gran. Addit. (1867) p. 318 (mus. Paris.).

Thallus tenuis aut sat tenuis, sat laevigatus, albus aut albidus, opacus [aut interdum hypophloeodes]. *Excipulum* verrucam leviter elevatam, circ. 2—0,5 millim. latam, basin versus sensim dilatam formans, aut parum elevatum, ostiolo demum sat lato (0,3—1,2 millim.), sat irregulari, margine ostiolari vulgo demum irregulariter fisso, tenui. *Apothecia* vulgo increbra, disco demum caesio-nigricante aut caesio-pallescente, pruinoso. *Perithecium* fusco-nigricans, dimidiatum. *Sporae* 8:nae, decolores, murales, long. 0,028—0,032, crass. 0,012—0,014 millim.

Ad corticem arborum in Carassa (1000 metr. s. m.) in civ. Minarum, n. 1302, 1360. — *Thallus* homoeomericus. *Perithecium* basi deficiens, columella centrali fusco-nigricante, lata, superne demum vulgo pruinosa. *Paraphyses* 0,001 millim. crassae, gelatinam in KHO turgescentem percurrentes, haud ramosae. *Asci* oblongi. *Sporae* distichae, oblongae aut ovoideo-oblongae aut ellipsoideae, pariete tenui, halone nullo, cellulis haud valde numerosis, in seriebus transversalibus circ. 8—6, in seriebus longitudinalibus circ. 3, jodo haud reagentes.

7. **Th. stylothecium** Wainio (n. sp.).

Thallus sat tenuis aut tenuis, sat laevigatus aut leviter inaequalis, albidus, subopacus. *Excipulum* parum elevatum aut verrucam leviter elevatam, circ. 0,5—0,7 millim. latam, basin versus sensim dilatatam formans, ostiolo demum leviter dilatato, circ. 0,2—0,3 (—0,5) millim. lato, rotundato, margine ostiolari integro, tenui. *Apothecia* sat crebra, columellae disco (qui solus in ostiolo visibilis est) primum punctiformi, nigro, verticem excipuli aequante, demum leviter impresso dilatatoque, pallido aut cinerascente. *Perithecium* fusco-nigricans, dimidiatum. *Sporae* 8:nae, decolores, murales, long. 0,015—0,017, crass. 0,006—0,008 millim.

Ad corticem arboris in Carassa (1400 metr. s. m.) in civ. Minarum, n. 1370. — *Thallus* et *exipulum* vulgo strato corticali tenuissimo amorpho plus minusve obducta. *Perithecium* in medio hymenii columellam latam fusco-nigricantem formans, ceterum basi deficiens. *Hypothecium* subhymeniale tenue, albidum. *Paraphyses* 0,001 millim. crassae, apice vix aut levissime incrassatae, gelatinam laxam in KHO turgescentem percurrentes, haud ramosae. *Asci* oblongo-ventricosi, protoplasmate jodo vinose rubente. *Sporae* distichae, oblongae aut ellipsoideae aut ovoideo-oblongae, apicibus rotundatis, halone nullo, murales, cellulis paucis, septis transversalibus 4—3, seriebus cellularum longitudinalibus duabus in medio sporae, jodo haud reagentes.

Subg. III. **Phaeotrema** (Müll. Arg.) Wainio. *Sporae* demum obscuratae, transversim pluri-septatae, loculis lenticularibus.

Phaeotrema Müll. Arg., Graph. Féean. (1887) p. 4 et 10.

8. **Th. Sitianum** Wainio (n. sp.).

Thallus hypophloeodes aut sat tenuis, leviter inaequalis, opacus, albidus aut glaucescenti-albidus. *Excipulum* verrucam 2—1,5 millim. latam, fere hemisphaericam aut leviter elevatam, basin versus sensim dilatatam formans, ostiolo demum sat lato (1—0,5 millim. lato), vulgo rotundato, margine ostiolari integro, sat tenui aut crassiusculo. *Apothecia* increbra, disco caesio-pruinoso, urceolato-immerso. *Perithecium* pallidum. *Sporae* 6:nae—4:nae, fuscescentes, circ. 24-septatae, long. 0,062—0,110, crass. 0,017—0,018 millim.

Ad corticem arborum prope Sitio (1000 metr. s. m.) in civ. Minarum, n. 565, 685. — *Gonidia* chroolepoidea, circ. 0,010—

0,008 millim. crassa, membrana crassiuscula. *Perithecium* integrum, pallidum, KHO rufescens, parte superiore interne strato obductum tenui, albido, ex hyphis constipatis verticaliter dispositis formato, columella nulla. *Hymenium* circ. 0,220 millim. crassum. *Paraphyses* 0,0015 millim. crassae, haud ramosae. *Sporae* ovoideo-elongatae, altero apice rotundato, altero attenuato obtusiusculo, pariete crassiusculo, halone nullo, loculis lenticularibus.

Subg. IV. **Ocellularia** (Spreng.) Wainio. *Sporae* decolores, transversim pluri-septatae (—1-septatae), loculis lenticularibus.

Ocellularia Spreng., Syst. Veg. IV (1827) p. 237 et 242 pr. p.; Müll. Arg., Lich. Beitr. (Fl. 1881) n. 365, Graph. Féean. (1887) p. 4, 5.

Sect. 1. **Ascidium** (Fée) Müll. Arg. *Excipulum* verrucam subglobosam, basi constrictam formans.

Ascidium Fée, Ess. Crypt. Écorc. (1824) p. XLII et 96; Mont., Syllog. (1856) p. 364; Krempelh., Ascid. (1877) p. 3 pr. p. *Ocellularia* sect. *Ascidium* Müll. Arg., Lich. Beitr. (1881) n. 366, Graph. Féean. (1887) p. 6.

9. **Th. cinchonarum** (Fée) Wainio. *Ascidium* Fée, Ess. Lich. Écorc. (1824) p. 96, tab. 23 fig. 5; Nyl., Lich. Nov.-Gran. (1863) p. 455 (mus. Paris.); Krempelh., Ascid. (1877) p. 8; Müll. Arg., Lich. Beitr. (Fl. 1885) n. 906. *Ocellularia* Müll. Arg., l. c. (1887) n. 1177, Graph. Féean. (1887) p. 6.

Thallus sat tenuis, verruculoso-inaequalis, stramineus aut stramineo-glaucescens aut stramineo-albicans, nitidiusculus. *Excipulum* verrucam depresso-subglobosam, 0,5—1 millim. latam, basi constrictam formans, thallo concolor, ostiolo parvo, rotundato, punctiformi. *Apothecia* incrębra, disco parvo, punctiformi, nigro. *Perithecium* dimidiatum, annulare, fuligineum. *Sporae* 8:nae, decolores, vulgo circ. 9-septatae [8—17-septatae: Müll. Arg., l. c.], long. circ. 0,020—0,042 [„—0,072"], crass. 0,006—0,010 [„—0,012"] millim.

Ad corticem arboris prope Lafayette (1000 metr. s. m.) in civ. Minarum, n. 293. — *Thallus* subcontinuus aut raro subdispersus, totus gonidia continens, substratum obtegens, hypothallo nigricante saepe partim limitatus. *Gonidia* chroolepoidea, angu-loso-subglobosa, concatenata, 0,006—0,008 millim. crassa, flavovirescentia, membrana sat tenui. *Excipulum* fragmenta substrati inter amphithecium thallinum et perithecium proprium continens, vertice saepe leviter impresso, margine ostiolari integro. *Amphithecium* inflatum, cavitate inter fragmenta substrati et partem exteriorem gonidia continentem instructum. *Perithecium* parte superiore fuligineum, basi tenue pallidumque aut fere deficiens, in medio hymenii columellam crassam fuligineam formans. *Nucleus* circ. 0,50—0,43 millim. latus. *Paraphyses* sat laxae, gelatinam in KHO turgescentem percurrentes, neque ramosae, nec constrictae. *Asci* oblongo-elongati. *Sporae* distichae, oblongae, apicibus rotundatis obtusisve, halone nullo, loculis lenticularibus, jodo violaceo-caerulescentes.

Sect. 2. **Euocellularia** Müll. Arg. *Excipulum* verrucam hemisphaericam, basi haud constrictam formans, aut parum elevatum.
Ocellularia sect. 2. *Euocellularia* Müll. Arg., Graph. Féean. (1887) p. 6.

10. **Th. terebratum** Ach., Syn. Lich. (1814) p. 114; Nyl., Lich. Nov.-Gran. ed. 2 (1863) p. 335. *Ocellularia terebrata* Müll. Arg., Graph. Féean. (1887) p. 7.

Thallus sat tenuis aut mediocris, leviter verruculoso-inaequalis aut sat laevigatus, stramineo-glaucescens, nitidiusculus. *Excipulum* verruculam leviter vel levissime elevatam, circ. 0,5—0,3 millim. latam, basin versus sensim dilatatam formans aut parum elevatum, ostiolo parvo, rotundato, margine ostiolari integro, tenui. *Apothecia* sat crebra, disco nigricante. *Perithecium* fuscescens aut rufescens aut fulvescens, dimidiatum. *Sporae* 8:nae, decolores, 5—7-septatae, long. circ. 0,016—0,020 [0,013—0,030], crass. 0,007—0,008 [„—0,009"] millim.

Ad corticem arboris in Carassa (1400 metr. s. m.) in civ. Minarum, 1551. — Specimen nostrum sporis brevioribus a typo differt, ceterum, etiam habitu, ei congruens (var. **abbreviata** Wainio). — *Thallus* substratum obtegens, totus gonidia continens aut strato tenui amorpho obductus. *Gonidia* chroolepoidea, circ. 0,008 millim. crassa, membrana sat tenui. *Hypothecium* subhymeniale pallidum, columella centrali fusco-fuliginea. *Nucleus* circ. 0,0330—0,400 millim. latus. *Paraphyses* 0,0015 millim. crassae, gelatinam in KHO turgescentem laxamque percurrentes, haud ramosae, increbre parceque septatae ($PH_3 O_4 + I$). *Asci* oblongi. *Sporae* inbricatim monostichae aut distichae, oblongae aut parcius ovoideo-oblongae, apicibus rotundatis aut obtusis, halone nullo, loculis lenticularibus, jodo violaceo-caerulescentes, long. 0,013—0,018 (—0,020), crass. 0,007—0,008 millim.

11. **Th. leucotrema** Nyl., Énum. Gén. Lich. (1857) p. 118 (mus. Paris.).

Thallus vulgo hypophloeodes, macula glaucescente aut stramineo- vel partim olivaceo-glaucescente opaca indicatus. *Exipulum* verrucam leviter elevatam vel fere hemisphaericam, 0,5—1 millim. latam, basin versus sensim dilatatam formans, ostiolo demum sat lato (circ. 0,4—0,2 millim.), saepe irregulari, margine ostiolari saepe irregulariter fisso aut pro parte subintegro. *Apothecia* increbra, disco sat lato, nigricanti-caesio-pruinoso. *Perithecium* dimidiatum, annulare, fusco-nigricans. *Sporae* 8:nae, decolores, 5—4 (raro 6)-septatae, long. 0,013—0,020, crass. 0,005—0,007 millim.

Ad corticem arborum prope Lafayette (1000 metr. s. m.) in civ. Minarum, n. 245, 312, 348. — *Thallus* interdum substratum obtegens, at vulgo substrato immixtum. *Gonidia* cellulis substrati immixta, chroolepoidea, 0,012—0,005 millim. crassa, membrana sat tenui. *Amphithecium* fragmenta substrati continens. *Perithecium* basi fere deficiens aut tenue et albidum pallidumve aut parte inferiore anguste fusconigricans, in medio hymenii columellam fusconigram formans. *Nucleus* circ. 0,84—0,72 millim. latus. *Hymenium* circ. 0,060—0,110 millim. crassum. *Paraphyses* 0,001 millim. crassae, apice haud incrassatae, gelatinam in KHO turgescentem laxamque percurrentes, haud ramosae. *Asci* subcylindrici aut clavati, circ. 0,012—0,010 millim. crassi. *Sporae* distichae aut imbricatim monostichae, oblongae aut ovoideo- vel fusiformi-oblongae, apicibus rotundatis aut obtusis, halone nullo, loculis lenticularibus, jodo violaceo-caerulescentes.

Huic valde affine est Th. schizostomum Krempelh. (Fl. 1876 p. 222), quod vix nisi thallo substratum obtegente mediocri nitido ab eo differt (hb. Warm.).

12. **Th. album** (Fée) Nyl., Syn. Lich. Nov. Cal. (1868) p. 35. *Myriotrema album* Fée, Ess. Lich. Écorc. (1824) p. 104, tab. 25 fig. 2. *Ocellularia alba* Müll. Arg., Graph. Féean. (1887) p. 6. *Thelotrema myriotrema* Nyl., Lich. Exot. (1859) p. 221 (ex ipso). *Th. viridialbum* Krempelh., Fl. 1876 p. 221 (hb. Warm.).

Thallus sat tenuis aut mediocris, sat laevigatus, stramineo-glaucescens aut glaucescens, nitidiusculus. *Excipulum* verrucam leviter elevatam aut fere hemisphaericam, 1,2—0,5 millim. latam, basin versus sensim dilatatam aut interdum demum sat abruptam formans, ostiolo demum sat lato (0,3—0,8 millim.), rotundato aut irregulari, margine ostiolari vulgo subintegro, tenui aut demum crassiusculo. *Apothecia* partim aggregata, partim increbra, bene urceolata, disco pallido. *Perithecium* pallidum albidumve. *Sporae* 8:nae, decolores, 3—4-septatae, long. circ. 0,012 [„0,010—0,015"], crass. 0,004 [„—0,008"] millim.

Ad corticem arboris prope Lafayette (1000 metr. s. m.) in civ. Minarum, n. 273. — *Gonidia* chroolepoidea, 0,010—0,008 millim. crassa, membrana sat tenui. *Nucleus* —1 millim. latus. *Perithecium* in medio hymenii columellam pallidam albidamve sat tenuem formans. *Paraphyses* 0,0015 millim. crassae, haud ramosae. *Asci* cylindrico- aut ventricoso-clavati. *Sporae* distichae aut monostichae, oblongae aut fusiformi-oblongae, apicibus obtusis, halone nullo, loculis lenticularibus, „jodo caerulescentes" (Nyl.).

13. **Th. opacum** Wainio.

Thallus sat tenuis, sat laevigatus, glaucescens aut glaucescenti-albidus, opacus. *Excipulum* verrucam leviter elevatam aut fere hemisphaericam, 0,6—0,5 millim. latam, basin versus sensim dilatatam aut sat abruptam formans, ostiolo parvo, saepe irregulari, margine ostiolari crassiusculo, saepe anguloso aut leviter fisso. *Apothecia* solitaria, disco parvo (circ. 0,1—0,15 millim. lato), obscurato aut caesio-pruinoso aut verrucula albida ostiolari obtecto. *Perithecium* tenue, fusco-nigricans, dimidiatum annulareque aut in epitheció restans. *Sporae* 8:nae, decolores, 4—3-septatae, long. 0,012—0,016, crass. 0,004—0,005 millim.

Ad corticem arborum prope Sitio (1000 metr. s. m.) in civ. Minarum. Th. albulo Nyl. (Fl. 1869 p. 120) est affine, sed paullo major et colore thalli differens. *Thallus* substratum obtegens, totus gonidia continens. *Gonidia* chroolepoidea, anguloso-globosa, circ. 0,010 millim. crassa, membrana crassiuscula. *Nucleus* circ. 0,160—0,300 millim. latus, substrato immersus, primum perithecio et thallo superne obductus. *Perithecium* demum annulum circa ostiolum formans aut in medio epithecii restans, columellam obconicam, defectam, usque ad basin apothecii haud extensam, ibi formans. *Hypothecium* subhymeniale albidum, parte inferiore pallidum. *Paraphyses* 0,0015 millim. crassae, apice haud incrassatae, gelatinam in KHO turgescentem percurrentes, haud ramosae. *Asci* cylindrici. *Sporae* imbricatim monostichae, oblongae aut ovoideo-oblongae, apicibus rotundatis aut obtusis, halone nullo, loculis lenticularibus, jodo violaceo-caerulescentes.

2. Gyrostomum.

Fr., Syst. Orb. Veg. (1825) p. 268; Tuck., Gen. Lich. (1872) p. 140, Syn. North Am. (1882) p. 228; Müll. Arg., Graph. Fée (1887) p. 4 et 52. *Gymnotrema* Nyl., Énum. Gén. Lich. (1857) p. 119.

Thallus crustaceus, uniformis, hypothallo aut hyphis medullaribus substrato affixus, rhizinis nullis, *strato corticali* haud evoluto, *strato medullari* stuppeo, toto gonidia continente, ex hyphis contexto tenuibus, leptodermaticis. *Gonidia* chroolepoidea, cellulis minutis, anguloso-subglobosis aut ellipsoideis aut parcius etiam oblongis, saltem primum concatenatis, filamenta saepe parce ramosa formantibus, demum saepe pro parte etiam liberis, membrana sat tenui, flavovirescentia. *Apothecia* thallo innata, demum emergentia adpressave, orbicularia aut subrotunda, *disco* aperto, concavo urceolatove, simplice, margine bene evoluto proprio aut duplice cincta. *Perithecium* integrum aut dimidiatum, fuligineum fuscescensve aut inferne pallidum, ex hyphis tenuibus leptodermaticis conglutinatis formatum, extus denudatum aut *amphithecio* thallino evanescente aut bene evoluto obductum. *Paraphyses* numerosae, parce ramoso-connexae, apice haud aut vix incrassatae, neque flexuosae, nec spinuloso-verruculosae. *Asci* membrana sat tenui. *Sporae* 8:nae aut pauciores, oblongae aut fusiformi-oblongae, murales, demum obscuratae.

1. **G. scyphuliferum** (Ach.) Fr., Syst. Orb. Veg. (1825) p. 268; Nyl., Lich. Nov.-Gran. (1863) p. 455; Nyl., Syn. Lich. Nov. Caled. (1868) p. 39; Müll. Arg., Lich. Beitr. (Fl. 1885) p. 941, Rev. Lich. Meyen. p. 315, Graph. Féean. (1887) p. 52, Tuck., Syn. North Am. (1882) p. 228. *Lecidea scyphulifera* Ach., Syn. Lich. (1814) p. 27 (hb. Ach.). *Gymnotrema atratum* (Fée) Nyl., Énum. Gén. Lich. (1857) p. 119 pr. p. (mus. Paris.).

Thallus tenuis, albidus. *Apothecia* vulgo sat approximata, vulgo regulariter rotunda, diam. 0,5—0,4 millim., demum adpressa, basi abrupta aut levissime constricta. *Perithecium* fuligineum, integrum, amphithecio tenui aut tenuissimo, albido, thallino omnino aut basin versus obductum, aut omnino denudatum. *Discus* apertus, concaviusculus aut urceolatus, fuscus, margine excipulari integerrimo, elevato, sat tenui, nigricante aut fuscescente aut cinerascente cinctus. *Sporae* 8:nae (—4:nae), demum obscuratae, murales, long. circ. 0,030—0,050 millim. [—,,0,020" millim.: Tuck., l. c.], crass. 0,010—0,015 millim.

Ad corticem arborum prope Rio de Janeiro et Sepitiba in eadem civitate, n. 88 et 477. — *Thallus* dispersus aut subcontinuus, verruculoso-inaequalis aut sat laevigatus, opacus, parte inferiore cellulis substrati immixtus, hyphis tenuibus, leptodermaticis. *Gonidia* chroolepoidea, flavovirescentia, circ. 0,008—0,006 millim. crassa, membrana sat tenui, cellulis concatenatis. *Apothecia* thallo innata, dein mox emergentia adpressaque, margine excipuli leviter incurvo. *Hymenium* circ. 0,140 millim. crassum, jodo lutescens, sporis violaceo-caerulescentibus. *Epithecium* fuscum, granulosum. *Paraphyses* 0,001 millim. crassae, apice haud incrassatae, gelatinam in KHO turgescentem firmam percurrentes, parce aut parcissime ramoso-connexae. *Asci* oblongi, membrana sat tenui. *Sporae* oblongae aut fusiformi-oblongae, apicibus obtusis aut rotundatis, pariete saepe halone indutae, septis transversalibus circ. 11—12; cellulis numerosis, circ. 4—5 in quavis serie transversali.

2. **G. polytypum** Wainio (n. sp.).

Thallus sat tenuis, glaucescens aut olivaceo-glaucescens. *Apothecia* sat approximata, vulgo rotunda aut subrotunda, diam. 0,7 (—0,5) millim., demum elevata, basi vulgo demum sat abrupta. *Perithecium* dimidiatum, superne fuscescens, inferne pallidum, basi deficiens, extus amphithecio thallino leviter fisso aut inaequali obductum, superne vulgo leviter denudatum. *Discus* apertus, urceolatus concavusque, fuscescens nigricansve, margine duplice elevato, crassitudine mediocri cinctus. *Sporae* binae, fuscescentes, murales, long. circ. 0,056—0,085, crass. 0,016—0,026 millim.

Ad corticem arbusti prope Sitio (1000 metr. s. m.) in civ. Minarum, n. 662. — Inter Thelotrema et Graphidem et Gyrostomum est forma intermedia, at ob paraphyses ramoso-connexas potius ad Gyrostomum pertinens. Habitu Graphidem lecanographam in memoriam revocat. — *Thallus* cellulis substrati immixtus et fere hypophloeodes, leviter verruculoso-inaequalis, opacus. *Gonidia* chroolepoidea, flavovirescentia, circ. 0,008—0,006 millim. crassa, membrana sat tenui. *Apothecia* thallo innata thalloque omnino obtecta, dein emergentia. *Amphithecium* gonidia et cellulas substrati continens. *Hypothecium subhymeniale* tenue, pallidum. *Hymenium* leviter oleosum, jodo (sicut etiam hypothecium subhymeniale) roseo-rubens, sporis obscure violascentibus. *Epithecium* fuscescens. *Paraphyses* ramoso-connexae (spir. aether., KHO, H_2SO_4). *Sporae* oblongae, apicibus rotundatis, halone nullo indutae, cellulis numerosissimis.

Trib. 17. **Pilocarpeae.**

Thallus crustaceus, strato corticali destitutus, hyphis tenuibus, leptodermaticis. *Gonidia* protococcoidea. *Apothecia* orbicularia, demum emergentia adpressaque. *Excipulum* byssoideum, gonidiis destitutum, ex hyphis sat leptodermaticis laxissime contextis formatum. *Paraphyses* (quantum cognitum) parce ramoso-connexae. *Sporae* breves, oblongae aut fusiformi- vel ovoideo-oblongae, septatae, decolores.

1. **Pilocarpon** Wainio (n. gen.).

Thallus crustaceus, uniformis, hypothallo et hyphis medullaribus substrato affixus, rhizinis veris nullis, strato corticali destitutus, ex hyphis tenuibus (circ. 0,002 millim. crassis), leptodermaticis contextus. *Gonidia* protococcoidea, globosa, simplicia. *Apothecia* in superficie thalli enata, demum adpressa. *Excipulum* byssoideum, gonidiis destitutum, ex hyphis constans sat leptodermaticis, laxissime contextis, tantum hypothecio cartilagineo et ex hyphis conglutinatis formato. *Paraphyses* parce ramoso-connexae, parce evolutae. *Asci* clavati, apice membrana leviter incrassata. *Sporae* 8:nae, oblongae aut fusiformi- vel ovoideo-oblongae, decolores, septatae, cellulis subcylindricis, membranis haud incrassatis.

Ad hoc genus inter Lecideam et Chiodecton (sect. Byssocarpon Wainio) intermedium, pertinent *P. leucoblepharum* (Nyl.), *P. tricholoma* (Mont.) et affinia.

1. **P. leucoblepharum** (Nyl.) Wainio. *Lecidea leucoblephara* Nyl., Enum. Gén. Lich. Suppl. (1857) p. 337, Lich. Nov.-Gran. ed. 2 (1863) p. 337; Stizenb., Lec. Sabul. (1867) p. 68; Nyl., Enum. Lich. Husn. (1869) p. 15. *Patellaria* Müll. Arg., Lich. Beitr. (Fl. 1881) n. 277, Lich. Epiphyll. (1890) p. 9.

Thallus crustaceus, tenuis, leviter inaequalis, dispersus, continuus aut areolatus subareolatusve, albidus aut virescens [„aut olivaceo-cinerascens obscuriorve"]. *Apothecia* primo thallo subimmersa, demum emergentia adpressaque, 0,6—0,25 millim. lata., disco plano planiusculove aut raro demum convexiusculo, nigro aut fusco-nigro, nudo, margine tenui, tomentoso, albido, plus minusve distincto. *Hypothecium* subviolaceo- aut fuscescenti-nigricans. *Epithecium* decoloratum aut caeruleo-nigricans [„aut virescens"]. *Sporae* 8:nae, oblongae aut oblongo-fusiformes aut ovoideo-oblongae, rectae aut pro parte leviter curvatae obliquaeve, 3-septatae, long. 0,018—0,012 [„0,010"], crass. 0,004—0,0025 [„—5"] millim.

Ad folia perennia arborum ad Lafayette (1000 metr. s. m.), n. 365 et in Carassa (1400 metr. s. m.), n. 1221, in civ. Minarum. — *Thallus* strato corticali destitutus, hyphis 0,002 millim. crassis, leptodermaticis, increbre septatis, interdum hypothallo nigro limitatus. *Gonidia* protococcoidea, globosa, simplicia, diam. 0,010—0,008 millim. *Hypothecium* obscuratum, tenue, ex hyphis conglutinatis formatum, ceterum excipulum albidum et ex hyphis constans 0,003 millim. crassis, sat leptodermaticis, increbre septatis, laxissime contextis. *Hymenium* circ. 0,060—0,065 millim. crassum, arcte cohaerens, jodo intense caerulescens, dein obscure vinose rubens. *Paraphyses* parcae, vix 0,001 millim. crassae, apice parum incrassatae, parce ramoso-connexae, haud constrictae. *Asci* clavati, circ. 0,012—0,014 millim. crassi. *Sporae* distichae, halone nullo, apicibus obtusis aut rotundatis.

Pycnoconidia esse „lageniformia, long. 0,004—0,005, crass. 0,002 millim., apice subgloboso-incrassato crassiore" a Nyl. in Enum. Lich. Husnot p. 15 indicatur. Talia etiam in speciminibus Brasilianis observavi, at ad *fungillum* parasitantem pertinent, nam conceptacula eorum hyphas nigricantes, ab hyphis *P. leucoblephari* differentes emittunt, et parasita eadem ceterum etiam in partibus proximis *Lecanorae hymenocarpae* Wainio crescit.

Trib. 18. Lecanactideae.

Thallus crustaceus, vulgo homoeomericus. *Stratum corticale* haud evolutum. *Stratum medullare* stuppeum, totum vulgo gonidia continens, hyphis leptodermaticis. *Gonidia* chroolepoidea. *Apothecia* orbicularia, demum thallo adpressa. *Excipulum* cartilagineum, fuliginenum, strato medullari stuppeo nullo, gonidiis destitutum. *Paraphyses* ramoso-connexae. *Sporae* longae aut sat longae, septatae, decolores, membrana interne haud incrassata.

1. Lecanactis.

Eschw., Syst. Lich. (1824) p. 18 (emend.); Fr., Lich. Eur. Ref. (1831) p. 374 (em.), Leight., Brit. Graph. (1854) p. 47 (em.); Mass., Ric. Lich. Crost. (1852) p. 53 (em.); Koerb., Syst. Germ. (1855) p. 275 (em.); Th. Fr., Gen. Heterolich. (1861) p. 93 (em.); Tuck., Gen. Lich. (1872) p. 193, Syn. North Am. II (1888) p. 114. *Opegrapha* sect. III *Lecanactis* Müll. Arg., Lich. Beitr. (Fl. 1880) n. 156, Graph. Féean. (1887) p. 18.

Thallus crustaceus, uniformis, hypothallo et hyphis medullaribus substrato affixus, rhizinis et strato corticali destitutus, vulgo fere totus gonidia continens, hyphis tenuibus, leptodermaticis. *Gonidia* chroolepoidea (Trentepohliae umbrinae Bornet similia). *Apothecia* demum elevata adpressaque, (saltem primum) orbicularia, lecideina gonidiisque destituta, disco dilatato. *Excipulum* proprium (e perithecio et hypothecio constans), fuligineum, ex hyphis conglutinatis formatum, strato medullari nullo distincto. *Paraphyses* ramoso-connexae ramosaeque, vulgo superne flexuosae. *Sporae* 8:nae aut pauciores, fusiformes aut fusiformi-oblongae aut articulares, demum 3—pluri-septatae, decolores, loculis cylindricis aut subcylindricis. „*Pycnoconidia* oblonga aut cylinlindrica. *Sterigmata* simplicia." (Tuck., Syn. North. Am. II p. 114.)

1. **L. Lepricurii** (Mont.) Tuck., Gen. Lich. (1872) p. 194. *Lecidea* Mont. in Ann. Sc. Nat. 3 sér. Bot. T. XVI (1851) p. 56, Syllog. (1856) p. 34; Nyl., Lich. Nov.-Gran. (1863) p. 463, ed. 2 (1863) p. 356 (mus. Paris.). *Opegrapha* Müll. Arg., Lich. Beitr. (Fl. 1882) n. 439. *Patellaria bicolor* Karst. in Rev. Mycol. 1889 p. 205. *Lecanidion* Saccardo, Syll. Fung. VIII (1889) p. 798.

Thallus tenuis aut tenuissimus, cinereo- aut olivaceo-glaucescens. *Apothecia* vulgo sat solitaria, elevata, orbicularia aut raro anguloso-rotundata, diam. 1,8—0,7 millim. *Perithecium* fuligineum, integrum. *Discus* apertus, planiusculus, ochraceo-fulvescenti-pruinosus, KHO solutionem violaceam effundens. *Sporae* decolores, circ. „7—15-septatae" (Nyl., l. c.), long. 0,034—„0,078" (Nyl., l. c.), crass. 0,0025—„0,007" millim. (Nyl., l. c.).

Ad corticem arboris prope Lafayette (1000 metr. s. m.) in civ. Minarum, n. 297 (in statu morboso). — *Thallus* leviter inaequalis, opacus, jodo haud reagens. *Gonidia* chroolepoidea (numerosa et bene evoluta in coll. Lindig. n. 2863), circ. 0,010—0,008 millim. crassa, membrana sat tenui. *Apothecia* habitu lecideina, margine integro, crassiusculo, latere interiore ochraceo-pruinoso. *Hypothecium subhymeniale* tenue, pallidum albidumve. *Hymenium* jodo vinose rubens. *Epithecium* in lamina tenui fuscescens rufescensve, KHO solutionem violaceam effundens. *Paraphyses* 0,001 millim. crassae, apicem versus saepe levissime incrassatae, ramoso-connexae et apice saepe ramosae. *Asci* clavati, membrana vulgo sat tenui. *Sporae* 8:nae, fusiformes aut aciculares, apicibus attenuatis acutisque, halone sat tenui primum indutae, cellulis cylindricis, vulgo fere aeque longis, ac latis.

2. **L. insignior** (Nyl.) Wainio. *Lecidea* Nyl., Lich. Nov.-Gran. (1863) p. 463, ed. 2 (1863) p. 356 (mus. Paris.). *Opegrapha* Müll. Arg., Lich. Beitr. (Fl. 1882) n. 439, (1886) n. 1041. *Patellaria bacillifera* Karst. in Rev. Mycol. 1889 p. 206. *Scutularia* Saccardo, Syll. Fung. VIII (1889) p. 808.

Thallus tenuis aut sat tenuis, fusco-nigricans aut olivaceo-fuscescens olivaceusve. *Apothecia* vulgo sat solitaria, elevata, orbicularia, diam. 2—0,8 millim. *Perithecium* fuligineum, integrum. *Discus* apertus, planiusculus aut raro convexiusculus, flavescenti-pruinosus aut denudatus. *Sporae* decolores, „9—13-septatae, long. 0,045—0,064, crass. 0,005—0,007 millim." (Nyl., l. c., Karst., l. c.).

Ad corticem arborum prope Lafayette (1000 metr. s. m.), n. 300, et in Carassa (1400 metr. s. m.), n. 1388, in civ. Minarum. — *Thallus* leviter inaequalis, opacus, hyphis 0.002 millim. crassis, leptodermaticis. *Gonidia* chroolepoidea, circ. 0,008—0,006 millim. crassa, membrana leviter incrassata. *Apothecia* habitu lecideina, margine crasso, vulgo integro, latere interiore saepe flavescenti-pruinoso. *Hymenium* circ. 0,160—0,140 millim. crassum, jodo levissime caerulescens et demum vinose rubens. *Epithecium* fusco-fuligineum, KHO solutionem violaceam effundens. *Paraphyses* 0,0015—0,001 millim. crassae, apicem versus sensim leviter incrassatae (0,0025—0,003 millim.), parte superiore ramosae et ramoso-connexae flexuosaeque. *Sporae* 8:nae, fusiformi-aciculares, apicibus obtusis, halone nullo indutae.

3. **L. Americana** Wainio (n. sp.).

Thallus sat tenuis, glaucescens aut albido-glaucescens. *Apothecia* vulgo sat solitaria, elevata, orbicularia aut rarius anguloso-rotundata, diam. 2,5—1 millim. *Perithecium* fuligineum, integrum. *Discus* apertus, planiusculus, tenuiter rufescenti- aut cinereo-fuscescenti- aut ochraceo-rufescenti-pruinosus aut denudatus, KHO solutionem luteam effundens. *Sporae* decolores, 15—10-septatae, long. 0,046—0,080, crass. 0,004—0,007 millim.

Ad corticem arboris prope Rio de Janeiro, n. 174. — *Thallus* rimulosus, leviter inaequalis, opacus aut nitidiusculus, hypothallo nigricante partim limitatus. *Gonidia* chroolepoidea, circ. 0,008—0,006 millim. crassa, membrana sat tenui. *Apothecia* habitu lecideina, margine crassiusculo, saepe demum crebre radiatim fisso. *Hypothecium subhymeniale* tenue, albidum. *Hymenium* circ. 0,140 millim. crassum, jodo vinose rubens. *Epithecium* fuscum, KHO solutionem luteam effundens. *Paraphyses* 0,001 millim. crassae, apicem versus sensim incrassatae (0,002 millim. crass.), parce ramoso-connexae, apice magis ramosae ramulosaeve et ramis subintricatis flexuosisque instructae. *Asci* oblongo-clavati, circ. 0,018 millim. crassi, membrana parum incrassata. *Sporae* 8:nae, fusiformes aut fusiformi-aciculares, apicibus attenuatis, acutis aut obtusis, halone nullo indutae, cellulis cylindricis, vulgo fere aeque longis, ac latis.

B. Graphideae.

Apothecia elongata ellipsoideave aut angulosa difformiave aut raro orbicularia. *Paraphyses* in capillitium haud continuatae. *Sporae* mazaedium haud formantes.

Thallus crustaceus, homoeomericus aut heteromericus. *Stratum corticale* haud evolutum aut subcartilagineum. *Stratum me-*

dullare stuppeum, totum gonidia continens aut parte inferiore gonidiis destitutum, hyphis leptodermaticis aut sat leptodermaticis. *Gonidia* chroolepoidea (ad diversas species Trentepohliae pertinentia) aut palmellacea. *Apothecia* thallo (substratove) innata aut in ipsa superficie thalli enata, immersa permanentia aut demum emergentia elevatave, simplicia aut varie confluentia et excipulis confluentibus pseudostromata formantia, disco rimaeformi aut dilatato. *Perithecium proprium* bene evolutum (subcartilagineumque vel ex hyphis conglutinatis formatum) aut solum laterale basaleve, aut omnino evanescens, nudum aut *amphitecio* thallino gonidia continente aut gonidiis destituto obductum. *Paraphyses* bene aut parce evolutae, ramoso-connexae aut simplices. *Sporae* breves aut longae, simplices aut septatae aut murales, decolores aut fuscescentes nigricantesve, membrana tenui aut incrassata.

1. Acanthothecium Wainio (n. gen.).

Thallus crustaceus, uniformis, hyphis medullaribus substrato affixus, rhizinis destitutus, *strato corticali* nullo aut evanescente, ex hyphis longitudinalibus conglutinatis formato, *strato medullari* stuppeo, ex hyphis contexto tenuibus, leptodermaticis. *Gonidia* chroolepoidea (Trentepohliae umbrinae Bornet similia), cellulis minutis, anguloso-subglobosis aut ellipsoideis aut parcius etiam oblongis, saltem primum concatenatis, filamenta saepe parce ramosa formantibus, demum saepe pro parte etiam liberis, membrana sat tenui, flavovirescentia. *Apothecia* thallo innata, demum emergentia adpressave, elongata aut ellipsoidea rotundatave, simplicia aut ramosa, disco dilatato aut rimaeformi. *Excipulum* thallodes, albidum, labiis demum plus minusve elevatis, crassis, conniventibus aut demum hiantibus distantibusve, latere interiore hyphis constipatis clavatis creberrime minutissimeque verruculosis aut subspinulosis obductis. *Perithecium* evanescens, albidum. *Hymenium* jodo haud reagens. *Paraphyses* numerosae, neque ramosae, nec connexae, apice clavatae, clava creberrime minutissimeque verruculosa subspinulosave. *Asci* membrana tenui. *Sporae* 8:nae aut pauciores, elongatae aut oblongae, murales aut pluriseptatae et tum loculis lenticularibus, decolores, jodo haud reagentes.

Sect. 1. **Acanthographina** Wainio. *Sporae* murales.

1. **A. pachygraphoides** Wainio (n. sp.).

Thallus tenuis, albidus. *Apothecia* leviter elevata, vulgo sat approximata, elongata aut ellipsoidea aut raro rotundata, vulgo simplicia, recta aut leviter flexuosa, long. 2,5—1, latit. 1—0,8 millim. *Excipulum* thallodes, albidum, basi demum vulgo constrictum, labiis crassis, conniventibus, clausis aut demum leviter hiantibus. Labia latere interiore hyphis constipatis, clavatis, creberrime verruculosis obducta. *Perithecium* evanescens, albidum. *Discus* rimaeformis inconspicuusque aut interdum leviter dilatatus, pallidus. *Paraphyses* apice clavatae, clava creberrime verruculosa. *Sporae* vulgo 2—4:nae (aut 6:nae), decolores, murales, long. circ. 0,060—0,180, crass. 0,010—0,024 millim.

Ad corticem arborum prope Sitio (1000 metr. s. m.) in civ. Minarum, n. 866, 876. — *Thallus* sat laevigatus, nitidiusculus aut subopacus, KHO haud reagens (excipulo apothecii lutescente). *Gonidia* chroolepoidea, 0,010—0,008 millim. crassa, membrana sat tenui. *Apothecia* labiis longitrorsum pluristriatis aut varie inaequalibus. *Hymenium* circ. 0,140 millim. crassum, jodo lutescens, protoplasmate ascorum vinose rubente. *Epithecium* pallidum. *Paraphyses* 0,0015 millim. crassae, clava 0,004—0,003 millim. crassa, haud ramosae, sat laxe cohaerentes. *Asci* subclavati, membrana sat tenui. *Sporae* oblongae aut elongatae, apicibus obtusis, halone nullo, cellulis numerosissimis, in n. 876 binae, in n. 866 4 (—6):nae, jodo haud reagentes.

2. **A. caesio-carneum** Wainio (n. sp.).

Thallus tenuis, albidus. *Apothecia* leviter elevata, rotundata aut ellipsoidea, long. 1,5—0,8, latit. 1,2—0,8 millim., simplicia. *Excipulum* thallodes, albidum, basi demum sat abruptum subconstrictumve, labiis crassis, primum conniventibus, demum hiantibus, saepe transversim fissis. Labia latere interiore hyphis constipatis, clavatis, creberrime verruculosis obducta. *Perithecium* evanescens, albidum. *Discus* planiusculus, caesio-carneus. *Paraphyses* apice clavatae, clava creberrime verruculosa. *Sporae* 2—6:nae, decolores, murales, long. circ. 0,074—0,100, crass. 0,014—0,018 millim.

Ad corticem arboris prope Sitio (1000 metr. s. m.) in civ.

Minarum parce lecta, n. 1099. — A. pachygraphoidi valde affine est et forsan in id transit, at disco dilatato apertoque ab eo differt. Habitu subsimile est Gr. alborosellae Nyl. — *Thallus* leviter verruculoso-inaequalis, nitidiusculus aut subopacus, KHO leviter lutescens. *Gonidia* chroolepoidea, circ. 0,010—0,008 millim. crassa, membrana sat tenui. *Hymenium* circ. 0,150 millim. crassum, jodo lutescens, protoplasmate ascorum saepe violascente. *Epithecium* pallidum. *Paraphyses* 0,001 millim. crassae, clava 0,003 millim. crassa, haud ramosae. *Sporae* oblongae elongataeve, apicibus rotundatis aut obtusis, cellulis numerosissimis, circ. 4 in seriebus transversalibus, septis transversalibus circ. 26, jodo fulvescentes.

Sect. 2. **Acanthographis** Wainio. *Sporae* pluriseptatae, loculis lenticularibus.

3. **A. clavuliferum** Wainio (n. sp.).

Thallus tenuis aut sat tenuis, albidus aut glaucescenti-albidus. *Apothecia* demum elevata, solitaria aut irregulariter aggregata simpliciaque aut subradiato-confluentia ramosaque, elongata aut ellipsoidea aut rotundata, leviter flexuosa aut fere recta, long. circ. 3—0,8, latit. 1,5—0,7 millim. *Excipulum* thallodes, albidum, basi abruptum aut constrictum, labiis crassis, conniventibus, demum plus minusve apertis. Labia latere interiore hyphis constipatis, clavatis, creberrime verruculosis obducta. *Perithecium* evanescens, albidum. *Discus* pallidus, subplanus, dilatatus aut rarius sat angustus. *Paraphyses* apice clavatae, clava creberrime verruculosa vel subspinulosa. *Sporae* decolores, long. circ. 0,050—0,140, crass. 0,008—0,010 millim., septis numerosissimis.

Ad corticem arborum prope Sitio (1000 metr. s. m.), n. 523, et in Carassa (1400 metr.), n. 1197, in civ. Minarum. — *Thallus* sublaevigatus, opacus aut nitidiusculus, KHO parum reagens. $CaCl_2O_2$ non reagens. *Gonidia* chroolepoidea, circ. 0,010—0,006 millim. crassa, membrana sat tenui. *Apothecia* labiis saepe sat inaequalibus flexuosisque, interdum fatiscentibus et leviter sorediosis. *Perithecium* ab amphithecio vel excipulo thallode haud distincte limitatum. *Hymenium* circ. 0,110 millim. crassum, jodo lutescens. *Epithecium* pallidum, KHO non reagens. *Asci* membrana tenui. *Paraphyses* 0,001—0,0015 millim. crassae, clava circ. 0,003—0,0035 millim. crassa, gelatinam sat firmam, sat abundantem percurrentes, neque ramosae. nec connexae. *Sporae* elongatae, altero apice rotundato, altero attenuato obtuso, septis —38. loculis lenticularibus, jodo fulvescentes, in n. 523 8:nae aut abortu pauciores et long. 0,050—0,104 millim.. in n. 1197 4—2:nae et long. 0,100—0,140 millim.

2. Graphis.

Adans., Fam. Plant. 2 (1763) p. 11 pr. p.; Ach., Lich. Univ. (1810) p. 46 (emend.); Mass., Mem. Lich. (1853) p. 107; Koerb., Syst. Germ. (1855) p. 286 (em.); Nyl., Ess. Nouv. Classif. (1855) p. 187 (em.); Th. Fr., Gen. Heterolich. (1861) p. 93 (em.); Kickx, Mon. Graph. Belg. (1865) p. 5 (em.); Linds., Mem. Sperm. Crust. Lich. (1870) p. 278, tab. XIII fig. 51—54; Tuck., Gen. Lich. (1872) p. 202 (em.); Leight., Lich. Great Brit. 3 ed. (1879) p. 426 (em.); Möller, Cult. Flecht. (1887) p. 39; Hue, Addend. (1888) p. 245 (em.). *Phaeographis, Graphis, Graphina, Phaeographina, Glyphis* et *Sarcographa* Müll. Arg., Graph. Féean. (1887) p. 4.

Thallus crustaceus, uniformis, epiphloeodes aut rarius hypophloeodes, hypothallo aut hyphis medullaribus substrato affixus, rhizinis nullis, *strato corticali* haud evoluto aut evanescente parumque distincto aut raro bene evoluto, ex hyphis longitudinalibus tenuibus leptodermaticis conglutinatis formato, *strato medullari* stuppeo, toto gonidia continente aut (in speciebus thallo crassiore instructis) parte inferiore gonidiis destituto, ex hyphis contexto tenuibus, leptodermaticis. *Gonidia* chroolepoidea (Trentepohliae umbrinae similia: Bornet, Rech. Gon. Lich. 1873 p. 10 et 11), cellulis minutis, anguloso-subglobosis aut ellipsoideis aut parcius etiam oblongis, saltem primum concatenatis, filamenta saepe parce ramosa formantibus, demum saepe pro parte etiam liberis, membrana sat tenui aut raro crassiuscula, vulgo flavovirescentia. *Apothecia* thallo innata (aut parte inferiore substrato immersa), immersa permanentia aut demum emergentia adpressave, elongata aut raro rotundata, simplicia aut varie et interdum (Glyphis) in pseudostroma confluentia, disco rimaeformi clausoque aut aperto dilatatove. *Perithecium* bene evolutum aut evanescens, obscuratum aut pallidum, ex hyphis tenuibus sat leptodermaticis conglutinatis formatum, labiis conniventibus aut hiantibus distantibusve, nudis aut thallo immersis aut *amphithecio* thallino, textura thallo consimili, gonidia continente, aut evanescente et gonidiis destituto obductis. *Paraphyses* numerosae, neque ramosae, nec connexae aut rarissime pro parte parce connexae (in Gr. glaucescenti Fée), apice haud aut parum incrassatae, haud spinuloso-verruculosae, rectae aut sat rectae, gelatinam in KHO vulgo turgescentem percurrentes. *Asci* clavati aut oblongi, membrana vulgo tenui, 8—1:spori aut rarissime „polyspori" (in Gr. fusisporella: Nyl., Fl. 1866 p. 292). *Sporae* fusiformes aut oblongae aut ellipsoideae aut ovoideae aut elongatae aut raro globosae, pluriseptatae et loculis lenticularibus, aut murales aut rarissime „1-septatae" (Nyl., Fl. 1866 p. 292, Lich. Guin. p. 50), decolores aut obscuratae, vulgo jodo violaceo-caerulescentes aut primum caerulescentes aut raro haud reagentes (ceterum hymenium jodo non reagens). „*Pycnoconidia* oblonga aut cylindrica bacillariave. *Sterigmata* exarticulata aut pauciarticulata (Linds., l. c., Tuck., l. c.).

Subg. I. **Phaeographina** (Müll. Arg.) Wainio. *Hymenium* bene oleosum, minus pellucidum. *Sporae* murales, demum obscuratae.

Phaeographina Müll. Arg., Lich. Beitr. (Fl. 1882) n. 476, Graph. Féean. (1887) p. 4 et 47.

Sect. 1. **Diploloma** Müll. Arg. *Perithecium* fusco-nigrum, bene evolutum, integrum vel etiam basi completum, labiis arcte conniventibus, extus saltem partim thallo aut amphithecio thallino obductis. *Discus* rimaeformis.

Phaeographina sect. *Diploloma* Müll. Arg., Lich. Beitr. (Fl. 1882) n. 478.

1. **Gr. phaeospora** Wainio (n. sp.).

Thallus crassitudine mediocris, albidus aut glaucescens. *Apothecia* vulgo sat approximata, simplicia aut parce ramosa, vulgo elongata, aut pro parte oblonga, curvata aut flexuosa, long. circ. 7—2, latit. 0,7—0,5 millim., elevata, basi abrupta. *Perithecium* fuligineum, integrum, labiis conniventibus, clausis, latere amphithecio thallino obductis, superne denudatis et vulgo tenuiter pruinosis, saepe demum sulca una longitudinali striatis aut pro parte sat laevigatis. *Discus* rimaeformis, inconspicuus. *Sporae* vulgo 6:nae, aut abortu pauciores, demum testaceofuscescentes testaceaeve, murales, long. circ. 0,080—0,110, crass. 0,016—0,022 millim.

Ad corticem arborum prope Sitio (1000 metr. s. m.) in civ. Minarum, n. 682. — Habitu vix differt a Gr. vestita (Müll. Arg.) Wainio (Müll. Arg., Graph. Fécan. p. 39). — *Thallus* subcontinuus, leviter verruculoso-inaequalis, nitidiusculus aut subopacus, KHO non reagens. *Gonidia* chroolepoidea, membrana sat tenui. *Hymenium* oleosum. *Epithecium* fuscofuligineum. *Paraphyses* 0,0015 millim. crassae, apice haud incrassatae, haud ramosae. *Sporae* elongatae, apicibus rotundatis aut obtusis, halone nullo indutae, cellulis numerosis.

2. **Gr. includens** Wainio (n. sp.).

Thallus crassitudine mediocris, glaucescens vel cinereo-glaucescens. *Apothecia* partim approximata, simplicia aut raro parce ramosa, elongata aut oblonga, curvata aut flexuosa aut pro parte recta, long. circ. 3—0,7, latit. circ 0,4—0,7 millim., thallo subimmersa aut vulgo leviter elevata aut conferta et verrucas majusculas irregulares formantia. *Perithecium* fuligineum, integrum, labiis conniventibus, clausis, laevigatis, thallo aut amphithecio thallino omnino obductum. *Discus* rimaeformis, inconspicuus. *Sporae* solitariae, demum obscuratae, murales, long. circ. 0,070—0,110, crass. 0,020—0,045 millim.

Ad corticem arboris prope Sitio (1000 metr. s. m.) in civ. Minarum, n. 765. — *Thallus* subcontinuus, verruculosus et grosse verrucoso-rugosus, verrucis apothecia continentibus, nitidiusculus, KHO olivaceo-rufescens. *Gonidia* chroolepoidea, circ. 0,010—0,006 millim. crassa, membrana sat tenui. *Hypothecium* subhymeniale tenue, albidum. *Paraphyses* 0,0015 millim. crassae, apice haud incrassatae, haud ramosae. *Sporae* oblongae, apicibus rotundatis, pariete haud incrassato, cellulis numerosissimis, jodo violaceo-caerulescentes.

Sect. 2. **Leucogramma** (Mass.) Wainio. *Perithecium* subpallidum, labiis bene evolutis, arcte conniventibus, extus partim amphithecio thallino obductis. *Discus* rimaeformis.

Leucogramma Mass., Esam. Comp. Gen. (1860) p. 39 (haud Mey., Entw. Flecht. 1825 p. 331). *Phaeographina* sect. *Chrooloma* Müll. Arg., Lich. Beitr. (Fl. 1882) n. 484.

3. **Gr. chrysentera** Mont. in Ann. Sc. Nat. 2 sér. Bot. Tom. XVIII (1842) p. 269 (Gr. chrysenteron), Syllog. (1856) p. 345 (mus. Paris.); Nyl., Lich. Nov.-Gran. Addit. (1867) p. 333, Syn. Lich. Nov. Caled. (1868) p. 78.

Thallus tenuis, pallido-glaucescens [aut glaucescenti-albidus]. *Apothecia* elevata, sat approximata, elongata, circ. 6—1,5 millim. longa, 0,6—0,4 millim. lata, simplicia aut ramosa, saepe flexuosa curvatave. *Perithecium* pallidum aut pallido-fulvescens, basi tenue, labiis conniventibus, leviter longitrorsum striatis, parte superiore denudatis, extus subalbidis, lateribus amphithecio thallino obductis. *Discus* rimaeformis, inconspicuus. *Sporae* 8:nae aut abortu pauciores, murales, obscuratae, long. circ. 0,042—0,056 [„—0,068"], crass. 0,013—0,016 millim.

Ad corticem arboris in Carassa (1400 metr. s. m.) in civ. Minarum parce lecta, n. 1352. — *Thallus* sat laevigatus, nitidulus, KHO primum leviter lutescens, dein leviter rubescens. *Perithecium laterale* crassum. *Hypothecium subhymeniale* albidum, tenue. *Hymenium* oleosum. *Epithecium* fuscescens. *Paraphyses* 0,001—0,0015 millim. crassae, haud ramosae aut interdum ad marginem hymenii apicibus breviter ramulosis. *Sporae* oblongae, apicibus rotundatis, halone 0,002—0,003 millim. crasso indutae, cellulis numerosis, septis transversalibus circ. 7—12, cellulis circ. 4—3 in quavis serie transversali, jodo subvinose obscuratae.

Sect. 3. **Eleutheroloma** Müll. Arg. *Perithecium* evanescens aut dimidiatum, labiis demum hiantibus distantibusve, thallo immersis aut demum leviter emergentibus aut amphithecio thallino obductis. *Discus* demum apertus dilatatusque, thallum subaequans aut emergens, margine thallum leviter superante cinctus.

Phaeographina sect. *Eleutheroloma* Müll. Arg., Lich. Beitr. (Fl. 1882) n. 482, Graph. Féean. (1887) p. 48.

4. **Gr. scalpturata** Ach., Syn. Lich. (1814) p. 86. *Phaeographina* Müll. Arg., Graph. Féean. (1887) p. 48.

Thallus tenuis aut hypophloeodes, glaucescens aut pallido- vel olivaceo-glaucescens. *Apothecia* saepe approximata aut aggregata, elongata aut parce etiam oblonga ellipsoideave, circ. 10—0,5 millim. longa, circ. 0,9—0,3 millim. lata, simplicia aut ramosa, saepe flexuosa curvatave, thallo immersa aut leviter emergentia.

Discus planiusculus, fusco- aut livido-nigricans, pruinosus aut epruinosus, immarginatus aut margine thallino cinctus aut etiam margine proprio tenui, disco concolore instructus. *Sporae* solitariae, murales, obscuratae, long. circ. 0,078—0,160, crass. 0,014—0,034 millim.

Ad corticem arborum prope Sitio (1000 metr. s. m.), n. 550 et 841, et in Carassa (1400 metr.), n. 1249, in civ. Minarum. — *Thallus* sublaevigatus aut leviter inaequalis, nitidiusculus, KHO primum leviter lutescens et demum rubescens. *Gonidia* chroolepoidea, circ. 0,010—0,008 millim. crassa, membrana sat tenui. *Perithecium* evanescens aut tenuissimum, fulvescens aut albidum aut in basi fuscofuligineum (in n. 1249). *Hymenium* oleosum, jodo lutescens, sporis junioribus violascentibus. *Epithecium* fuscescens aut olivaceum. *Paraphyses* 0,0015 millim. crassae, simplices aut nonnullae summo apice brevissime ramosae (in n. 550). *Sporae* oblongae, apicibus rotundatis, pariete tenui, septis transversalibus primariis circ. 16—24, cellulis numerosissimis, in serie transversali circ. 6—8.

Var. **supposita** Nyl., Fl. 1869 p. 123; Krempelh., Fl. 1876 p. 382 (coll. Glaz. n. 2178: hb. Warm.).

Apothecia disco fusconigro, epruinoso, parte basali perithecii nigricante. Ad corticem arboris prope Rio de Janeiro, n. 27. — *Perithecium* tenue, latere pallidum aut parte summa fuscescens fuligineumve, parte basali tenui fuliginea aut in aliis apotheciis pallida. *Paraphyses* haud ramosae (KHO et spir. aether. et $H_2 SO_4$). *Sporae* solitariae, long. 0,078—0,090, crass. 0,014—0,024 millim.

***Gr. caesiopruinosa** Fée, Bull. Soc. Bot. Fr. XXI (1874) p. 30 (coll. Glaz. n. 5001: hb. Warm.); Krempelh., Fl. 1876 p. 447. *Phaeographina* Müll. Arg., Graph. Féean. (1887) p. 49.

Thallus fere hypophloeodes, macula pallido-glaucescente aut glauco-virescente indicatus [aut raro lateritius]. *Apothecia* saepe approximata aut aggregata, elongata aut parce etiam oblonga ellipsoideave, circ. 5—0,7 millim. longa, 0,8—0,3 millim. lata, simplicia aut ramosa confluentiaque, saepe flexuosa curvatave, thallo immersa aut leviter emergentia. *Discus* planiusculus, 0,7—0,3 millim. latus, fusco- aut livido-nigricans, vulgo crebre aut tenuiter pruinosus, aut rarius epruinosus, margine proprio caesiopruinoso aut nigricante, crassiusculo aut mediocri cinctus. *Sporae*

8—4:nae, murales, obscuratae, long. circ. 0,043—0,088, crass. 0,012—0,018 millim.

Ad corticem arborum prope Sitio (1000 metr. s. m.), in civ. Minarum, n. 875, 1069. — *Thallus* sublaevigatus aut levissime verruculoso-inaequalis, nitidiusculus, substrato immixtus, KHO leviter lutescens et demum leviter rubescens. *Gonidia* chroolepoidea, membrana sat tenui. *Perithecium* sat bene evolutum, dimidiatum, in latere aut in parte superiore lateris fuligineum, parte inferiore pallidum fulvescensve aut albidum, basi saepe tenuissimum, labiis strato thallino obductis. *Hymenium* oleosum, jodo lutescens, sporis junioribus violascentibus. *Epithecium* fuscescens aut sordidum. *Paraphyses* 0,0015 millim. crassae, laxe cohaerentes, haud ramosae. *Sporae* oblongae elongataeve, rectae aut leviter curvatae, apicibus obtusis rotundatisve, septis transversalibus circ. 8—16, cellulis numerosissimis.

5. **Gr. lecanographa** Nyl., Fl. 1869 p. 123; Krempelh., Fl. 1876 p. 446 (hb. Warm., mus. Paris.).

Thallus tenuis aut sat tenuis, vulgo albidus. *Apothecia* sat approximata, rotundata aut ellipsoidea aut pro parte oblonga, long. 0,5—1, raro —2 millim., crass. 0,5—0,8 millim., simplicia, interdum curvata. *Discus* dilatatus, planiusculus aut concaviusculus, nigricans, amphithecio thallino, perithecium evanescens obducente, elevato, labiis hiantibus instructo cinctus. *Sporae* solitariae, murales, demum obscuratae, long. circ. 0,082—0,115 [„—0,150“], crass. 0,030—0,040 [„—0,050“] millim.

Ad ramulos arborum in Carassa (1400 metr. s. m.) in civ. Minarum parce lecta, n. 1345. — *Thallus* subcontinuus aut dispersus, verruculoso-inaequalis, KHO lutescens, saepe partim hypothallo nigricante limitatus. *Gonidia* chroolepoidea, circ. 0,008 millim. crassa, membrana sat tenui. *Perithecium* evanescens, tenuissimum, in labiis lutescens fulvescensve et superne parte brevi fuscescens. *Hypothecium subhymeniale* albidum. *Hymenium* oleosum, jodo lutescens, parte tenui laterali caerulescente, sporis maturis violascentibus. *Epithecium* fuscofuligineum aut fusco-rufescens, KHO non reagens. *Paraphyses* 0,0015 millim. crassae, apice haud incrassatae, haud ramosae. *Sporae* oblongae, apicibus rotundatis, halone sat crasso bene pellucido (reagentiis conspicuo) indutae.

Subg. II. **Graphina** (Müll. Arg.) Wainio. *Hymenium* haud aut parum oleosum, sat pellucidum. *Sporae* murales, decolores.

Graphina Müll. Arg., Lich. Beitr. (Fl. 1880) n. 143, Graph. Féean. (1887) p. 4 et 38.

Sect. 1. **Hololoma** Wainio. *Perithecium* fuligineum, integrum vel etiam basi completum, labiis conniventibus. *Discus* rimaeformis.

Graphina sect. 1 et 2 Müll. Arg., Graph. Féean. (1887) p. 38.

6. **Gr. Acharii** Fée, Ess. Crypt. Écorc. (1824) p. 39, tab. X fig. 4. *Graphina Acharii* Müll. Arg., Lich. Beitr. (Fl. 1886) n. 1031, Graph. Féean. (1887) p. 38. *Opegrapha rigida* Fée, l. c. (1824) p. 29. *Graphis rigida* Nyl., Lich. Nov.-Gran. ed. 2 (1863) p. 360; Krempelh., Fl. 1876 p. 381.

Thallus sat tenuis aut mediocris, albidus aut glaucescenti-vel cinerascenti-albicans. *Apothecia* sat approximata, elongata, long. circ. 5—1 (—0,5) millim., latit. circ. 0,5—0,2 millim., vulgo simplicia, aut pro parte ramosa, flexuosa curvatave, primum thallo immersa, demum elevata, basi demum sat abrupta aut amphithecio sensim in thallum abeunte. *Perithecium* fuligineum, integrum, primum thallo immersum, demum elevatum et amphithecio thallino obductum, superne demum plus minusve denudatum, labiis conniventibus, demum distincte pluristriatis, striis primum amphithecio obtectis et extus inconspicuis. *Discus* rimaeformis, nigricans aut inconspicuus. *Sporae* 8:nae — solitariae, decolores, murales, long. circ. 0,040—0,080 millim. [—„0,135“ millim., observante Müll. Arg., l. c.], crass. 0,014—0,030 millim.

Ad corticem arborum prope Sitio (1000 metr. s. m.), n. 1014, et in Carassa (1400 metr.), n. 1341 et 1536. — Species est valde variabilis. *Thallus* leviter verruculoso-inaequalis aut sat laevigatus, vulgo leviter nitiusculus, KHO non reagens aut pallescens. *Gonidia* chroolepoidea, circ. 0,008—0,006 millim. crassa, membrana sat tenui. *Perithecium* interdum demum basi tenue (in n. 1014). *Hypothecium subhymeniale* pallidum albidumve, tenue. *Hymenium* circ. 0,120 millim. crassum. *Epithecium* fuscescens nigricansve aut decoloratum. *Paraphyses* 0,0015 millim. crassae, apice haud incrassatae, haud ramosae. *Sporae* 8—4:nae (in n. 1536) aut binae (in n. 1341) aut solitariae (in n. 1014), oblongae aut fusiformi-oblongae, apicibus obtusis, halone nullo indutae, cellulis numerosissimis, jodo violaceo-caerulescentes.

***Gr. subvestita** Wainio. *Graphina Acharii* var. *vestita* Müll. Arg., Graph. Féean. (1887) p. 39. *Graphis vernicosa* Nyl., Lich. Nov.-Gran. ed. 2 (1863) p. 361 (haud Opegr. vernicosa Fée).

Thallus sat tenuis aut mediocris, sordide aut glaucescenti-albicans. *Apothecia* approximata [aut solitaria], elongata aut oblonga, long. circ. 20—0,5 millim., latit. 0,3—1 millim., simplicia aut interdum ramosa, flexuosa curvatave aut recta, bene elevata, basi abrupta aut subconstricta. *Perithecium* fuligineum, integrum, amphithecio thallino omnino obductum aut rarius demum superne solum pruinosum, labiis conniventibus, extus haud striatis, striis paucis perithecii omnino amphithecio obtectis. *Discus* rimaeformis, inconspicuus. *Sporae* „8:nae — solitariae, decolores, murales, long. circ. 0,060—0,145, crass. 0,014—0,034 millim.“ (Nyl., cet.).

Ad corticem arboris prope Sitio (1000 metr. s. m.) in civ. Minarum, n. 933. — Specimina nostra ad statum typicum haud pertinent. *Apothecia* 0,5—1 (—2) millim. longa. *Sporae* 4:nae, long. 0,060—0,072, crass. 0,014—0,016 millim., pariete tenui.

7. **Gr. albostriata** Wainio (n. sp.).

Thallus sat tenuis, albidus. *Apothecia* sat approximata, oblonga aut ellipsoidea aut elongata, circ. 1,5—0,5 millim. longa, 0,6—0,4 millim. lata, simplicia aut interdum furcata, recta aut flexuosa curvatave, demum leviter elevata. *Perithecium* fuligineum, basi tenue fuscescensque, labiis conniventibus, pluristriatis, strato thallino albido superne tenui omnino obductis, leviter elevatis. *Discus* rimaeformis, inconspicuus. *Sporae* solitariae, decolores, murales, long. circ. 0,060—0,100, crass. 0,018—0,030 millim.

Ad corticem arboris in Carassa (1400 metr. s. m.) in civ. Minarum, n. 1538. — Inter Gr. dealbatam et Gr. Acharii est intermedia, habitu priori subsimilis. — *Thallus* verruculoso-inaequalis, subopacus, KHO lutescens et demum fulvescens vel aurantiacus. *Gonidia* chroolepoidea, circ. 0,010—0,008 millim. crassa, membrana sat tenui. *Hypothecium subhymeniale* albidum pallidumve, tenue. *Epithecium* pallidum aut fuscescens aut nigricans. *Paraphyses* 0,0015 millim. crassae, apice haud incrassatae, haud ramosae. *Sporae* oblongae, apicibus rotundatis, cellulis numerosissimis, jodo caeruleo-violascentes.

8. **Gr. pseudosophistica** Wainio (n. sp.).

Thallus crassitudine mediocris aut sat tenuis, glaucescens aut albidus. *Apothecia* sat approximata, vulgo elongata, long. circ. 4—0,5 millim., simplicia aut parce ramosa, flexuosa curvatave, thallo immersa aut demum levissime elevata. *Perithecium* integrum, fuligineum, thallo immersum et amphithecio thallino demum levissime elevato omnino obductum aut demum superne angustissime denudatum, labiis conniventibus, haud distincte aut parcissime striatis. *Discus* rimaeformis, inconspicuus. *Sporae* solitariae, decolores, murales, long. circ. 0,042—0,150, crass. 0,010 —0,055 millim.

Ad corticem arborum prope Sitio (1000 metr. s. m.), n. 757, 1003, et in Carassa (1400 metr.), n. 1404, in civ. Minarum. — Affinis Gr. sophisticae, Acharii et analogae, at perithecio immerso, haud aut vix denudato, et sporis ab iis differens. *Thallus* leviter verruculoso-inaequalis aut sat laevigatus, opacus aut nitidiusculus, KHO non reagens. *Gonidia* chroolepoidea, circ. 0,008 —0,006 millim. crassa, membrana sat tenui. *Perithecium* integrum, basi crassum. *Hypothecium subhymeniale* albidum, tenue. *Hymenium* circ. 0,120—0,150 millim. crassum. *Epithecium* fuscescens aut passim pallidum. *Paraphyses* 0,0015 millim. crassae, apice haud incrassatae, gelatinam in KHO turgescentem laxamque percurrentes, haud ramosae. *Sporae* oblongae, apicibus rotundatis aut obtusis, pariete sat tenui, cellulis numerosissimis, jodo caeruleo-violascentes.

9. **Gr. macella** Krempelh., Fl. 1876 p. 380 (coll. Glaz. n. 6289: hb. Warm.).

Thallus tenuis, albidus aut glaucescenti-albidus. *Apothecia* approximata, oblonga aut ellipsoidea, circ. 2—0,5 millim. longa, 0,4—0,2 millim. lata, vulgo simplicia, recta aut rarius leviter flexuosa, elevata. *Perithecium* fuligineum, integrum, demum pluristriatum, amphithecio evanescente ad instar pruinae obductum, fere denudatum, elevatum, labiis conniventibus. *Discus* rimaeformis, vulgo parum conspicuus. *Sporae* solitariae, decolores, murales, long. circ. 0,070—0,078, crass. 0,020—0,022 millim.

Ad truncos Velloziae in montibus Carassae (1500 metr. s. m.) in civ. Minarum, n. 1457. — *Thallus* leviter verruculoso-inaequalis aut sat laevigatus, opacus aut leviter nitidiusculus, KHO parum reagens. *Gonidia* chroolepoidea, membrana tenui. *Perithecium* crassum, integrum. *Hypothecium subhymeniale* albidum, tenue. *Hymenium* circ. 0,100—0,120 millim. crassum. *Epithecium* olivaceum aut olivaceo-fuligineum. *Paraphyses* 0,0015 millim. crassae, apice levissime incrassatae, gelatinam in KHO turgescentem laxamque percurrentes, haud ramosae. *Sporae* oblongae, apicibus rotundatis, pariete tenui aut crassiusculo, cellulis numerosissimis, jodo caeruleo-violascentes.

10. **Gr. hemisphaerica** Wainio (n. sp.).

Thallus crassitudine mediocris, fuscescens aut cinereo-fuscescens. *Apothecia* sat approximata, elevata, hemisphaerica aut rarissime subellipsoidea, diam. 1—0,5 millim., basi sat abrupta. *Perithecium* fuligineum, integrum, amphithecio thallino laevigato omnino obductum, labiis arcte conniventibus, laevigatis. *Discus* rimaeformis, inconspicuus, rima simplice aut interdum divisa. *Sporae* solitariae, decolores aut demum pallidae, murales, long. circ. 0,082—0,126, crass. 0,020—0,031 millim.

Ad rupem itacolumiticam in Carassa (circ. 1400—1500 metr. s. m.) in civ. Minarum, n. 1268. — *Thallus* areolato-diffractus, areolis minutis, planis aut convexiusculis. *Apothecia* thallo concoloria. *Amphithecium* gonidia continens. *Hypothecium subhymeniale* albidum, tenue. *Epithecium* decoloratum aut olivaceum. *Hymenium* jodo non reagens, sporis violaceo-caerulescentibus. *Paraphyses* 0,001 millim. crassae, apice haud incrassatae, sat laxe cohaerentes, haud ramosae. *Sporae* elongatae oblongaeve aut fusiformi-oblongae, apicibus obtusis rotundatisve, pariete incrassato, cellulis numerosissimis.

11. **Gr. Carassensis** Wainio (n. sp.).

Thallus crassitudine mediocris aut sat tenuis, albidus aut sordide albicans. *Apothecia* subsolitaria aut sat approximata, circ. 1,5—0,7 millim. longa, 0,4 millim. lata, vulgo simplicia, recta aut flexuosa, elevata, basi abrupta aut leviter constricta. *Perithecium* fuligineum, integrum, amphithecio thallino laevigato obductum, demum superne angustissime denudatum pruinosumque, labiis arcte conniventibus, laevigatis. *Discus* rimaeformis, inconspicuus. *Sporae* solitariae, decolores, murales, long. circ. 0,048—0,080, crass. 0,016—0,020 millim.

Ad rupem itacolumiticam in Carassa (circ. 1400—1500 metr. s. m.) in civ. Minarum, n. 1467. — *Thallus* leviter verruculoso-inaequalis, sat opacus, KHO non reagens. *Gonidia* chroolepoidea, circ. 0,010—0,008 millim. crassa, membrana sat tenui. *Hymenium* jodo lutescens, sporis violaceo-caerulescentibus. *Paraphyses* 0,001 millim. crassae, apice haud incrassatae, haud ramosae. *Sporae* fusiformi-oblongae, apicibus obtusis, cellulis numerosissimis, circ. 3—6 in seriebus transversalibus, septis transversalibus circ. 10—18.

12. **Gr. Ruiziana** (Fée) Mass., Mem. Lich. (1853) p. 111; Nyl., Lich. Exot. (1859) p. 226, Lich. Nov.-Gran. (1863) p. 464, Lich. Nov.-Gran. Addit. (1867) p. 329 (mus. Paris.). *Opegrapha* Fée, Ess. Crypt. Écorc. (1824) p. 27. *Graphina* Müll. Arg., Lich. Beitr. (Fl. 1880) n. 138, Graph. Féean. (1887) p. 38.

Thallus tenuis, glaucescens aut glaucescenti-albidus. *Apothecia* vulgo sat approximata, vulgo oblonga, long. 2—0,8 (—0,5) millim., 0,3—0,25 millim. lata, simplicia aut raro parce ramosa, recta aut leviter flexuosa, elevata, basi abrupta aut leviter constricta. *Perithecium* fuligineum, integrum, elevatum, denudatum aut basi anguste amphithecio thallino tenui obductum, labiis conniventibus, diu clausis, laevigatis. *Discus* rimaeformis, inconspicuus. *Sporae* 8:nae [—„4:nae"], decolores, murales, long. circ. 0,044—0,054 millim. [„0,030—0,070" millim.], crass. 0,017—0,022 millim.

Ad corticem arbusti in Carassa (1400 metr. s. m.) in civ. Minarum, n. 1454. — *Thallus* vulgo sat laevigatus, sat opacus, KHO olivaceus vel olivaceo-rufescens. *Gonidia* chroolepoidea, circ. 0,008—0,006 millim. crassa, membrana sat tenui. *Hymenium* parce oleosum, jodo lutescens. *Paraphyses* 0,001 millim. crassae, apice haud incrassatae, parce ramosae et parce connexae, pro parte subsimplices (in spir. aether. et KHO). *Sporae* oblongae, apicibus obtusis, cellulis numerosis, jodo violaceo-caerulescentes et demum obscure vinose rubentes, septis transversalibus circ. 10„—15" (Müll. Arg., l. c.).

Sect. 2. **Hemiloma** Wainio. *Perithecium* fuligineum, dimidiatum basive apothecii deficiens, labiis conniventibus. *Discus* rimaeformis aut angustissimus.

Graphina sect. 3 et 4 Müll. Arg., Graph. Féean. (1887) p. 39 et 40.

13. **Gr. elongata** Wainio (n. sp.).

Thallus tenuis aut sat tenuis, albidus. *Apothecia* aggregata, radiatim disposita, vulgo dichotome ramosa, elongata, circ. 10—3 millim. longa, circ. 0,18—0,1 millim. lata, subrecta aut rarius flexuosa, thallo immersa. *Perithecium* fuligineum, dimidiatum, thallo immersum, superne denudatum, labiis conniventibus, thallum subaequantibus, parce parumque distincte striatis, epruinosis. *Discus* rimaeformis, nigricans, aut inconspicuus. *Sporae* 4—2:nae, decolores, murales, long. circ. 0,028—0,038, crass. 0,014—0,015 millim.

Ad corticem arborum prope Sitio (1000 metr. s. m.) in civ. Minarum, n. 782. — *Thallus* sat laevigatus aut leviter verruculoso-inaequalis, opacus aut levissime nitidiusculus, KHO levissime lutescens rubescensque aut parum reagens. *Perithecium* basi deficiens. *Hypothecium subhymeniale* albidum aut dilute pallidum, tenue. *Epithecium* fusco-nigrum. *Paraphyses* apice haud incrassatae, haud ramosae. *Sporae* ellipsoideae aut oblongae, apicibus rotundatis, halone nullo aut tenui indutae, cellulis sat numerosis, circ. 4—3 in seriebus transversalibus, septis transversalibus circ. 7—8, jodo caeruleo-violascentes.

14. **Gr. dealbata** Nyl., Fl. 1869 p. 123; Krempelh., Fl. 1876 p. 384 (hb. Warm.).

Thallus crassitudine mediocris aut sat tenuis, albidus aut glaucescenti-albidus. *Apothecia* sat approximata, vulgo elongata, circ. 5—1,5 millim. longa, 0,5 millim. lata, simplicia aut rarius parce ramosa, flexuosa curvatave, thallo immersa aut demum levissime elevata. *Perithecium* fuligineum, dimidiatum, thallo immersum, et amphithecio thallino demum levissime elevato obductum, superne demum sat anguste denudatum et albido-pruinosum, labiis conniventibus. *Amphithecium* superne demum saepe longitrorsum diffractum. *Discus* rimaeformis, inconspicuus. *Sporae* solitariae, decolores, murales, long. circ. 0,048—0,094, crass. 0,018—0,032 millim.

Ad corticem arborum prope Sitio (1000 metr. s. m.) in civ. Minarum, n. 701. — *Thallus* leviter verruculoso-inaequalis, opacus (in specim. orig.) aut leviter nitidiusculus (in specim. nostro), KHO lutescens. *Gonidia* chroolepoidea, circ. 0,008—0,006 millim. crassa, membrana sat tenui. *Perithecium* basi deficiens. *Paraphyses* 0,0015 millim. crassae, haud ramosae. *Sporae* oblongae, apicibus rotundatis, cellulis numerosissimis, circ. 5—6 in quavis serie transversali, septis transversalibus circ. 17, jodo caeruleo-violascentes.

15. **Gr. oryzaeformis** Fée, Ess. Crypt. Écorc. (1824) p. 45, tab. X fig. 2; Nyl., Lich. Nov.-Gran. ed. 2 (1863) p. 264. *Graphina* Müll. Arg., Graph. Féean. (1887) p. 40.

Thallus sat tenuis, albidus aut glaucescens. *Apothecia* sat approximata aut subsolitaria, elongata aut rarius oblonga, long. circ. 5—1,5 (—1) millim., latit. 1—0,5 millim., vulgo simplicia, recta aut parcius leviter flexuosa, elevata, basi abrupta aut leviter subconstricta. *Perithecium* fuligineum, dimidiatum, amphithecio thallino omnino obductum, infra amphithecium extus longitrorsum plurisulcatum, labiis conniventibus, clausis. *Discus* inconspicuus. *Sporae* solitariae, fere decolores, murales, long. circ. 0,136—0,200 millim. [—„0,100“ millim., observante Müll. Arg., l. c.], crass. 0,020—0,035 millim.

Ad corticem arborum prope Sitio (1000 metr. s. m.), n. 803, et in Carassa (1400 metr.), n. 1412, in civ. Minarum. — *Thallus* subcontinuus aut dispersus, verruculoso-inaequalis aut sat laevigatus, opacus aut nitidiusculus, KHO pallido-fulvescens. *Gonidia* chroolepoidea, membrana sat tenui. *Apothecia* saepe demum etiam extus longitrorsum striata. *Perithecium* basi deficiens aut tenuissimum rufescensque. *Hypothecium subhymeniale* albidum aut pallidum, tenue. *Paraphyses* 0,001 millim. crassae, apice haud incrassatae, haud ramosae. *Sporae* oblongae elongataeve, apicibus obtusis, halone tenui saepe indutae, decolores aut demum pallidae (in n. 1412), cellulis numerosissimis, septis transversalibus nonnullis crassioribus, aliis tenuioribus, jodo demum vulgo violaceo-caerulescentes.

16. **Gr. dimidiata** Wainio (n. sp.).

Thallus tenuis aut sat tenuis, albidus. *Apothecia* approximata, elongata aut oblonga, circ. 3—0,5 millim. longa, 0,25—0,2 millim. lata, simplicia aut interdum parce ramosa, flexuosa aut subrecta, leviter elevata. *Perithecium* fuligineum, dimidiatum, parte inferiore amphithecio thallino tenui obductum, superne denudatum epruinosumque, labiis conniventibus, subclausis aut demum anguste hiantibus, laevigatis. *Discus* rimaeformis, inconspicuus aut angustissimus nigricansque. *Sporae* 8:nae, decolores, murales, long. 0,013—0,026, crass. 0,010—0,008 millim.

Ad corticem arboris prope Lafayette (1000 metr. s. m.) in civ. Minarum, n. 332. — *Thallus* sat laevigatus, subopacus, KHO parum reagens. *Gonidia* chroolepoidea, circ. 0,010—0,008 millim. crassa, membrana sat tenui. *Perithecium* basi deficiens. *Hypothecium subhymeniale* pallidum, tenue. *Epithecium* fuscescens. *Paraphyses* 0,0015 millim. crassae, apice haud incrassatae, haud ramosae. *Sporae* ellipsoideae aut ovoideo-ellipsoideae, apicibus rotundatis aut altero apice obtuso, cellulis haud numerosis, 3—2 in seriebus transversalibus, septis transversalibus circ. 3, jodo violaceo-caerulescentes et demum obscure vinose rubentes.

Sect. 3. **Chlorographina** Müll. Arg. *Perithecium* pallidum aut dilutius coloratum, labiis conniventibus. *Discus* rimaeformis aut angustissimus.

Graphina sect. *Chlorographina* Müll. Arg., Lich. Beitr (Fl. 1882) n. 475 (em.), Graph. Féean. (1887) p. 43 (em.).

17. **Gr. frumentaria** Fée, Ess. Crypt. Écorc. (1824) p. 45, tab. X fig. 1. *Graphina* Müll. Arg., Lich. Beitr. (Fl. 1880) n. 147, Graph. Féean. (1887) p. 43.

Thallus sat tenuis, albidus. *Apothecia* sat approximata aut sat solitaria, elongata aut oblonga ellipsoideave, long. circ. 3—0,5 millim., latit. 0,4—0,9 millim., vulgo simplicia, recta aut flexuosa curvatave, elevata, basi vulgo sat abrupta. *Perithecium* basi tenue pallidumque [aut dimidiatum], in labiis pro parte rufescens fuscescensve, ceterum pallidum, amphithecio thallino obductum, labiis conniventibus, haud striatis. *Discus* rimaeformis, inconspicuus. *Sporae* 8:nae, decolores, murales, long. circ. 0,060—0,068 millim. [—„0,045“ millim.: Müll. Arg., l. c.], crass. 0,022—0,028 millim.

Ad corticem arboris in Carassa (1400 metr. s. m.) in civ. Minarum, n. 1229. — *Thallus* leviter verruculosus aut fere laevigatus, vulgo sat opacus, KHO parum reagens. *Apothecia* in specimine nostro solum 1—0,5 millim. longa. *Gonidia* chroolepoidea, circ. 0,010—0,008 millim. crassa, membrana sat tenui. *Epithecium* decoloratum. *Paraphyses* 0,0015—0,001 millim. crassae, apice haud incrassatae, gelatinam copiosam percurrentes, haud ramosae. *Asci* oblongi, apice membrana saepe modice incrassata. *Sporae* fusiformi-oblongae, apicibus obtusis, halone nullo indutae et pariete sat crasso, cellulis numerosis, septis transversalibus circ. 10, seriebus transversalibus circ. 4—5-cellulosis, jodo violaceo-caerulescentes.

Sect. 4. **Thalloloma** (Trev.) Müll. Arg. *Perithecium* pallidum aut obscuratum, tenue evanescensve, labiis demum hiantibus distantibusve, thallo immersis. *Discus* demum apertus dilatatusque, thallum haud superans, margine nullo aut thallum parum superante cinctus.

Thalloloma Trev., Caratt. di 12 nov. gen. (1853) p. 9; Mass., Esam. Comp. Gen. (1860) p. 36. *Graphina* sect. *Thalloloma* Müll. Arg., Lich. Beitr. (Fl. 1882) n. 470 (em.), Graph. Féean. (1887) p. 46 (em.).

18. **Gr. anguinaeformis** Wainio (n. sp.).

Thallus tenuis aut sat tenuis, albidus. *Apothecia* vulgo sat approximata, elongata, long. circ. 2,5—0,5 millim., ramosa aut pro parte simplicia, vulgo flexuosa aut curvata, thallo immersa. *Discus* demum apertus, planiusculus aut concaviusculus, circ. 0,15—0,2 millim. latus, fusconigricans, epruinosus aut raro tenuissime pruinosus, amphithecio tenuissimo, leviter elevato, hiante, demum aperto, cinctus. *Sporae* binae aut solitariae, decolores, murales, long. circ. 0,036—0,056, crass. 0,012—0,022 millim.

Ad corticem arboris in Carassa (1400 metr. s. m.) in civ. Minarum, n. 274. — Habitu subsimilis est Gr. anguinae (Mont.) et Gr. glaucescenti Fée. *Thallus* sat continuus, leviter verruculoso-inaequalis aut sat laevigatus, opacus, KHO leviter flavescens. *Apothecia* margine tenuissimo thallino leviter elevato cincta, demum fere immarginata. *Perithecium* evanescens aut tenuissimum, fuscescens aut pallescens fulvescensve. *Hymenium* circ. 0,120 millim. crassum. *Epithecium* fuscescens. *Paraphyses* arcte cohaerentes, apice haud incrassatae, haud ramosae. *Sporae* ellipsoideo-oblongae, apicibus rotundatis obtusisve, pariete sat tenui, cellulis numerosis, septis transversalibus circ. 9, cellulis in quavis serie transversali circ. 5—3, jodo violaceo-caerulescentes.

19. **Gr. leuconephala** (Nyl.) Krempelh., Fl. 1876 p. 477 (coll. Glaz. n. 3451: hb. Warm.); Tuck., Syn. North Am. II (1888) p. 122. *Fissurina leuconephala* Nyl., Fl. 1869 p. 73.

Thallus hypophloeodes, macula glaucescente aut olivacea indicatus, circa et inter apothecia albidus. *Apothecia* aggregata, elongata, long. circ. 3—0,5 millim., pro parte subramosa confluentiave, flexuosa aut recta, substrato immersa et labiis amphithecii e substrato et thallo formatis, albidis, conniventibus, demum leviter hiantibus, tenuibus, obtecta. *Discus* rimaeformis aut demum leviter dilatatus, pallidus. *Sporae* 8:nae, decolores, murales, long. circ. 0,015—0,022, crass. 0,008—0,010 millim. [„long. 0,014 —0,028, crass. 0,008—0,014 millim.": Tuck., l. c.].

Ad corticem arboris prope Sitio (1000 metr. s. m.) in civ. Minarum, n. 686. — Proxime affinis est Gr. nitidae (Eschw., haud Mont.) Wainio (= Gr. egena Nyl., Lich. Exot. p. 228, teste Müll. Arg., Fl. 1888 p. 508), quae autem diversa sit species, praecipue sporis halone indutis ab ea differens. — *Macula thallina* sat laevigata, nitidiuscula. *Gonidia* chroolepoidea, circ. 0,010 millim. crassa, membrana sat tenui. *Perithecium* indistinctum. *Hypothecium subhymeniale* albidum, tenue. *Paraphyses* 0,0015 millim. crassae, apice haud aut parum incrassatae, haud ramosae, septatae. *Sporae* ovoideo-ellipsoideae aut ellipsoideae, apicibus obtusis aut altero apice rotundato, halone nullo indutae et pariete tenui, septis transversalibus 4—6, cellulis haud numerosis, in serie transversali 2—3, maturae jodo caeruleo-violascentes.

20. **Gr. dehiscens** Wainio (n. sp.).

Thallus crassitudine mediocris, glaucescens aut glauco-virescens. *Apothecia* approximata aut irregulariter aggregata, thallo immersa, elongata, long. 3—1 millim., simplicia aut parce ramosa, flexuosa curvatave. *Perithecium* evanescens. *Discus* apertus, concaviusculus planiusculusve, 0,3—0,15 millim. latus, caesio- aut livido-pallescens, thallo impressus et margine (excipulo) thallino, leviter aut levissime thallum superante cinctus. *Sporae* 8:nae, decolores, murales, long. 0,012—0,018, crass. 0,007—0,010 millim.

Ad corticem arborum prope Lafayette (1000 metr. s. m.) in civ. Minarum, n. 306. — *Thallus* leviter inaequalis aut sat laevigatus, nitidiusculus, KHO parum reagens aut sordide fulvescens. *Gonidia* chroolepoidea, circ. 0,010—0,008 millim. crassa, membrana sat tenui. *Perithecium* laterale indistinctum, basale pallidum tenueque. *Hypothecium subhymeniale* pallidum decoloratumve, tenue. *Hymenium* circ. 0,080 millim. crassum, jodo lutescens, sporis maturis caerulescentibus et demum violacee vinose rubentibus. *Epithecium* livido-rufescens. *Paraphyses* 0,0015 millim. crassae, apice haud incrassatae, arcte cohaerentes, haud ramosae. *Asci* oblongi aut subclavati. *Sporae* ovoideae aut ellipsoideae, apicibus rotundatis aut altero apice obtuso, halone in KHO turgescente indutae, cellulis haud numerosis, 3—2 in seriebus transversalibus, septis transversalibus 5.

21. **Gr. allosporella** Nyl., Fl. 1869 p. 124; Krempelh., Fl. 1876 p. 476 (hb. Warm.); *Graphina* Müll. Arg., Graph. Féean. (1887) p. 47.

Thallus crassitudine mediocris, glaucescens, circa et inter apothecia albidus. *Apothecia* fere radiatim aggregata, elongata, long. circ. 10—1 millim., fere dichotome aut irregulariter ramosa, vulgo flexuosa, thallo immersa. *Discus* apertus, concaviusculus aut planiusculus, circ. 0,1—0,2 millim. latus, caesiopruinosus, margine thallino tenui albido parum elevato cincta aut demum fere immarginata. *Sporae* 8:nae, decolores, murales, long. 0,010—0,013, crass. 0,006—0,008 millim.

Ad corticem arboris prope Lafayette (1000 metr. s. m.) in civ. Minarum, n. 246. — *Thallus* leviter granuloso-inaequalis aut fere laevigatus, KHO testaceo-fulvescens. *Gonidia* chroolepoidea, circ. 0,010—0,008 millim. crassa, membrana sat tenui. *Perithecium* basale (hypotheciumve) fusco-nigricans, laterale deficiens evanescensve. *Hymenium* circ. 0,100 millim. crassum. *Epithecium* pallido-fuscescens. *Paraphyses* 0,0015 millim. crassae, apice haud incrassatae, sat laxe cohaerentes, haud ramosae. *Asci* clavati, membrana tenui. *Sporae* distichae aut monostichae, ellipsoideae, apicibus rotundatis, pariete tenui, septis transversalibus 3, cellulis haud numerosis, jodo caeruleo-violascentes.

22. **Gr. insignis** Wainio (n. sp.).

Thallus crassitudine mediocris aut tenuis, cinerascens aut albido-glaucescens aut roseus. *Apothecia* aggregata, vulgo elongata et bene ramosa, saepe flexuosa aut curvata, long. circ. 4—1 millim., thallo immersa. *Discus* apertus, planiusculus aut concaviusculus, circ. 0,2—0,5 millim. latus, caesio-pruinosus. *Sporae* 8:nae, decolores, murales, long. 0,010—0,016, crass. 0,005—0,008 millim.

Supra herbas et lichenes destructos saxatiles et in ipsa rupe in Carassa (1450 metr. s. m.) in civ. Minarum, n. 1209, 1266. 1447. — *Thallus* leviter verruculoso-inaequalis, nitidiusculus aut subopacus, neque KHO nec I reagens. *Gonidia* chroolepoidea, circ. 0,010—0,006 millim. crassa, membrana sat tenui. *Apothecia* irregulariter aut subradiatim ramosa, immarginata, disco leviter impresso. *Perithecium* tenuissimum evanescensque aut ad basin apothecii distinctum, nigricans aut fuscescens aut fulvorufescens aut partim pallidum. *Hypothecium subhymeniale* tenue, albidum. *Hymenium* circ. 0,090—0,110 millim. crassum. *Epithecium* fuscescens aut fusconigricans. *Paraphyses* 0,001—0,0015 millim. crassae, apice haud incrassatae, haud ramosae (in KHO et H_2SO_4). *Asci* clavati aut subcylindrici, membrana tenui. *Sporae* ellipsoideae aut oblongae, apicibus rotundatis obtusisve, murales, septis transversalibus 3—4, longitud. 1, cellulis haud numerosis, jodo violaceo-caerulescentes aut demum vinose rubentes.

23. **Gr. subcabbalistica** Wainio (n. sp.).

Thallus crassiusculus aut mediocris, glaucescenti-albidus. *Apothecia* approximata, elongata, vulgo ramosa et flexuosa, long. circ. 2—1 millim., thallo immersa. *Discus* demum apertus, planiusculus aut concaviusculus, circ. 0,15—0,25 millim. latus, nigricans, epruinosus. *Sporae* 8:nae, decolores, murales, long. 0,012—0,016, crass. 0,008—0,010 millim.

Ad corticem arboris in Carassa (1400 metr. s. m.) in civ. Minarum, n. 1246. — *Thallus* subcontinuus, verrucoso-inaequalis rugosusque, nitidiusculus aut subopacus, KHO olivaceo-rufescens. *Gonidia* chroolepoidea, circ. 0,008—0,006 millim. crassa, membrana sat tenui. *Apothecia* irregulariter ramosa, margine evanescente, primum passim distincto tenui tenuissimove, fuscescente aut cinerascente, disco thallum subaequante. *Perithecium* fuscescens aut fusco-fuligineum aut passim pallidum, sat tenuis aut tenuissimum evanescensque. *Epithecium* fuscescens. *Paraphyses* 0,0015 millim. crassae, apice leviter incrassatae, arcte cohaerentes, haud ramosae aut raro parce ramoso-connexae, septatae (in H_2SO_4). *Sporae* ellipsoideae, apicibus rotundatis, murales, septis transversalibus 3—4, cellulis haud numerosis, jodo violaceo-caerulescentes, demum obscure vinose rubentes.

Subg. III. **Phaeographis** (Müll. Arg.) Wainio. *Hymenium* bene oleosum, minus pellucidum. *Sporae* pluriseptatae, demum obscuratae, loculis lenticularibus.

Phaeographis Müll. Arg., Lich. Beitr. (Fl. 1882) n. 454, Graph. Féean. (1887) p. 4 et 23.

Sect. 1. **Platygramma** (Meyer) Wainio. *Perithecium* labiis demum hiantibus distantibusve. *Discus* demum apertus dilatatusque, nigricans fuscescensve.

Platygramma Meyer, Entw. Flecht. (1825) p. 332 pr. p. *Phaeographis* sect. 3—6 Müll. Arg., Graph. Féean. (1887) p. 24—27.

24. **Gr. dendritica** Ach., Lich. Univ. (1810) p. 271; Kickx, Mon. Graph. Belg. (1865) p. 9; Nyl., Lich. Nov.-Gran. ed. 2 (1863) p. 364; Leight., Lich. Great Brit. 3 ed. (1879) p. 431. *Phaeographis* Müll. Arg., Lich. Beitr. (Fl. 1882) n. 458, Graph. Féean. (1887) p. 24.

Thallus tenuis aut sat tenuis, albidus aut glaucescenti-albidus. *Apothecia* vulgo approximata, elongata, vulgo ramosa, vulgo flexuosa curvatave, long. circ. 5—1 millim., thallo immersa. *Discus* planiusculus, circ. 0,15—0,4 millim. latus, fuscus aut fusco-nigricans, tenuiter pruinosus aut epruinosus. *Sporae* demum obscuratae, pluri-septatae [septis circ. 9—4], long. circ. 0,018—0,030 [—0,050] millim.

Ad corticem arboris prope Sitio (1000 metr. s. m.) in civ. Minarum, n. 911. — *Thallus* sat laevigatus, opacus, KHO primum lutescens, dein rubescens. *Gonidia* chroolepoidea, circ. 0,010 —0,008 millim. crassa, membrana sat tenui aut sat crassa. *Apothecia* immarginata aut margine thallino levissime elevato tenui cincta. *Perithecium* tenue, fuscescens, latere fere evanescens. *Hymenium* circ. 0,090 millim. crassum, sordidum, oleosum, jodo non reagens. *Epithecium* fusco-nigrum. *Paraphyses* arcte cohaerentes, apice haud aut levissime incrassatae, neque ramosae, nec connexae (in spir. aether. et KHO conspicuae). *Sporae* 8:nae, oblongo- aut elongato-ovoideae, altero apice rotundato, altero acuto, loculis lenticularibus, jodo violascentes, in specimine nostro 6—7 (—4)-septatae.

25. **Gr. lobata** (Eschw.) Wainio. *Leiogramma lobatum* Eschw. in Mart. Fl. Bras. (1833) p. 100. *Phaeographis lobata* Müll. Arg., Lich. Beitr. (Fl. 1882) n. 459, Rev. Lich. Eschw. (1884) n. 19, Fl.

1888 p. 523, Lich. Beitr. (1888) n. 1421. *Graphis patellula* Krempelh., Fl. 1876 p. 416 (coll. Glaz. n. 5468: hb. Warm.), haud Fée.

Thallus hypophlocodes, macula pallido- aut olivacco-glaucescente indicatus. *Apothecia* solitaria, rotundata, aut raro pro parte ellipsoidea, diam. 1,2—0,5 millim., substrato immersa aut demum leviter emergentia. *Discus* planus, nigricans aut fusconigricans, vulgo tenuiter caesio-pruinosus, aut raro nudus, margine tenui nigro cinctus. *Sporae* demum obscuratae, circ. 9—6-septatae, long. 0,026—0,030, crass. 0,008—0,009 millim.

Ad corticem arborum prope Rio de Janeiro et ad Sepitiba in eadem civitate, n. 161, 205, 481. — *Thallus* hypothallo nigricante partim limitatus. *Gonidia* substrato inclusa, chroolepoidea, circ. 0,008—0,006 millim. crassa, membrana sat tenui. *Perithecium* bene evolutum, fuligineum, dimidiatum, basi deficiens. *Hypothecium subhymeniale* albidum, tenue. *Hymenium* jodo dilute violascens, sporis intense violascentibus. *Epithecium* fusco-fuligineum. *Paraphyses* 0,0015 millim. crassae, apice haud incrassatae, haud ramosae aut nonnullae parce ramoso-connexae. *Asci* oblongi aut subclavati. *Sporae* 8—4:nae, oblongae, apicibus rotundatis aut obtusis, pariete crassiusculo, in KHO turgescente, loculis lenticularibus.

26. **Gr. medusaeformis** Krempelh., Fl. 1876 p. 416 (hb. Warm.). *Phaeographis* Müll. Arg., Lich. Beitr. (Fl. 1882) n. 459.

Thallus tenuis aut hypophlocodes, glaucescens aut pallidoglaucescens, inter et circa apothecia albidus. *Apothecia* aggregata, radiato-ramosa, flexuosa curvatave, thallo immersa. *Discus* planiusculus aut concaviusculus, circ. 0,2—0,3 millim. latus, lividoaut caesio-pruinosus. *Sporae* obscuratae, 5—7-septatae, long. circ. 0,022—0,028, crass. 0,008—0,010 millim.

Ad corticem arboris in Carassa (1400 metr. s. m.) in civ. Minarum, n. 1323. — Affinis est Gr. inustae Ach. (Nyl., Syn. Lich. Cal. p. 73), quae praecipue thallo magis evoluto et apotheciis minus flexuosis ab ea differt, at forsan in eam transit. Gr. medusulaeformis (Nyl., Lich. Nov.-Gran. p. 468) item est diversa, thallo cum Gr. inusta et apotheciorum forma cum Gr. intricante congruens. — *Thallus* sat laevigatus, nitidiusculus, KHO primum leviter lutescens et demum leviter rubescens. *Apothecia* fere immarginata. *Perithecium* laterale evanescens aut tenuissimum fulvescensque. basi magis evolutum fulvescensque et KHO rufescenti-rubescens et demum rufescenti-fulvescens. *Hypothecium subhymeniale* fulvescens. *Hymenium* circ. 0,130 millim. crassum, sordidum. *Epithecium* olivaceo-smaragdulum, KHO fuscescens. *Paraphyses* 0,001—0,0015 millim. crassae, apice non aut leviter incrassatae, arcte cohaerentes, neque ramosae, nec connexae (in KHO conspicuae. *Asci* clavati, membrana sat tenui. *Sporae* 8:nae, oblongae, apicibus vulgo rotundatis, aut altero apice obtuso, loculis lenticularibus, jodo violascentes.

27. **Gr. intricans** Nyl., Lich. Nov.-Gran. (1863) p. 473, ed. 2 (1863) p. 372 (mus. Paris.); Krempelh., Fl. 1876 p. 418.

Thallus tenuis, interdum hypophloeodes, glaucescens, et pallidoglaucescens, inter et circa apothecia albidus. *Apothecia* aggregata, vulgo bene radiato- aut reticulato-ramosa confluentiaque, flexuosa curvatave, thallo immersa. *Discus* planiusculus, in radiis circ. 0,15—0,5 millim. latus, centro varie confluenti-dilatatus et radiato- vel reticulato- vel areolato-rimosus, livido- aut caesiopruinosus. *Sporae* obscuratae, 5-septatae, long. circ. 0,014—0,026, crass. 0,006—0,008 (—0,004) millim.

Ad corticem arborum satis frequenter in Brasilia provenit, n. 112, 316, 339, 341, 344, 349, 1327, 1553. — *Thallus* sat laevigatus aut leviter verruculoso-inaequalis, nitidiusculus, KHO primo lutescens, dein rubescens (crystallos rubros formans). *Gonidia* chroolepoidea, circ. 0,010—0,006 millim. crassa, membrana sat tenui. *Apothecia* fere immarginata. *Excipulum* evanescens aut tenuissimum fuscescensque vel pallescens. *Hypothecium subhymeniale* sat bene evolutum, pallidum aut fulvescens, KHO saepe rufescens. *Hymenium* circ. 0,100—0,120 millim. crassum, oleosum sordidumque, jodo lutescens. *Epithecium* passim fuscescens. *Paraphyses* 0,001 millim. crassae, neque connexae, nec ramosae aut (in n. 344) apice brevissime ramulosae (ramulis in epithecio fere dissolutis). *Asci* clavati aut oblongo-clavati, membrana tenui. *Sporae* 8:nae, distichae, oblongae aut parcius ovoideo-oblongae, apicibus rotundatis aut obtusis, loculis lenticularibus. In speciminibus nostris sporas solum 5-septatas observavi, at a Nyl., l. c., sporae in collectione Lindigiana 5—7-septatae indicantur.

28. **Gr. tricosa** Ach., Lich. Univ. (1810) p. 674; Nyl., Lich. Nov.-Gran. Addit. (1867) p. 335; Krempelh., Fl. 1876 p. 417. *Me-*

dusula tricosa Nyl., Fl. 1886 p. 176, Lich. Guin. (1889) p. 32. *Sarcographa tricosa* Müll. Arg., Graph. Féean. (1887) p. 63.

Thallus tenuis aut hypophloeodes, glaucescens, inter et circa apothecia albidus. *Apothecia* aggregata confluentiaque, creberrime et abundater radiato-ramosa, radiis saepe plus minusve flexuosis, reticulatim confluentibus, thallo immersa. *Discus* planiusculus, caesio-pruinosus aut denudatus fusco-nigricansque, centro varie confluenti-dilatatus et radiato-rimosus, in radiis circ. 0,25—0,15 millim. latus. *Sporae* obscuratae, 3-septatae, long. 0,013—0,018, crass. 0,005—0,007 millim.

Ad corticem arborum prope Rio de Janeiro et ad Sepitiba in eadem civitate, n. 120, 461. — *Thallus* sat laevigatus, nitidiusculus, KHO solum in partibus albidis ad apothecia reagens, primum lutescens, dein rubescens. *Apothecia* fere immarginata. *Perithecium* evanescens aut latere tenuissimum fuscescensque. *Hypothecium subhymeniale* tenue, albidum. *Hymenium* jodo lutescens. *Epithecium* sordide pallidum. *Paraphyses* 0,0015 millim. crassae, gelatinam in KHO turgescentem percurrentes, summo apice breviter ramosae ramulosaeque (in n. 461) aut pro parte simplices et pro parte apice ramulosae et ramulis (in gelatinam fere reductis) in H_2SO_4 solubilibus (in n. 120), ceterum simplices, septatae (in H_2SO_4 visae). *Asci* clavati aut ventricoso-oblongi, apice membrana saepe leviter incrassata. *Sporae* 8:nae, distichae, oblongae aut ovoideo-oblongae, apicibus rotundatis, loculis lenticularibus.

Var. **tigrina** (Fée) Wainio. *Sarcographa tigrina* Fée, Ess. Crypt. Écorc. (1824) p. 58, tab. XVI fig. 2; Müll. Arg., Graph. Féean. (1887) p. 63 (secund. descr.).

Apothecia ramis angustioribus (circ. 0,15 millim. latis), disco fusco-nigricante, epruinoso. — Ad corticem arboris prope Rio de Janeiro, n. 28. — *Thallus* hypophloeodes, macula glaucescente indicatus, jodo haud reagens, KHO lutescens et demum crystallos rubros formans. *Apothecia* ramis vulgo disjunctis. *Epithecium* dilute subnigricans. *Paraphyses* apice non aut levissime incrassatae, haud ramosae.

Sect. 2. **Pyrrhographa** (Mass.) Müll. Arg. *Perithecium* labiis demum hiantibus distantibusve. *Discus* demum apertus dilatatusque, sanguineo-rubescens.

Pyrographa Mass., Esam. Comp. Gen. (1860) p. 28. *Phaeographis* sect. *Pyrrhographa* Müll. Arg., Lich. Beitr. (1882) n. 465, Graph. Féean. (1887) p. 27.

29. **Gr. haematites** Fée, Ess. Crypt. Écorc. (1824) p. 45, tab. XII fig. 1; Nyl., Lich. Nov.-Gran. (1863) p. 474, ed. 2 (1863) p. 373, Lich. Nov.-Gran. Addit. (1867) p. 336 (mus. Paris.). *Phaeographis* Müll. Arg., Lich. Beitr. (Fl. 1882) n. 465, Graph. Féean. (1887) p. 27, Fl. 1888 p. 525.

Thallus hypophloeodes, macula glauco-virescente aut pallido-glaucescente indicatus. *Apothecia* approximata aut aggregata, ramosa, elongata, flexuosa curvatave, long. circ. 5—1 [—10] millim., substrato immersa. *Discus* planiusculus aut concaviusculus, circ. 0,2—0,4 millim. latus, sanguineo-rubescens, epruinosus. *Sporae* demum obscuratae, pluri-septatae (septis circ. „5—10", raro —2), „long. circ. 20—38 millim." (Nyl. et Müll. Arg.), crass. 0,008—0,010 millim.

Ad corticem arborum prope Rio de Janeiro, n. 132. — *Gonidia* chroolepoidea, circ. 0,012—0,006 millim. crassa, membrana sat tenui. *Perithecium* dimidiatum aut subdimidiatum, latere rubescenti-fuligineum, KHO virescens et solutionem virescentem effundens, basi tenue et pallidum aut fulvescens aut pallido-rubescens. *Epithecium* rubescenti-fuligineum, KHO virescens. *Paraphyses* 0,0015 millim. crassae, apice haud incrassatae, gelatinam in KHO turgescentem percurrentes, haud ramosae. *Asci* clavati. *Sporae* 8:nae, oblongae, apicibus vulgo rotundatis, loculis lenticularibus, maturae jodo caeruleo-obscuratae, in specimine nostro 5—2-septatae, long. 0,020—0,026 millim.

Subg. IV. **Scolaecospora** Waino. *Hymenium* haud aut parum oleosum, sat pellucidum. *Sporae* septatae, decolores, loculis lenticularibus.

Graphis Müll. Arg., Graph. Féean. (1887) p. 4 et 28.

Sect. 1. **Solenographa** (Mass.) Wainio. *Perithecium* fuligineum, integrum vel etiam basi completum, labiis conniventibus. *Discus* rimaeformis aut angustissimus.

Solenographa Mass., Esam. Comp. Gen. (1860) p. 26. *Graphis* sect. 1 et 2 Müll. Arg., Graph. Féean. (1887) p. 29 et 30.

30. **Gr. angustata** Eschw., Mart. Fl. Bras. (1833) p. 73; Krempelh., Reis. Novar. (1870) p. 109, Lich. Bras. Warm. (1873) p. 27 (hb. Warm.); Müll. Arg., Fl. 1888 p. 509.

Thallus tenuis aut sat tenuis, albidus. *Apothecia* leviter elevata, fere solitaria aut sat approximata, simplicia aut pro parte parce ramosa, elongata, vulgo flexuosa aut varie curvata, long. circ. 3—1 [–5], latit. circ. 0,3 millim. *Perithecium* fuligineum, integrum, labiis conniventibus, superne emergentibus denudatisque, longitrorsum albido-striatis, parte inferiore amphithecio thallode sensim in thallum abeunte aut partim sat abrupto obductum. *Discus* rimaeformis, inconspicuus aut nigricans. *Sporae* decolores, circ. 14—17-septatae, long. circ. 0,054—0,072, crass. 0,011—0,013 millim.

Ad corticem arboris prope Sitio (1000 metr. s. m.) in civ. Minarum, n. 1124. — *Thallus* leviter inaequalis aut sat laevigatus, nitidiusculus [aut subopacus]. *Gonidia* circ. 0,010—0,006 millim. crassa, membrana crassiuscula. *Perithecium* basi sat bene evolutum aut tenue. *Epithecium* fuscescens. *Paraphyses* apice haud incrassatae, haud ramosae. *Sporae* in specimine nostro 4:nae. elongatae, apicibus rotundatis, loculis lenticularibus, jodo violaceo-caerulescentes.

31. **Gr. adpressa** Wainio (n. sp.).

Thallus tenuis aut sat tenuis, albidus. *Apothecia* elevata adpressaque, solitaria, simplicia, elongata aut oblonga, recta aut parcius leviter flexuosa, long. circ. 2,2—0,7, crass. 0,3—0,2 millim. *Excipulum* extus nigrum aut cinereo-nigricans, basi constrictum, labiis conniventibus, laevigatis. *Perithecium* fuligineum, integrum, denudatum aut subdenudatum. *Discus* rimaeformis, inconspicuus. *Sporae* decolores, circ. 11—13-septatae, long. circ. 0,046—0,058, crass. 0,012—0,015 millim.

Ad lignum in Carassa (1400 metr. s. m.) in civ. Minarum, n. 1289. — Habitu simillima est Gr. Ruizianae (Fée). — *Thallus* verruculoso-inaequalis aut partim sat laevigatus, subopacus aut nitidiusculus, KHO non reagens. *Gonidia* chroolepoidea, circ. 0,006 millim. crassa. *Perithecium* maxima parte strato tenuissimo tenuive amorpho semipellucido obductum aut denudatum. *Hypothecium subhymeniale* tenue, albidum. *Paraphyses* 0,001 millim. crassae, apice haud incrassatae, gelatinam sat abundantem percurrentes, haud ramosae. *Sporae* 8:nae, oblongae aut fusiformi-oblongae, apicibus rotundatis aut acutiusculis, pariete crassiusculo, in KHO turgescente, cellulis lenticularibus, jodo violaceo-caerulescentes.

32. **Gr. assimilis** Nyl., Prodr. Lich. Gall. et Alg. (1857) p. 150 (mus. Paris.), Lich. Nov.-Gran. (1863) p. 465, ed. 2 (1863) p. 359 et 262, Lich. Nov.-Gran. Addit. (1867) p. 330, Syn. Lich. Cal. (1868) p. 70; Müll. Arg., Graph. Féean. (1887) p. 31, Fl. 1888 p. 512.

Thallus tenuis aut sat tenuis, albidus. *Apothecia* vulgo sat approximata, ramosa aut simplicia, elongata, vulgo flexuosa curvatave, long. circ. 7—2 [—1], latit. 0,15 [—0,3] millim. *Perithecium* fuligineum, integrum, parte superiore leviter emergens aut parte inferiore amphithecio thallino angusto obductum, superne denudatum, labiis conniventibus [aut raro demum hiantibus], laevigatis, epruinosis aut tenuiter pruinosis. *Discus* rimaeformis, inconspicuus [aut raro demum leviter dilatatus, caesio-pruinosus aut nigricans]. *Sporae* decolores, circ. 5—10-septatae, long. circ. 0,016—0,050, crass. 0,005—0,008 millim.

Ad corticem arboris prope Lafayette (1000 metr. s. m.) in civ. Minarum, n. 340. — *Thallus* leviter verruculosus aut sublaevigatus, opacus [aut nitidiusculus], KHO haud reagens (vel pallescens). *Gonidia* circ. 0,008—0,010 millim. crassa, membrana sat tenui. *Paraphyses* 0,0015—0,001 millim. crassae, apice haud incrassatae, gelatinam in KHO turgescentem laxamque percurrentes, haud ramosae. *Sporae* 8:nae aut abortu pauciores solitariaeve, oblongo-ovoideae aut ovoideo-elongatae, altero apice rotundato, altero obtuse attenuato, loculis lenticularibus, jodo violaceo-caerulescentes, dein vinose rubentes.

33. **Gr. Sitiana** Wainio (n. sp.).

Thallus tenuis, albidus, aut hypophloeodes et macula glaucescente indicatus. *Apothecia* elevata, approximata, simplicia aut parce ramosa, elongata, saepe flexuosa curvatave, long. circ. 2—0,7, crass. 0,2 millim. *Excipulum* basi abruptum aut subconstrictum, cinereo-nigricans et tenuissime pruinosum. *Perithecium* fuligineum, integrum, basin versus saepe strato thallino tenuissimo cinereo obductum, labiis conniventibus, laevigatis. *Discus* rimaeformis, inconspicuus aut caesiopruinosus. *Sporae* decolores, 5-septatae, long. circ. 0,022—0,026, crass. 0,007—0,008 millim.

Ad corticem arboris prope Sitio (1000 metr. s. m.) in civ. Minarum, n. 533. — A Gr. compulsa Krempelh. (Fl. 1876 p. 419), cui affinis est, thallo KHO non rubescente et perithecio magis emergente denudatove et vulgo pruinoso differt. Comparanda etiam cum Gr. leioplaca Müll. Arg., Lich. Beitr. (1880) n. 137. *Thallus* opacus, KHO parum reagens aut fere flavescens. *Paraphyses* 0,001 millim. crassae, apice haud incrassatae, gelatinam in KHO turgescentem laxamque percurrentes, haud ramosae. *Sporae* 8:nae, oblongae aut elongatae, apicibus rotundatis aut altero apice obtuso, jodo violaceo-caerulescentes, demum vinose rubentes.

Sect. 2. **Eugraphis** Eschw. *Perithecium* fuligineum, dimidiatum basive apothecii deficiens, labiis conniventibus, rarius demum leviter hiantibus. *Discus* rimaeformis aut angustus.

Graphis sect. *Eugraphis* Eschw. in Mart. Fl. Bras. (1833) p. 69 (pro maj. part.). *Graphis* sect. 3 et 4 Müll. Arg., Graph. Féean. (1887) p. 32 et 33.

34. **Gr. tenella** Ach., Syn. Lich. (1814) p. 81 (hb. Ach.); Nyl., Lich. Nov.-Gran. ed. 2 (1863) p. 358, Lich. Nov.-Gran. Addit. (1867) p. 329, Syn. Lich. Cal. (1868) p. 70, Fl. 1886 p. 174; Müll. Arg., Lich. Beitr. (Fl. 1882) n. 449, Graph. Féean. (1887) p. 32.

Thallus tenuis aut sat tenuis, albidus aut glaucescens aut raro flavescens aut roseus. *Apothecia* approximata, simplicia aut ramosa, elongata, vulgo flexuosa curvatave, long. circ. 3—1,5, latit. 1—2 millim. *Perithecium* fuligineum, dimidiatum, thallo immersum et thallum subaequans aut parte superiore leviter emergens, aut parte inferiore amphithecio thallino angusto obductum, superne denudatum, labiis conniventibus, laevigatis, epruinosis. *Discus* rimaeformis, inconspicuus aut nigricans. *Sporae* decolores, circ. 12—4-septatae, long. circ. 0,016—0,056, crass. 0,006—0,014 millim.

Ad corticem arborum prope Sepitiba in civ. Rio de Janeiro, n. 421, 479. — *Thallus* vulgo sublaevigatus, opacus. *Gonidia* circ. 0,008—0,006 millim. crassa, membrana sat tenui. *Perithecium* basi deficiens. *Epithecium* decoloratum. *Paraphyses* 0,0015 millim. crassae, apice haud incrassatae, haud ramosae aut raro (in n. 479) parce ramosae et ramoso-connexae (spir. aether. et KHO), in $Zn\,Cl_2 + I$ visae distincte septatae. *Sporae* 8:nae aut 4:nae (in n. 421), ovoideo-oblongae aut elongatae, apicibus obtusis aut altero apice rotundato, raro (in n. 421) pro parte (morbose) obscuratae, loculis lenticularibus, jodo violaceo-caerulescentes.

35. **Gr. caesiella** Wainio (n. sp.).

Thallus tenuis, albidus. *Apothecia* thallo immersa, approximata, ramosa aut pro parte simplicia, elongata, flexuosa curvatave, long. circ. 4—2 millim., latit. circ. 0,2 millim., vulgo rima circumscissa. *Perithecium* fuligineum, dimidiatum, labiis conniventibus, thallum aequantibus, superne thallo haud obductis, tenuiter caesiopruinosis, haud distincte striatis. *Discus* rimaeformis, inconspicuus. *Sporae* decolores, circ. 7—9-septatae, long. circ. 0,020—0,030, crass. 0,007—0,010 millim.

Ad corticem arborum prope Rio de Janeiro, n. 45. — Habitu subsimilis est Gr. substriatae Krempelh., Geschicht II p. 768 (Gr. substriatula Nyl., Lich. Nov.-Gran. Addit. 1867 p. 331, haud Lich. Nov.-Gran. 1863 p. 467). — *Thallus* sat laevigatus aut leviter verruculoso-inaequalis, subopacus. *Gonidia* chroolepoidea, circ. 0,008—0,006 millim. crassa, membrana crassiuscula. *Perithecium* basi deficiens. *Hypothecium subhymeniale* tenue, pallidum. *Paraphyses* circ. 0,001 millim. crassae, apice haud incrassatae, haud ramosae. *Sporae* 8:nae, oblongae aut elongatae, apicibus obtusis, loculis lenticularibus, jodo violaceo-caerulescentes.

36. **Gr. striatula** (Ach.) Nyl., Lich. Nov.-Gran. (1863) p. 467 (excl. syn.); Krempelh., Lich. Beccar. Born. (1875) p. 36, Fl. 1876 p. 418; Müll. Arg., Lich. Beitr. (Fl. 1880) n. 139, (1882) n. 453, Graph. Féean. (1887) p. 34; Hue, Addend. (1888) p. 246.

Thallus tenuis, albidus aut cinereo-glaucescens. *Apothecia* approximata, ramosa, vulgo elongata, aut rarius oblonga, saepe plus minusve curvata flexuosave, long. circ. 4—1 (—0,5), latit. 0,4—0,25 millim. *Perithecium* elevatum, fuligineum, dimidiatum, denudatum, epruinosum, labiis conniventibus, longitrorsum pluri-sulcatis. *Discus* rimaeformis, inconspicuus aut nigricans. *Sporae* decolores, circ. 9—15-septatae, long. circ. 0,040—0,080 [—0,032 millim.: Müll. Arg.], crass. 0,008— 0,013 millim.

Ad corticem arborum in Carassa (1400 metr. s. m.) in civ. Minarum, n. 1298, 1403, 1485. — *Thallus* vulgo sublaevigatus, sat opacus. *Gonidia* circ. 0,010—0,008 millim. crassa, membrana sat tenui. *Apothecia* apicibus vulgo obtusis. *Perithecium* basi deficiens. *Epithecium* fuligineum. *Paraphyses* 0,0015—0,001 millim. crassae, apice non aut leviter incrassatae, haud ramosae, gelatinam sat abundantem percurrentes. *Asci* oblongi aut oblongo-clavati, membrana tota sat tenui. *Sporae* 8—4—2:nae, elongatae, apicibus obtusis aut rotundatis, loculis lenticularibus, jodo violaceo-caerulescentes.

37. **Gr. disserpens** Wainio.

Thallus hypophloeodes, macula glaucescenti-albida indicatus. *Apothecia* substrato semi-immersa, numerosa, approximato-subsolitaria, parce ramosa aut pro parte subsimplicia, elongata, pro parte curvata flexuosave, pro parte recta, long. circ. 3.5—1,5, latit. 0,2—0,25 millim. *Perithecium* parte superiore fuligineum, dimidiatum, labiis conniventibus, longitrorsum sulcatis, nudis. *Discus* rimaeformis, inconspicuus vel nigricans. *Sporae* decolores, circ. 9—10-septatae, long. circ. 0,022—0,028, crass. 0,005—0,007 millim.

Ad corticem arboris prope Sitio (1000 metr. s. m.) in civ. Minarum, n. 1091. — Habitu similis est Gr. disserpenti Nyl. (Fl. 1864 p. 618, coll. Lindig. n. 93: mus. Paris.), quae autem apothecia vacua habet (perithecium dimidiatum) et eam ob causam indeterminabilis sit. — In planta nostra *excipulum* parte inferiore fulvescens, basi pallidum tenueque aut deficiens. *Epithecium* tenue, nigricans. *Paraphyses* 0,0015 millim. crassae, apice non aut leviter incrassatae, arcte cohaerentes, haud ramosae. *Asci* clavati aut oblongi. *Sporae* 8:nae, elongatae, apicibus rotundatis aut altero apice obtuso, loculis lenticularibus, jodo violaceo-caerulescentes.

38. **Gr. atroalba** Wainio (n. sp.).

Thallus tenuis, albidus. *Apothecia* elevata, subsolitaria aut approximata, vulgo simplicia, oblonga, recta aut subrecta, long. circ. 2,5—1,5 (—1) millim., latit. 0,7—0,5 millim. *Perithecium* elevatum, basi demum constrictum, fuligineum, dimidiatum, labiis hiantibus, conniventibus, crassis, sublaevigatis, extus nudis, intus strato albido discum tegente obductum. *Discus* rimaeformis aut leviter dilatatus, strato albido labiorum obtectus inconspicuusque. *Sporae* decolores, 3-septatae, long. 0,017—0,022, crass. 0,008—0,010 millim.

Ad corticem arboris prope Rio de Janeiro, n. 189. — Verisimiliter est subspecies Graphidis Afzelii Ach. (Müll. Arg., Graph. Féean. p. 37, Fl. 1888 p. 511), a qua apotheciis brevioribus, magis nigris, et thallo albido differt. Observante autem Müll. Arg., Fl. 1888 p. 511, sporae in Gr. Afzelii demum sunt obscuratae, at in planta nostra omnino sunt decolores. — *Thallus* sat laevigatus, subopacus. *Gonidia* chroolepoidea, circ. 0,012—0,008 millim. crassa, membrana sat tenui aut leviter incrassata. *Perithecium* basi media deficiens aut tenue. *Hypothecium* subhymeniale albidum pallidumve, tenue. *Hymenium* circ. 0,100 millim. crassum, totum albidum. *Paraphyses* 0,0015 millim. crassae, apice haud incrassatae, gelatinam in KHO laxam percurrentes, haud ramosae. *Asci* cylindrici aut cylindrico-clavati, membrana tenui. *Sporae* 8:nae, ellipsoideae aut ovoideo-ellipsoideae, apicibus rotundatis aut obtusis, loculis lenticularibus, jodo haud reagentes.

Sect. 3. **Chlorographopsis** Wainio. *Perithecium* pallidum, labiis conniventibus. *Discus* rimaeformis.

39. **Gr. albescens** Wainio (n. sp.).

Thallus tenuis, albidus. *Apothecia* demum elevata, subsolitaria, subsimplicia, elongata, saepe leviter flexuosa curvatave, long. circ. 3—1 millim., crass. 0,4 millim. *Excipulum* albidum, basi demum sat abruptum, labiis conniventibus, perithecio superne anguste denudato, ab amphithecio rima disjuncto. *Perithecium* pallidum. *Discus* rimaeformis, pallidus. *Sporae* decolores, circ. 12—14-septatae, long. circ. 0,036—0,044, crass. 0,006—0,008 millim.

Ad corticem arboris prope Sitio (1000 metr. s. m.) in civ. Minarum. — *Thallus* leviter verruculosus aut sublaevigatus, nitidiusculus, KHO non reagens. *Gonidia* chroolepoidea, circ. 0,012—0,008 millim. crassa, membrana sat tenui aut sat crassa. *Perithecium* pallidum, integrum, KHO fulvorufescens. *Paraphyses* 0,0015 millim. crassae, apice haud incrassatae, haud ramosae. *Asci* oblongo-clavati, membrana tenui. *Sporae* 8:nae, polystichae, oblongonaviculares, altero apice rotundato, altero attenuato obtusiusculo aut subacuto, cellulis lenticularibus.

Sect. 4. **Fissurina** (Fée) Wainio. *Perithecium* evanescens aut pallidum aut dimidiatum (superne fuscofuligineum et basi pallidum aut deficiens). labiis hiantibus distantibusve. thallo immersis aut demum leviter emergentibus. *Discus* demum apertus dilatatusque, thallum subaequans.

Fissurina Fée, Ess. Lich. Écorc. (1824) p. 59 (pr. p.); Nyl., Lich. Nov. Zel. (1888) p. 125 (pr. p.). *Graphis* sect. 5. *Chlorographa* et sect. 6. *Fissurina* Müll. Arg., Graph. Féean. (1887) p. 35 et 36.

40. **Gr. brachycarpa** Wainio (n. sp.).

Thallus tenuis, albidus. *Apothecia* demum leviter emergentia, solitaria, simplicia, rotundata aut ellipsoidea aut parcius oblonga, recta aut raro leviter curvata flexuosave, long. 0,3—0,9, crass. 0,3 millim. *Discus* subplanus dilatatusque, caesiopruinosus, *margine* leviter emergente, suberecto, subintegro, paululum nigricanti- et albido-striato, extus leviter thallino-vestito. *Perithecium* fusco-fuligineum, parte basali fulvorufescente fulvescenteve. *Sporae* decolores, 12—pluri-septatae, long. circ. 0,030—0,052, crass. 0,004—0,006 millim.

Ad corticem putridum arboris prope Sitio (1000 metr. s. m.) in civ. Minarum, n. 1092. — Affinis est Gr. alborosellae Nyl., Lich. Nov.-Gran. p. 473. — *Thallus* sublaevigatus, nitidiusculus aut subopacus, KHO non reagens. *Gonidia* chroolepoidea, circ. 0,008—0,006 millim. crassa. *Perithecium* strato tenui albido partim obductum, KHO non reagens. *Hymenium* circ. 0,080—0,070 millim. crassum. *Epithecium* olivaceo-nigricans. *Paraphyses* 0,0015 millim. crassae, apice fusco-clavatae, haud ramosae. *Sporae* 6:nae aut abortu pauciores, elongatae, apicibus rotundatis aut altero apice angustiore obtuso, loculis lenticularibus, jodo violaceo-caerulescentes, demum partim obscure vinose rubentes.

41. **Gr. glaucescens** Fée, Ess. Lich. Écorc. (1824) p. 36; Nyl., Lich. Nov.-Gran. (1863) p. 464 (mus. Paris.), ed. 2 (1863) p. 359, Lich. Nov.-Gran. Addit. (1867) p. 329, Syn. Lich. Nov. Cal. (1868) p. 76; Müll. Arg., Graph. Féean. (1887) p. 36.

Thallus sat tenuis aut crassitudine mediocris, glaucescenti-albicans aut stramineo-glaucescens. *Apothecia* approximata, ramosa, elongata, flexuosa curvatave, long. circ. 5—1 millim., thallo immersa. *Discus* planiusculus, 0,1—0,2 millim. latus, fuscescens epruinosusque aut livido- vel caesio-pruinosus. *Sporae* decolores, pluriseptatae (septis vulgo circ. 4—10, raro —3), long. circ. 0,014 —0,034, crass. 0,004—0,010 millim.

Ad corticem arborum prope Rio de Janeiro, n. 146, et ad Sitio, n. 902, et Lafayette (1000 metr. s. m.), n. 315, et in Carassa (1400 metr. s. m.), n. 1174, in civ. Minarum. — *Thallus* sat laevigatus aut leviter verruculoso-inaequalis, opacus aut raro nitidiusculus (n. 1174). KHO haud vere reagens (pallescens testaceusve), saepe pro parte hypothallo nigricante limitatus. *Gonidia* chroolepoidea, circ. 0,010—0,006 millim. crassa, membrana sat tenui aut sat crassa. *Apothecia* immarginata aut interdum margine thallino spurio levissime elevato cincta, interdum pro parte fissura circumscissa. *Perithecium* evanescens aut tenue, pallidum aut fulvofuscescens aut fuscescens. *Hypothecium subhymeniale* tenue, albidum aut pallidum aut fulvescens. *Hymenium* circ. 0,070—0,100 millim. crassum, jodo lutescens. *Epithecium* fuscescens aut rufescens aut pallidum, KHO non reagens. *Paraphyses* 0,0015 millim. crassae, apice haud incrassatae, laxe cohaerentes, haud ramosae, raro parce connexae (in n. 902). *Asci* clavati, membrana sat tenui aut apice leviter incrassata. *Sporae* 8:nae, elongatae aut oblongae aut ovoideo-oblongae, apicibus obtusis aut rotundatis, pariete sat tenui, loculis lenticularibus, jodo violaceo-caerulescentes.

42. **Gr. grammitis** Fée, Ess. Lich. Écorc. (1824) p. 47; Nyl., Lich. Nov.-Gran. 2 (1863) p. 366 (mus. Paris.); Krempelh., Lich. Born. (1875) p. 61 (?), Fl. 1876 p. 477; Müll. Arg., Graph. Féean. (1887) p. 36.

Thallus crassitudine medioeris aut sat tenuis, glaucescens [aut pallido-glaucescens]. *Apothecia* aggregato-approximata [aut raro subsolitaria], ramosa aut pro parte simplicia, elongata, flexuosa curvatave aut pro parte subrecta, long. circ. 15—1 millim. *Discus* demum subdilatatus, circ. 0,2—0,1 millim. latus, concaviusculus aut planiusculus, fuscescens aut rufescens [aut testaceus], epruinosus. *Sporae* decolores, 3-septatae, long. 0,010—0,014, crass. 0,004—0,006 millim.

Ad corticem arborum prope Lafayette (1000 metr. s. m.) in civ. Minarum, n. 369. — Specimina nostra apotheciis immersis, haud elevatis, amphitecio destitutis, brevioribus (4—1 millim. longis) discoque rufo a forma typica differunt (f. **brachycarpoides**

Wainio). *Thallus* leviter verruculoso-inaequalis aut sublaevigatus, nitidiusculus, medulla albida aut straminea sulphureave, KHO extus vix reagens, intus subrufescens. *Gonidia* circ. 0,008 millim. crassa, membrana sat tenui. *Apothecia* thallo immersa aut leviter elevata, immarginata aut margine tenui thallo concolore pallescenteve cincta. *Perithecium* parte laterali pallido-rufescens rubescensve, KHO non reagens. *Hypothecium* parte inferiore albidum, parte subhymeniali rubescenti-pallidum. *Hymenium* circ. 0,070 millim. crassum. *Epithecium* in speciminibus nostris rubescens, KHO non reagens. *Paraphyses* 0,0015 millim. crassae, apice vix aut levissime incrassatae, haud ramosae, sat arcte cohaerentes. *Asci* clavati. *Sporae* 8:nae, ellipsoideae aut oblongae aut parcius ovoideo-ellipsoideae, apicibus rotundatis aut obtusis, loculis lenticularibus, jodo violaceo-caerulescentes.

Sect. 5. **Glyphis** (Ach.) Wainio. *Perithecia* bene evoluta, integra, fuscofuliginea, in *pseudostromata* confluentia, labiis distantibus. *Discus* apertus dilatatusque. (*Sporae* decolores.)

Glyphis Ach., Syn. Lich. (1814) p. 106 pr. p.; Fée, Ess. Crypt. Écorc. Suppl. (1837) p. 46; Mass., Mem. Lich. (1853) p. 113; Nyl., Ess. Nouv. Classif. Lich. (1855) p. 190 pr. p.; Th. Fr., Gen. Heterolich. (1861) p. 96; Tuck., Gen. Lich. (1872) p. 512 pr. p.; Müll. Arg., Graph. Féean. (1887) p. 61.

43. **Gr. cicatricosa** (Ach.) Wainio. *Glyphis* Ach., Syn. Lich. (1814) p. 107 (hb. Ach.); Fée, Ess. Crypt. Écorc. Suppl. (1837) p. 48, tab. 36 fig. 5; Nyl., Addit. Fl. Chil. (1855) p. 173, Lich. Nov.-Gran. (1863) p. 485; Müll. Arg., Lich. Beitr. (Fl. 1887) n. 1102, Graph. Féean. (1887) p. 62. *Gl. favulosa* Ach., l. c. (hb. Ach.); Müll. Arg., Graph. Féean. (1887) p. 61.

Thallus tenuis, albidus aut glaucescens aut olivaceo-pallescens. *Pseudostromata* demum elevata, anguloso-orbicularia aut subellipsoidea, cinereo- aut albido-pruinosa. *Apothecia* anguloso-rotundata aut elongata, simplicia aut ramosa confluentiave, flexuosa, disco concavo planiusculove, umbrino-fuscescente. *Sporae* decolores, circ. 11—6-septatae, long. circ. 0,026—0,056, crass. 0,010—0,006 millim.

Var. **simplicior** Wainio. *Gl. cicatricosa* et *Gl. favulosa* Ach., l. c.

Apothecia discis anguloso-rotundatis aut pro parte elongatis, simplicibus aut pro parte ramosis, circ. 0,15—2 millim. longis, 0,15—0,2, passim parce —0,3 millim. latis.

Ad corticem arborum frequenter in Brasilia obvenit, n. 169. 492, 593, 636, 667, 1076, 1126. — *Thallus* laevigatus aut rarius leviter verruculosus, nitidiusculus, hypothallo nigricante partim limitatus, jodo haud reagens, parte inferiore cellulis substrati immixtus, superne strato subamorpho, ex hyphis longitudinalibus conglutinatis formato, epiphloeode obductus. *Gonidia* chroolepoidea, circ. 0,010—0,004 millim. crassa, membrana sat tenui aut crassiuscula. *Pseudostromata* circ. 1—4 millim. longa, circ. 1—2,5 millim. crassa, apothecia numerosa vel numerosissima continentia, in lamina tenui fusco-fuliginea. *Apothecia* forma in eodem specimine quoque valde inconstantia. *Hymenium* jodo lutescens, sporis violaceo-caerulescentibus. *Epithecium* dilute fuscescens. *Paraphyses* apice haud incrassatae, gelatinam copiosam percurrentes, haud ramosae. *Asci* clavati aut oblongi, membrana tenui aut apice leviter incrassata. *Sporae* 8:nae aut pauciores, ovoideo-fusiformes, altero apice rotundato aut rotundato-obtuso, altero acuto, loculis lenticularibus.

Var. **confluens** (Zenk.) Wainio. *Glyphis confluens* Zenk. in Goeb. Pharm. Waarenk. I, 5 (1828) p. 163, tab. XXI fig. 6 a, c, d; Nyl., Lich. Nov.-Gran. (1863) p. 485; Müll. Arg., Graph. Féean. (1887) p. 62.

Apothecia discis pro maxima parte elongatis et bene ramosis confluentibusque, — circ. 4 millim. longis, inaequaliter dilatatis, circ. 0,15—0,5 millim. latis.

Ad corticem arboris prope Sitio (1000 metr. s. m.) in civ. Minaram, n. 743. — Sine limite in var. simpliciorem transit et parum est constans. *Thallus* in specimine nostro glaucescenti-pallescens, nitidus, strato amorpho, ex hyphis longitudinalibus conglutinatis formato, bene evoluto, obductus. *Pseudostromata* circ. 2,5—7 millim. longa, circ. 2—5 millim. lata, ex hyphis formata tenuibus, leptodermaticis, creberrime contextis, partim conglutinatis. *Hypothecium subhymeniale* sat tenue, dilute pallescens. *Hymenium* circ. 0,180 millim. crassum, parte inferiore jodo levissime caerulescens, sporis violaceo-caerulescentibus. *Epithecium* fuscescens. *Paraphyses* 0,0015 millim. crassae, apice levissime clavatae, haud ramosae. *Sporae* 8—4:nae, oblongae aut fusiformi-oblongae, apicibus obtusis aut altero apice acuto, long. circ. 0,038—0,042, crass. 0,008—0,009 millim., circ. 7—9-septatae, decolores.

3. Helminthocarpon.

Fée, Ess. Crypt. Écorc. Suppl. (1837) p. 156; Müll. Arg., Lich. Beitr. (Fl. 1887) n. 1193, 1194, Graph. Féean. (1887) p. 4 et 53.

Thallus crustaceus, uniformis, epiphloeodes, hyphis medullaribus substrato affixus, rhizinis nullis, *strato corticali* haud evoluto, *strato medullari* stuppeo, ex hyphis contexto sat tenuibus, sat leptodermaticis, in parte superiore gonidia continente. *Gonidia* chroolepoidea, cellulis minutis, anguloso-subglobosis aut ellipsoideis aut parcius etiam oblongis, saltem primum concatenatis, filamenta saepe parce ramosa formantibus, demum saepe pro parte etiam liberis, membrana sat tenui. *Apothecia* thallo innata, dein mox emergentia adpressaque, pro parte elongata et pro parte rotundata, disco demum aperto, margine crasso cincta. *Perithecium* fuligineum, dimidiatum, ex hyphis tenuibus leptodermaticis conglutinatis formatum, labiis primum conniventibus, demum hiantibus distantibusve, *amphithecio* thallino, textura thallo consimili, gonidia continente obductis. *Paraphyses* numerosae, ramoso-connexae intricataeque, apice neque incrassatae, nec spinuloso-verruculosae. *Asci* clavati oblongive, membrana sat tenui. *Sporae* 8:nae aut pauciores, elongatae aut fusiformi-oblongae, murales, decolores.

1. **H. Le-Prevostii** Fée, Ess. Crypt. Écorc. Suppl. (1837) p. 156, tab. XXXV fig. 11; Müll. Arg., Graph. Féean. (1887) p. 53.

Thallus sat tenuis aut crassitudine mediocris, glaucescenti-albidus. *Apothecia* sat approximata, elongata aut rotundata, long. circ. 4—1 millim., latit. 1,5—0,7 millim., simplicia aut pro parte ramosa, recta aut flexuosa curvatave, elevata, basi abrupta aut demum constricta. *Perithecium* fuligineum, dimidiatum, amphithecio thallino crasso omnino obtectum. *Discus* demum apertus, planus, albidus. *Sporae* 8—6:nae, decolores, murales, long. circ. 0,100—0,124 millim. [—„0,140" millim.: Müll. Arg., l. c.], crass. 0,022—0,026 [—„0,030"] millim.

Ad corticem arborum locis numerosis prope Rio de Janeiro et Sepitiba in eadem civitate, n. 173, 438, 439, 460, 489, 497, 504. — *Thallus* sat laevigatus aut verruculoso-inaequalis, opacus, strato corticali destitutus, KHO non reagens, Ca Cl_2 O_2 pulchre rubescens, hyphis circ. 0,003 millim. crassis, sat leptodermaticis, lumine sat tenui. *Gonidia* chroolepoidea, circ. 0,008—0,006 millim. crassa, flavo-virescentia, membrana sat tenui. *Labii amphithecii* conniventes aut demum erecti, discum aequantes aut rarius leviter superantes. *Perithecium* basi albidum et tenuissimum aut medio pulvinato-incrassatum aut basi deficiens. *Epithecium* albidum. *Paraphyses* (spirit. vini et KHO) 0,0015 millim. crassae, apice haud incrassatae, ramosae, connexae, valde intricatae, ascos vulgo 1/3 longiores [aut, observante Müll. Arg., l. c., ascos fere aequantes]. *Hymenium* jodo lutescens, ascis et sporis violascentibus. *Sporae* raro evolutae, elongatae aut fusiformi-oblongae, apicibus obtusis, halone crasso (in KHO solubili) indutae, cellulis numerosissimis, circ. 4—5 in quavis serie transversali, septis transversalibus circ. 22.

4. Opegrapha.

Humb., Fl. Frib. (1793) p. 57 (pr. p.); Ach., Lich. Univ. (1810) p. 43 (pr. p.); Duf., Rev. Gen. Opegr. (1818) p. 12 (pr. p.); Cheval., Hist. Graph. (1824) p. 10 (pr. p.); Tul., Mém. Lich. II (1852) p. 207; Mass., Mem. Lich. (1853) p. 101 (emend.); Leight., Mon. Brit. Graph. (1854) p. 7; Koerb., Syst. Germ. (1855) p. 278 (em.); Th. Fr., Gen. Heterolich. (1861) p. 94 (em.); Stizenb., Steinb. Opegr. (1865); Kickx, Mon. Graph. Belg. (1865) p. 11; Almqu., Skand. Schism. Opegr. (1869) p. 10; Tuck., Gen. Lich. (1872) p. 197; Bornet, Rech. Gon. Lich. (1873) p. 12 et 19, tab. 1—4, tab. 9 fig. 1—6, Deux. Not. Gon. Lich. (1873) p. 1; Almqu., Mon. Arth. Scand. (1880) p. 8; Müll. Arg., Graph. Féean. (1887) p. 4 et 16 (em.); Möller, Cult. Flecht. (1887) p. 30; Nyl. in Hue Addend. (1888) p. 246 (em.). *Opegraphella* Müll. Arg., Lich. Epiphyll. (1890) p. 20. *Aulaxina* Fée, Ess. Crypt. Écorc. (1824) p. C; Müll. Arg., Lich. Beitr. (Fl. 1890) n. 1530.

Thallus crustaceus, uniformis, hypothallo et hyphis medullaribus substrato affixus, rhizinis et strato corticali destitutus. *Stratum medullare* vulgo totum aut fere totum gonidia continens, stuppeum, hyphis tenuibus, leptodermaticis. *Gonidia* chroolepoidea (Trentepholiae umbrinae Bornet similia), cellulis minutis, anguloso-globosis aut ellipsoideis aut parcius etiam oblongis, saltem primum concatenatis, filamenta parce ramosa formantibus, demum saepe pro parte etiam liberis, membrana vulgo sat tenui instructis, vulgo flavovirescentia aut rarius aurea, aut raro phycopeltidea [in Opegraphella (Müll. Arg.)], seriebus cellularum dichotomis, e centro radiantibus et in discum coadunatis, aut protococcoidea [in Aulaxina (Fée)]. *Apothecia* thallo innata aut in ipsa superficie thalli enata, demum emergentia adpressave, elongata aut rarius pro parte rotundata, disco rimaeformi clausoque aut aperto dilatatove, margine proprio cincta. *Perithecium* bene evolutum, integrum aut rarius dimidiatum (vel basi deficiens), obscuratum, ex hyphis tenuibus sat leptodermaticis conglutinatis formatum, labiis conniventibus aut demum vel sat mature apertis, *amphithecio* nullo obductis. *Paraphyses* numerosae, ramosae et ramoso-connexae, vulgo praesertimque superne flexuosae. *Asci* clavati aut oblongi, membrana sat tenui aut tota leviter incrassata, aut apice pachydermatici, 8:spori aut raro „polyspori" (Müll. Arg., Lich. Beitr. n. 161). *Sporae* fusiformes aut oblongae aut ovoideo-oblongae aut aciculares, demum pluriseptatae, decolores aut rarius demum obscuratae, jodo haud reagentes, loculis cylindricis aut subcylindricis. *Pycnoconidia* cylindrica vel oblonga, recta aut curvata. *Sterigmata* simplicia.

Subg. I. **Euopegrapha** Müll. Arg. *Apothecia* saltem pro parte oblonga elongatave aut ellipsoidea, disco rimaeformi aut aperto. *Perithecium* integrum. *Sporae* decolores.
Müll. Arg., Graph. Féean. (1887) p. 16.

1. **O. contracta** Wainio (n. sp.).

Thallus tenuis aut sat tenuis, glaucescens aut cinereo-glaucescens. *Apothecia* sat approximata aut subsolitaria, elevata, ellipsoidea aut rotundata aut difformia, long. 1,2—0,2, latit. 0,7—0,15 millim., simplicia aut rarius pro parte subradiata. *Perithecium* fuligineum, integrum, labiis conniventi-hiantibus aut demum apertis. *Discus* rimaeformis aut vulgo demum rotundatus difformisve et planiusculus concaviusculusve, fuscus aut fusco-nigricans, epruinosus. *Sporae* decolores, 10—8- aut rarius —5-septatae, long. 0,034—0,056, crass. 0,003—0,005 millim.

Ad corticem arborum prope Sitio (1000 metr. s. m.), n. 556, et ad Lafayette (1000 metr.), n. 232, et in Carassa (1400 metr.), n. 1418 et 1421. — Haec species inter Lecanactides et Euopegraphas est intermedia, nonnullis apotheciis fere potius ad priores, aliis ad posteriores pertinens. *Thallus* verruculoso-inaequalis aut raro (in n. 1421) sat laevigatus, opacus, jodo vulgo vinose rubens, hyphis 0,002 millim. crassis, sat leptodermaticis. *Goni-*

dia chroolepoidea, circ. 0,008—0,005 millim. crassa, membrana sat tenui aut crassiuscula. *Hymenium* circ. 0,110 millim. crassum, jodo vinose rubens (primum vulgo levissime caerulescens). *Epithecium* rufescens fuscescensve, KHO non reagens. *Paraphyses* 0,0015 millim. crassae, apice haud incrassatae, pro parte simplices et pro parte ramoso-connexae ramosaeque, parce septatae ($ZnCl_2 + I$). *Asci* subclavati, circ. 0,016—0,024 millim. crassi, membrana sat tenui. *Sporae* 8:nae, fusiformes aut (in n. 232) aciculares, apicibus acutis aut obtusis, vulgo 10—8-septatae, rarius (in n. 232) 6—5-septatae.

2. **O. cylindrica** Raddi in Att. dell. Soc. Ital. dell. sc. Moden. tom. XVIII (1820) p. 34 (secund. specim. haud orig. a Pers. determinatum in mus. Paris.). *O. Bonplandi* Krempelh., Fl. 1876 p. 481 (hb. Warm.).

Thallus tenuissimus tenuisve, glaucescens olivaceusve. *Apothecia* vulgo subsolitaria, elevata, elongata, long. circ. 3—1 millim., latit. 0,7—0,4 millim., radiatim aut parce ramosa aut pro parte simplicia, flexuosa aut curvata. *Perithecium* integrum, fuligineum, labiis late hiantibus aut primum conniventibus. *Discus* concavus planiusculusve aut primum rimaeformis, fusco-nigricans, epruinosus. *Sporae* decolores, 7—8-septatae, long. 0,033—0,056, crass. 0,005—0,008 millim.

Ad corticem arborum prope Lafayette (1000 metr. s. m.) in civ. Minarum, n. 368. — *Thallus* sat laevigatus aut leviter inaequalis, vulgo opacus, jodo haud reagens. *Gonidia* chroolepoidea, circ. 0,008—0,006 millim. crassa, membrana saepe crassiuscula. *Apothecia* opaca. *Hypothecium subhymeniale* tenue, albidum pallidumve. *Hymenium* jodo vinose rubens (hypothecium primo caerulescens). *Epithecium* sat dilute fuscescens. *Paraphyses* 0,001 millim. crassae, apice haud incrassatae, ramoso-connexae. *Asci* oblongo-clavati, membrana crassiuscula. *Sporae* 8:nae, fusiformes, apicibus acutis, cellulis cylindricis, fere aeque longis.

3. **O. lithyrgiza** Wainio (n. sp.).

Thallus tenuis aut sat tenuis, glaucescenti-albidus. *Apothecia* sat approximata, leviter elevata, oblonga aut ellipsoidea, long. circ. 0,6—0,3, latit. 0,2—0,3 millim., simplicia, recta aut rarius pro parte curvata. *Perithecium* fuligineum, integrum, labiis conniventi-hiantibus aut demum pro parte apertis. *Discus* planiusculus aut rimaeformis, nigricans, epruinosus. *Sporae* decolores, 5- aut rarius 3-septatae, long. 0,014—0,018, crass. 0,003—0,004 millim.

In latere rupis prope Rio de Janeiro, n. 73. — Affinis O. lithyrgae Ach. (Hepp, Flecht. Eur. n. 348, Stizenb., Steinb. Opegr. p. 7), a qua disco saepe demum aperto et sporis brevioribus differt. — *Thallus* verruculoso-inaequalis, dispersus, opacus. *Gonidia* chroolepoidea, circ. 0,010—0,005 millim. crassa, membrana sat tenui. *Hypothecium* subhymeniale tenue, fuscescens. *Hymenium* circ. 0,070—0,060 millim. crassum, jodo vinose rubens. *Epithecium* fuscescens. *Paraphyses* apice haud incrassatae, ramoso-connexae. *Asci* clavati, circ. 0,014—0,012 millim. crassi, membrana tota leviter incrassata. *Sporae* 8:nae, ovoideo-oblongae aut subfusiformes, apicibus rotundatis obtusisve, cellulis vulgo fere aeque longis, cylindricis.

4. **O. phyllobia** Nyl., Fl. 1874 p. 73 (coll. Spruc. n. 276: mus. Paris.); Müll. Arg., Lich. Beitr. (Fl. 1883) n. 687.

Thallus tenuissimus, glaucescens vel cinereo-glaucescens. *Apothecia* sat approximata, leviter elevata, elongata, long. circ. 1,5—0,4, latit. 0,1 millim., simplicia, curvata flexuosave aut pro parte recta. *Perithecium* latere fuligineum, dimidiatum, basi tenuissimum, labiis crebre conniventibus. *Discus* rimaeformis, inconspicuus. *Sporae* decolores, 5—2-septatae, long. 0,014—0,022, crass. 0,003—0,004 millim.

Ad folia perennia arboris prope Lafayette (1000 metr. s. m.) in civ. Minarum, n. 261. — Habitu simillima est O. filicinae Mont. (Müll. Arg., Lich. Epiphyll. p. 20), quae autem gonidia phycopeltidea habet. — *Thallus* sat laevigatus, opacus. *Gonidia* chroolepoidea, circ. 0,004—0,006 millim. crassa, membrana sat tenui. *Perithecium* basi tenuissimum, dilute fuscescens aut nigricans. *Hymenium* circ. 0,060—0,055 millim. crassum, jodo fulvescenti-vinose rubens. *Epithecium* pallidum. *Paraphyses* 0,001 millim. crassae, apice haud incrassatae, ramoso-connexae. *Asci* clavati, circ. 0,014 millim. crassi, membrana sat tenui. *Sporae* 8:nae, fusiformes, apicibus attenuatis (altero apice magis sensim attenuato), acutiusculis aut apice crassiore obtusiusculo, cellulis fere aeque longis.

5. **O. chlorographoides** Wainio (n. sp.).

Thallus tenuis aut sat tenuis, virescens aut cinereo-glaucescens. *Apothecia* approximata, thallo immersa, elongata, long. circ. 2—0,5, latit. 0,15 millim., simplicia aut parce ramosa, curvata flexuosave. *Perithecium* integrum, fuligineum, labiis conniventibus aut rarius demum hiantibus. *Discus* rimaeformis inconspicuusque aut rarius demum apertus, nigricans, epruinosus. *Sporae* decolores, 3—5-septatae, long. 0,020—0,025, crass. 0,0025—0,004 millim.

Ad corticem arboris prope Sepitiba in civ. Rio de Janeiro, n. 501. — Secundum descriptionem thallo ab O. chlorographa Nyl., Fl. 1866 p. 293, differt, at forsan in eam transit. — *Thallus* sat laevigatus aut parce subgranulosus, opacus. *Gonidia* chroolepoidea, circ. 0,010—0,006 millim. crassa, membrana sat tenui. *Apothecia* opaca. *Hymenium* jodo vinose rubens. *Epithecium* fuscescens. *Paraphyses* 0,001 millim. crassae, apice haud incrassatae, ramosae connexaeque. *Sporae* 8:nae, fusiformes, apicibus attenuatis acutisque, halone nullo indutae, cellulis cylindricis, aeque longis ac latis.

6. **O. atrorufescens** Wainio (n. sp.).

Thallus tenuis, olivaceo-rufescens. *Apothecia* sat solitaria, leviter elevata, elongata, long. 2—0,5, latit. 0,2 millim., simplicia aut rarius parce ramosa, flexuosa. *Perithecium* integrum, fuligineum, labiis apertis aut rarius primo conniventibus. *Discus* apertus, planiusculus, nigricans, epruinosus. *Sporae* decolores aut pallidae, 3- aut raro 4-septatae, long. 0,012—0,016, crass. 0,0025—0,003 millim.

Ad corticem arboris prope Lafayette (1000 metr. s. m.) in civ. Minarum, n. 266. — *Thallus* sat laevigatus, opacus. *Gonidia* chroolepoidea, circ. 0,010—0,008 millim. crassa, membrana sat crassa. *Apothecia* sat opaca aut excipulo interdum nitidiusculo. *Hypothecium subhymeniale* tenue, pallido-fuscescens aut sordide pallidum. *Hymenium* circ. 0,034 millim. crassum, jodo violascens. *Paraphyses* 0,0015 millim. crassae, apice haud incrassatae, ramoso-connexae. *Asci* oblongi, membrana sat tenui. *Sporae* 8:nae, ovoideo-oblongae, altero apice rotundato obtusove, altero attenuato acutiusculo obtusiusculove, membrana sat tenui, halone nullo indutae, cellulis fere aeque longis ac latis, subcylindricis aut demum rotundato-lenticularibus.

7. **O. aperiens** Wainio (n. sp.).

Thallus tenuis, livido- vel fusco-cinerascens. *Apothecia* saepe sat solitaria, elevata, elongata aut rarius oblonga (ellipsoideave), long. circ. 1,2—0,5, latit. 0,3—0,4 millim., simplicia aut parce ramosa, recta aut flexuosa. *Perithecium* integrum, fuligineum, labiis primum conniventi-hiantibus, demum apertis. *Discus* demum apertus, planiusculus, nigricans, epruinosus. *Sporae* decolores, 3-septatae, long. 0,016- 0,027, crass. 0,004—0,006 millim.

Ad corticem arboris prope Rio de Janeiro, n. 87. — *Thallus* sat laevigatus, opacus, pro parte fere hypophloeodes. *Gonidia* chroolepoidea, circ. 0,008 millim. crassa, membrana sat tenui aut sat crassa. *Apothecia* opaca. *Hypothecium subhymeniale* tenue, fuscescens. *Hymenium* jodo dilute caerulescens, dein vinose rubens. *Epithecium* fuscum. *Paraphyses* 0,0015 millim. crassae, apice saepe leviter clavato-incrassatae, parce ramoso-connexae, pro parte simplices (in KHO et H_2SO_4). *Sporae* 8:nae, ovoideo-oblongae, altero apice obtuso, altero obtusiusculo aut rarius fere acuto, membrana saepe leviter incrassata, cellulis cylindricis, fere aeque longis ac latis.

8. **O. atra** Pers. in Ust. Ann. 7 (1794) p. 30; Nyl., Lich. Scand. (1861) p. 254; Kickx, Mon. Graph. Belg. (1865) p. 15 pr. p.; Almq., Scand. Schism. Opeg. (1869) p. 23; Leight., Lich. Great Brit. 3 ed. (1879) p. 398; Hue, Addend. (1888) p. 250.

Thallus tenuis, epiphloeodes [aut hypoploeodes], albidus. *Apothecia* bene approximata, leviter elevata, elongata, long. circ. 0,7—2 millim., latit. 0,15 millim., subradiato-ramosa aut pro parte simplicia, vulgo curvata flexuosave. *Perithecium* integrum, fuligineum, labiis conniventibus, demum leviter [aut sat bene] hiantibus. *Discus* rimaeformis aut (in specim. nostro rarius) demum levissime vel leviter dilatatus, ater, epruinosus. *Sporae* decolores, 3-septatae, long. 0,015—0,020, crass. 0,003—0,004 [—0,006] millim., haud constrictae.

Ad corticem arboris prope Sepitiba in civ. Rio de Janeiro, n. 433. — *Thallus* sat laevigatus, opacus. *Gonidia* chroolepoidea. *Apothecia* opaca [aut nitidiuscula]. *Hypothecium subhymeniale* pallidum, tenue. *Hymenium* jodo pulchre vinose rubens. *Epithecium* fuscescens. *Paraphyses* 0,001—0,0015 millim. crassae, apice vix aut levissime incrassatae, ramoso-connexae. *Asci* clavati, membrana vulgo sat tenui. *Sporae* 8:nae, decolores aut demum interdum morbose fuscescentes, fusiformi- aut ovoideo-oblongae, apicibus obtusis, halone nullo indutae, cellulis cylindricis, aeque longis ac latis, haud constrictae. *Pycnoconidia* „long. 0,0045—0,007, crass. 0,001 millim., recta" (Nyl. in Hue, l. c., Möller, Cult. Flecht. p. 33). *Stylosporae* „oblongae aut lineari-oblongae, rectae, decolores, simplices aut 1-septatae" (Linds., Mem. Spermog. Crust. Lich. 1870 p. 275, tab. XIII fig. 36 c).

*O. **arthrospora** Wainio (n. sp.).

Thallus tenuis, albidus. *Apothecia* bene approximata, leviter elevata, elongata, long. circ. 2—0,7, latit. 0,2 millim., simplicia aut pro parte parce ramosa, curvata aut flexuosa. *Perithecium* integrum, fuligineum, labiis conniventibus. *Discus* rimaeformis, ater, epruinosus. *Sporae* decolores, ovoideo-oblongae, 3-septatae, medio demum leviter constrictae, long. 0,011—0,016, crass. 0,005 millim.

Ad corticem arboris prope Sitio (1000 metr. s. m.) in civ. Minarum, n. 658. — Habitu subsimilis est O. pseudoageleae Müll. Arg. (Lich. Cap Horn. p. 168, Lich. Spegaz. p. 49) et O. atrae Pers., quae jam sporis ab ea differunt. — *Thallus* sat laevigatus, opacus. *Gonidia* chroolepoidea, circ. 0,010 millim. crassa, membrana sat tenui. *Apothecia* opaca. *Hypothecium subhymeniale* pallidum, tenue. *Hymenium* jodo vinose rubens aut pro parte primum dilutissime caerulescens, hypothecium subhymeniale primum distincte caerulescens. *Asci* clavati, apice membrana leviter incrassata aut sat tenui. *Paraphyses* 0,001 millim. crassae, apice haud incrassatae, ramoso-connexae. *Sporae* 8:nae, apicibus rotundatis, halone nullo aut tenui indutae, cellulis cylindricis, fere aeque longis ac latis.

Subg. II. **Sclerographa** Wainio. *Apothecia* elongata oblongave, disco rimaeformi aut aperto. *Perithecium* integrum. *Sporae* obscuratae.

9. O. **quinqueseptata** Wainio (n. sp.).

Thallus tenuis aut sat tenuis, olivaceo-glaucescens. *Apothecia* sat approximata, leviter elevata, elongata aut rarius pro parte oblonga, long. circ. 1,5—0,8, latit. 0,2—0,3 millim., parce ramosa aut pro parte simplicia, flexuosa aut curvata. *Perithe-*

cium integrum, fuligineum, labiis primum conniventibus et demum hiantibus. *Discus* primum rimaeformis, demum dilatatus, concavus aut planiusculus, nigricans, epruinosus. *Sporae* obscuratae, 5 (—6) -septatae, long. 0,015—0,021, crass. 0,0065—0,008 millim.

Ad corticem arboris prope Sitio (1000 metr. s. m.) in civ. Minarum, n. 901. — *Thallus* leviter inaequalis aut passim parce granulosus, opacus. *Gonidia* chroolepoidea. *Apothecia* opaca. *Hypothecium subhymeniale* sat tenue, pallido-fuscescens. *Hymenium* circ. 0,060—0,050 millim. crassum, jodo vinose rubens (hypothecium subhymeniale primum dilute caerulescens, demum vinose rubens). *Paraphyses* 0,0015 millim. crassae, apice haud incrassatae, ramoso-connexae. *Asci* obovoidei, membrana tota leviter incrassata. *Sporae* 8:nae, primum decolores, dein mox bene obscuratae, oblongo-ovoideae, apicibus rotundatis, pariete leviter incrassato, halone nullo indutae, cellulis brevioribus, quam latis, loculis subcylindricis aut demum fere lenticularibus.

5. **Chiodecton.**

Ach., Syn. Lich. (1814) p. 108 (emend.), Glyph. et Chiod. (Trans. Linn. Soc. XII, 1815—1818) p. 43 (em.); Fée, Mon. Chiod. 1829 (em.); Tul., Mém. Lich. II (1852) p. 208, tab. 10 fig. 24—27 (em.); Mass., Ric. Lich. Crost. (1852) p. 149 (em.); Nyl., Ess. Nouv. Classif. Lich. (1855) p. 190 (em.); Mass., Esam. Comp. (1860) p. 43 (em.); Th. Fr., Gen. Heterolich. (1861) p. 96 (em.); Tuck., Gen. Lich. (1872) p. 212 (em.); Bornet, Rech. Gon. Lich. (1873) p. 16, tab. 8 fig. 1; Leight., Lich. Great Brit. 3 ed. (1879) p. 435 (em.); Nyl. in Hue Addend. (1888) p. 263 (em.). *Stigmatidium*, Meyer, Entw. Flecht. (1825) p. 328 (pr. p. et em.); Nyl., Ess. Nouv. Classif. Lich. (1855) p. 188 (em.). *Platygrapha* Nyl., l. c. (em.).

Thallus crustaceus, uniformis, hypothallo aut hyphis medullaribus substrato affixus, rhizinis et strato corticali destitutus. *Stratum medullare* stuppeum, hyphis intricatis, tenuibus, leptodermaticis. *Gonidia* flavovirescentia, chroolepoidea, cellulis minutis, anguloso-globosis aut ellipsoideis aut oblongis, saltem primum concatenatis, filamenta ramosa formantibus, demum saepe pro parte etiam liberis, membrana vulgo sat tenui instructis, aut simplicia, globosa, magna (diam. circ. 0,020—0,030 millim.), pachydermatica [in subg. Schismatomma (Flot. et Koerb.) Wainio], aut phycopeltidea, cellulis concatenatis et in membranam connatis [in subg. Manzosia (Mass).]. *Apothecia* thallo innata aut in ipsa superficie thalli enata, immersa permanentia aut demum elevata et *amphithecio* thallino saepe *pseudostroma* formante et gonidia continente aut ex hyphis albidis laxe contextis constante et gonidiis destituto cincta, disco aperto, angusto aut dilatato, rotundato aut elongato instructa, aggregata confluentiave aut solitaria. *Perithecium* e strato laterali tenui constans aut omnino evanescens aut infra hymenium bene evolutum. *Paraphyses* numerosae, ramosae et ramoso-connexae, vulgo praesertimque superne flexuosae. *Asci* clavati aut oblongi, membrana tenui aut leviter incrassata. *Sporae* 8:nae aut pauciores, fusiformes aut aciculares aut oblongae aut rarius ovoideo-oblongae, demum pluriseptatae loculisque cylindricis, aut rarius murales [subg. Enterostigma (Müll. Arg.)], decolores aut rarius demum obscuratae [subg. Sclerophyton (Eschw.) et Enterostigma (Müll. Arg.)], jodo haud reagentes. *Pycnoconidia* cylindrica aut oblonga aut ellipsoidea, recta aut curvata. *Sterigmata* simplicia aut pauci-septata.

Subg. I. **Enterographa** (Fée) Müll. Arg. *Thallus* crebre contextus, hypothallo crebre contexto aut indistincto. *Pseudostromata* bene evoluta aut evanescentia nullave. *Hymenia* aggregata aut solitaria. *Perithecium* haud evolutum aut latere tenue et basi deficiens. *Hypothecium* albidum pallidumve aut raro dilute coloratum. *Sporae* pluriseptatae, decolores. *Gonidia* chroolepoidea.

Müll. Arg., Graph. Féean. (1887) p. 69. *Enterographa* Fée, Ess. Crypt. Écorc. (1824) p. 57. *Stigmatidium* Meyer, Entw. Flecht. (1825) p. 328 pr. p.; Nyl., Ess. Nouv. Classif. Lich. (1855) p. 188.

1. **Ch. elongatum** Wainio (n. sp.).

Thallus tenuis, pallido- aut cinereo-glaucescens, hypothallo evanescente aut tenui nigricante crebre contexto limitatus. *Apothecia* thallo immersa, vulgo approximata aut aggregata, vulgo elongata, long. 0,5—0,15 millim., radiatim aut varie ramosa aut simplicia, flexuosa curvatave aut recta, disco nigro aut fusconigro, epruinoso, circ. 0,05—0,10 millim. lato, margine thallino, levissime elevato aut obsoleto. *Hypothecium* albidum pallidumve. *Sporae* decolores, aciculares, 6—5-septatae, long. 0,043—0,056, crass. 0,0025—0,003 millim.

Ad corticem arboris prope Rio de Janeiro in civ. Minarum, n. 177. — Affine Ch. quassiaecolae (Fée) Müll. Arg. (Graph. Fécan. p. 69), quae praesertim perithecio ab eo differre videtur. — *Thallus* minutissime verruculoso-inaequalis aut sat laevigatus, continuus aut rimulosus, crebre contextus, nitidiusculus aut subopacus. *Gonidia* chroolepoidea, circ. 0,010—0,008 millim. crassa, membrana sat tenui. *Perithecium* nullum distinctum. *Hypothecium* tenue. *Hymenium* circ. 0,150 millim. crassum, jodo dilute caerulescens et demum vinose rubens. *Epithecium* rufescens aut testaceum pallidumve, KHO non reagens. *Paraphyses* ramoso-connexae, in epithecio saepe creberrime ramosae intricataeque et connexae. *Asci* clavati, circ. 0,010—0,012 millim. crassi, membrana fere tota leviter incrassata. *Sporae* 8:nae, altero apice sensim et altero breviter attenuato. *Conceptacula pycnoconidiorum* nigra, thallo immersa aut leviter prominula. *Sterigmata* simplicia aut basi ramosa, parcissime septata (septa una) aut exarticulata. *Pycnoconidia* ellipsoidea, apicibus rotundatis, long. 0,0035, crass. 0,002—0,0015 millim.

2. **Ch. Carassense** Wainio (n. sp.).

Thallus tenuis aut tenuissimus, cinerascens, hypothallo evanescente aut tenui nigricante crebre contexto limitatus. *Apothecia* thallo immersa, approximata, vulgo ellipsoidea, simplicia, long. 0,5—0,3, latit. 0,3—0,2 millim., disco nigro, epruinoso, margine thallino, leviter elevato aut obsoleto. *Hypothecium* pallidum aut dilute fuscescens. *Sporae* decolores, fusiformi-aciculares, 3-septatae, long. 0,025—0,027, crass. 0,0035—0,004 millim.

Ad corticem Piperacearum in Carassa (1400 metr. s. m.) in civ. Minarum, n. 1369. — Sat affine est Ch. leptosticto (Nyl., Lich. Nov.-Gran. ed. 2 p. 382), quae praecipue apotheciis minoribus ab eo differt. Habitu Thelotrema in memoriam revocat. — *Thallus* epiphloeodes (at habitu hypophloeodes), continuus, leviter inaequalis aut sat laevigatus, subopacus, jodo vinose rubens. *Gonidia* chroolepoidea, circ. 0,010—0,008 millim. crassa, membrana crassiuscula. *Perithecium* dimidiatum, tenue, fuscescens, amphithecio thallino gonidia continente demum thallum leviter superante obductum, basi deficiens. *Hypothecium* tenue. *Hymenium* jodo vinose rubens. *Epithecium* decoloratum. *Paraphyses* ramoso-connexae. *Asci* clavati, membrana sat tenui. *Sporae* 8:nae, apicibus attenuatis acutiusculisque.

Subg. II. **Stigmatidiopsis** Wainio. *Thallus crebre* contextus, hypothallo crebre contexto aut indistincto. *Pseudostromata* elevata aut evanescentia indistinctaque, in parte exteriore gonidia continentia, hymenia vulgo plura aut rarius solitaria continentia. *Hypothecium* obscuratum. *Sporae* pluriseptatae, decolores. *Gonidia* chroolepoidea.

3. **Ch. sphaerale** Ach., Syn. Lich. (1814) p. 108; Fée, Mon. Chiod. (1829) p. 15; Nyl., Lich. Nov.-Gran. (1863) p. 486 (mus. Paris.), Lich. Guin. (1889) p. 33; Müll. Arg., Graph. Fécan. (1887) p. 66.

Thallus sat crassus aut tenuis, creberrime contextus, stramineo- aut albido- aut cinereo-glausescens, $Ca\,Cl_2\,O_2$ non reagens, hypothallo indistincto aut interdum ad ambitum zonam nigricantem crebre contextam formante. *Pseudostromata* elevata, rotundata ellipsoideave aut confluentia, convexa, basi constricta, extus thallo subconcoloria subalbidave, intus fusco-nigricantia. *Disci* rotundati punctiformesque aut oblongi, nigri, epruinosi. *Hypothecium* fusco-nigricans. *Sporae* decolores, aciculares, demum 3-septatae, long. 0,022—0,040, crass. 0,0015—0,0025 [—,,0,004''] millim.

Ad corticem arborum et supra alios lichenes sat frequenter in Brasilia obvenit, n. 307. — *Thallus* vulgo verruculoso-inaequalis, opacus, neque jodo nec KHO reagens. *Gonidia* chroolepoidea, circ. 0,010—0,006 millim. crassa, membrana sat tenui. *Pseudostromata* long. circ. 3—0,4, latit. 2—0,4 millim., strato albido gonidia continente obducta, parte interiore inferioreque ex hyphis laxe contextis fusconigricantibus 0,002 millim. crassis leptodermaticis formata, apotheciis numerosissimis aut rarius subsolitariis instructa. *Perithecium* latere tenue fuscescensque. *Hypothecia* fusco-nigricantia, cum parte fusco-nigra pseudostromatis confluentia. *Hymenium* jodo caerulescens et demum vinose rubens. *Epithecium* fuscescens. *Paraphyses* 0,002—0,0015 millim. crassae, apice haud aut parum incrassatae, ramoso-connexae. *Asci* cylindrico-clavati, circ. 0,010 millim. crassi, apicem versus membrana leviter incrassata. *Sporae* 8:nae, apicibus ambobus leviter attenuatis, cellulis cylindricis, fere aeque longis.

4. **Ch. piperis** Wainio (n. sp.).

Thallus tenuis aut sat tenuis, creberrime contextus, glaucescens aut glaucescenti-albidus, hypothallo indistincto aut interdum ad ambitum zonam nigricantem crebre contextam formante. *Pseudostromata* elevata, oblonga ellipsoideave, convexa, basi constricta, albida aut thallo subconcoloria, intus fusco-nigricantia. *Disci* elongati aut pro parte rotundati, 1-seriales, simplices aut parce ramosi, nigri, epruinosi. *Hypothecium* fusconigricans. *Sporae* decolores, aciculares, demum 3-septatae, long. 0,023—0,038, crass. 0,002—0,0025 millim.

Ad corticem Piperacearum in Carassa (1400 metr. s. m.) in civ. Minarum, n. 1368. — *Thallus* verruculoso-inaequalis, opacus, $Ca\,Cl_2\,O_2$ non reagens. *Gonidia* chroolepoidea, circ. 0,010—0,008 millim. crassa, membrana sat tenui. *Pseudostromata* circ. 1,5—0,4 millim. longa, 0,3—0,25 millim. lata, saepe flexuosa curvatave, strato albido gonidia continente obducta, apotheciis paucis instructa. *Hypothecium* cum parte fusca pseudostromatis confluens. *Hymenium* circ. 0,060—0,070 millim. crassum, jodo dilutissime caerulescens, dein vinose rubens. *Epithecium* fuscescens. *Paraphyses* 0,001 millim. crassae, apicem versus 0,002 millim., ramoso-connexae et apice passim ramosae. *Asci* clavati, circ. 0,012 millim. crassi, apice saepe membrana incrassata. *Sporae* 8:nae, apicibus vulgo attenuatis aut altero apice obtuso.

Subg. III. **Byssocarpon** Wainio. *Thallus* laxius aut crebre contextus. *Pseudostromata* elevata, excipuliformia, extus hyphis laxe contextis instructa, gonidiis destituta, hymenia solitaria aut subsolitaria continentia. *Hypothecium* obscuratum. *Sporae* pluriseptatae, decolores. *Gonidia* chroolepoidea.

Platygrapha Nyl., Énum. Gén. Lich. (1857) p. 131 pr. p. (haud Nyl., Ess. Nouv. Classif. Lich. 1855 p. 188); Müll. Arg., Graph. Féean. (1887) p. 13 pr. p.

Sect. 1. **Pycnothallus** Wainio. *Thallus* crebre contextus, hypothallo evanescente aut crebre contexto.

5. **Ch. saxatile** Wainio (n. sp.).

Thallus crassitudine mediocris, verruculoso-areolatus, albidus aut albido-cinerascens, hypothallo evanescente aut tenuissimo nigricante crebre contexto. *Apothecia* adpressa, sat solitaria, rotundata, diametro 0,43—0,2 millim., disco nigro, epruinoso, margine cinereo-albicante. *Hypothecium* sordide violaceum. *Sporae* decolores, oblongae aut ovoideo- vel fusiformi-oblongae, vulgo 3-septatae, long. 0,010—0,017, crass. 0,003—0,004 millim.

Ad rupem itacolumiticam in Carassa (1400—1500 metr. s. m.) in civ. Minarum, n. 1206 b. — *Thallus* dispersus, opacus, crebre contextus. *Gonidia* chroolepoidea, circ. 0,012—0,008 millim. crassa, membrana crassiuscula. *Apothecia* elevata, gonidiis destituta, disco plano. *Excipulum* strato tenui fuligineo hymenium cingente, et in parte exteriore strato crasso albido, ex hyphis laxe contextis crassis formato. *Hypothecium* KHO haud reagens. *Hymenium* circ. 0,040 millim. crassum, jodo persistenter caerulescens. *Paraphyses* 0,001 millim. crassae, apice haud incrassatae, ramoso-connexae ($H_2 SO_4$). *Asci* clavati, circ. 0,010 millim. crassi, membrana apicem versus leviter incrassata. *Sporae* 8:nae, 3-septatae aut rarissime 5-septatae, apicibus obtusis aut altero apice rotundato.

Sect. 2. **Byssophoropsis** Wainio. *Thallus* sat laxe contexto, hypothallo laxissime contexto, byssino.

6. **Ch. dilatatum** (Nyl.) Wainio. *Platygrapha dilatata* Nyl., Lich. Nov.-Gran. Addit. (1867) p. 337 (mus. Paris.); Müll. Arg., Graph. Féean. (1887) p. 14.

Thallus sat crassus, glaucescens aut albidus, hypothallo byssino nigricante instructus limitatusque. *Apothecia* adpressa, solitaria, anguloso-rotundata, ambitu flexuoso aut saepe demum lobato, diametro circ. 7—1 millim., disco caesio-pruinoso, margine albido. *Hypothecium* fusconigrum. *Sporae* decolores, aciculares aut fusiformi-aciculares, 3-septatae, long. 0,032—0,042, crass. 0,0035—0,004 millim.

Ad corticem arborum prope Sitio (1000 metr. s. m.) in civ. Minarum, n. 679, 856, 947. — *Thallus* continuus, partim verrucosus verruculosusve, sat laxe contextus, opacus, KHO flavescens, KHO ($Ca\,Cl_2\,O_2$) rubescenti-maculatus, hyphis 0,002—0,0025 millim. crassis, membrana sat tenui instructis. *Gonidia* chroolepoidea, circ. 0,010—0,008 millim. crassa, membrana sat tenui. *Apothecia* elevata, gonidiis destituta, disco plano aut concaviusculo, demum interdum radiatim fissa. *Perithecium* latere albidum, basi fusco-nigricans, ex hyphis laxe contextis formatum. *Hymenium* circ. 0,090 millim. crassum, jodo dilute caerulescens, demum vinose rubens. *Epithecium* fusconigricans. *Paraphyses* 0,001 millim. crassae, ramoso-connexae ramosaeque, in epithecio in pubem fusconigricantem ramosam continuatae (0,002—0,0015 millim. crassae). *Asci* clavati, circ. 0,014—0,020 millim. crassi. *Sporae* 8:nae, apicibus attenuatis aut altero apice obtuso.

Ad hanc speciem aut forsan *Ch. undulatum* (Fée) pertinet *Parmelia cineritia* Ach., Syn. Lich. (1814) p. 201. In specimine originali sterili in hb. Ach. hypothallus est byssinus fusconigricans, gonidia chroolepoidea.

Subg. IV. **Byssophorum** Wainio. *Thallus* laxius contextus, hypothallo laxissime contexto byssino vulgo saltem ad ambitum thalli conspicuo. *Pseudostromata* saltem demum elevata, conspicua, in parte exteriore gonidia continentia, hymenia vulgo plura, rarius solitaria continentia. *Hypothecium* obscuratum. *Sporae* pluriseptatae, decolores. *Gonidia* chroolepoidea.

7. **Ch. sanguineum** (Sw.) Wainio. *Byssus sanguinea* Sw., Prodr. Fl. Ind. (1788) p. 148. *Thelephora?* Sw., Fl. Ind. Occ. III (1806) p. 1937. *Hypochnus rubrocinctus* Ehrenb. in Nees ab Esenb. Hor. Phys. Berol. (1820) p. 84; Fée, Ess. Crypt. Écorc. (1824) p. 21, tab. V fig. 1; Saccardo, Syllog. Fung. VI (1888) p. 663. *Chiodecton rubrocinctum* Nyl., Lich. Nov.-Gran. (1863) p. 486, ed. 2 (1863) p. 241 (excl. specim. fert.); Müll. Arg., Graph. Féean. (1887) p. 65.

Thallus crassitudine mediocris aut crassiusculus, intus sat laxe et superne sat crebre contextus, glauco-virescens aut albido-glaucescens albidusve, vulgo partim etiam rubescens, vulgo demum isidiis verruculaeformibus, thallo concoloribus aut rubris obsitus, inferne strato hypothallino rubro aut raro miniato-ochraceo instructus, et zona lata hypothallina byssina rubra aut raro miniato-ochracea cinctus. *Apothecia* bene evoluta incognita.

Supra corticem arborum et truncos vetustos frequenter in Brasilia obvenit, n. 690, 776, 1011, 1044, 1056 (f. **roseo-cincta** Fr.), 1088, 1398. — A cel. Nyl. in Lich. Nov.-Gran. l. c. apotheciis descripta est, at secundum specimina originalia in mus. Paris. haec apothecia revera ad speciem aliam, Ch. byssino Wainio valde affinem, pro parte supra Ch. rubrocinctum crescentem et verisimiliter eam ob causam cum eo commixtam, pertinent (etiam Ch. sphaerale supra Ch. rubrocinctum crescens lectum: n. 307 b). Nominetur **Ch. confundens** Wainio, et forsan est subspecies Ch. byssini, sporis crassioribus et hypothallo indistincto ab eo differens (conf. Nyl., l. c.).

F. **roseo-cincta** (Fr.) Wainio. *Thelephora roseo-cincta* Fr., Linnaea 1830 p. 132.

A ceteris formis Ch. rubro-cincti differt hypothallo ochraceo, maculatim thallum inferne obducente et zona hypothallina miniato- aut roseo-ochracea thallum glaucescenti-albidum cingente.

Ad truncos vetustos prope Sitio (1000 metr. s. m.) in civ. Minarum, n. 1056. — *Thallus* opacus, partim verrucoso-inaequalis, isidiis destitutus, ex hyphis 0,002—0,0015 millim. crassis, leptodermaticis, in parte inferiore laxe contextis formatus, in parte superiore inter hyphas crystallos oxalatis calcici et corpuscula amorpha albida continens. *Gonidia* chroolepoidea, circ. 0,010—0,006 millim. crassa, membrana sat tenui. *Apotheciis* valde male et morbose evolutis, forsan omnino a stato typico differentibus instructa est. *Pseudostromata* nulla conspicua. *Apothecia* aggregata, thallo immersa, immarginata, disco rotundato aut anguloso- vel denticulato-difformi, cinereo-fuscescente. *Hymenium* electrinum, superne fuscescens, morbose evolutum.

8. **Ch. byssinum** Wainio (n. sp.).

Thallus crassitudine mediocris aut crassiusculus, sat laxe contextus, cinereo-albicans, hypothallo ad ambitum zonam umbrino-fuscescentem byssoideam formante. *Pseudostromata* elevata, rotundata, basi abrupta aut leviter constricta, intus albida. *Disci* difformes, radiato-dentati substellative aut angulosi, cinereo-fuscescentes. *Hypothecium* pallidum, strato angustissimo pallido-fuscescenti perithecii impositum. *Sporae* decolores, aciculares, 3-septatae, long. 0,030—0,048, crass. 0,0025—0,0035 millim.

Ad corticem arboris prope Lafayette (1000 metr. s. m.) in civ. Minarum, n. 322. Habitu subsimile est Ch. nigrocincto Fée, a quo disco et pseudostromatibus et sporis majoribus differt. Affine etiam est Ch. albisedo (Nyl., Syn. Nov. Cal. p. 57), quod disco majore et hypothecio fusco ab eo differt. — *Thallus* leviter inaequalis, neque KHO nec $Ca\,Cl_2\,O_2$ reagens. *Gonidia* chroolepoidea, circ. 0,010—0,008 millim. crassa, membrana sat tenui. *Pseudostromata* diametro 0,7—0,4 millim., gonidia in parte exteriore continentia, disco uno aut interdum discis tribus instructa. *Perithecium* laterale tenuissimum, pallido-fuscescens. *Hymenium* jodo dilute caerulescens, demum plus minusve decoloratum, protoplasmate ascorum vinose rubente. *Epithecium* pallido-fuscescens pallidumve. *Paraphyses* 0,0015 millim. crassae, ramoso-connexae. *Asci* clavati, circ. 0,018—0,016 millim. crassi, apice membrana leviter incrassata. *Sporae* 8:nae, rectae aut curvatae, apicibus attenuatis obtusiusculisve, cellulis fere aeque longis.

9. **Ch. pterophorum** (Nyl.) Wainio. *Ch. farinaceum *Ch. pterophorum* Nyl., Lich. Nov.-Gran. Addit. (1867) p. 342 (secund. descr.).

Thallus crassitudine mediocris, sat crebre contextus, albidoglaucescens, $CaCl_2O_2$ non reagens, hypothallo ad ambitum zonam byssoideam fuscescenti-pallidam latam formante. *Pseudostromata* elevata, rotundata ellipsoideave aut difformia confluentiaque, convexa aut depresso-convexa, basi leviter constricta, extus intusque albida. *Disci* difformes, pro parte ramosi radiative, pro parte simplices, cinereo-fuscescenti-pruinosi. *Hypothecium* fusco-fuligineum. *Sporae* decolores, fusiformes, 3-septatae, long. 0,022—0,030, crass. 0,0035—0,005 millim.

Ad corticem arborum prope Sitio (1000 metr. s. m.) in civ. Minarum, n. 680. — A Ch. perplexo Nyl. (Lich. Nov.-Gran. Addit. p. 342), cui habitu subsimile est, reactione thalli differt, at congruere videtur cum *Ch. pterophoro Nyl. (l. c.), cujus specimen orig. autem non vidi. — *Thallus* sat inaequalis, opacus, KHO haud reagens, jodo caerulescens. *Gonidia* chroolepoidea, circ. 0,008 millim. crassa, membrana sat tenui. *Pseudostromata* long. circ. 4—0,8, latit. 3—0,8 millim., jodo non reagentia, in parte exteriore gonidia continentia, apotheciis numerosissimis instructa. *Disci* circ. 0,15—1,2 millim. longi, 0,15—0,2 millim. lati. *Perithecium* laterale deficiens aut parte inferiore tenue fusconigricansque. *Hypothecium* fusco-fuligineum, crassum aut crassiusculum. *Hymenium* jodo parte superiore vinose rubens. *Epithecium* fuscescenti-pallidum. *Paraphyses* 0,001—0,0005 millim. crassae, apice haud incrassatae, sat parce ramoso-connexae. *Asci* clavati, parte superiore membrana leviter incrassata. *Sporae* 8:nae, rectae aut pro parte curvatae, altero apice obtuso, altero attenuato acutoque, cellulis cylindricis, fere aeque longis.

10. **Ch. sulphureum** Wainio (n. sp.).

Thallus sat crassus, creberrime contextus, sulphureus aut stramineo-albicans, hypothallo ad ambitum zonam umbrino-fuscescentem byssoideam laceratam formante. *Pseudostromata* demum elevata, rotundata difformiave, convexa, demum basi constricta, thallo concoloria, intus albida. *Disci* difformes, radiato-dentati aut angulosi, caesio-pruinosi. *Hypothecium* fusco-fuligineum. *Sporae* decolores, fusiformes aut aciculares, 3-septatae, long. 0,026—0,030, crass. 0,002—0,004 millim.

Supra rupem in Carassa (1400—1500 metr. s. m.) in civ. Minarum, n. 1227. — *Thallus* bene verrucoso-rugosus, opacus, $Ca\,Cl_2\,O_2$ non reagens, KHO lutescens. *Gonidia* chroolepoidea, circ. 0,008—0,006 millim. crassa, membrana sat tenui. *Pseudostromata* circ. 2,5—1 millim. longa, 1,5—0,8 millim. lata, apotheciis paucis aut sat numerosis instructa, gonidia in parte exteriore continentia. *Hymenium* circ. 0,080—0,050 millim. crassum, jodo fulvescenti-vinose rubens. *Paraphyses* circ. 0,0015 millim. crassae, ramoso-connexae. *Asci* clavati, circ. 0,018 millim. crassi, apice membrana leviter incrassata. *Sporae* 8:nae, apicibus attenuatis, acutiusculis aut obtusiusculis, halone nullo indutae, cellulis cylindricis, fere aeque longis.

Subg. 7. **Mazosia** (Mass.) Wainio. *Thallus* crebre contextus, hypothallo indistincto. *Pseudostromata* nulla distincta. *Hymenia* solitaria. *Perithecium* basi deficiens, laterale evolutum. *Hypothecium* pallidum aut dilute coloratum. *Sporae* pluriseptatae, decolores. *Gonidia* phycopeltidea.

Mazosia Mass., Neag. Lich. (1854) p. 9. *Rotula* Müll. Arg., Lich. Epiphyll. (1890) p. 19.

11. **Ch. rotula** (Mont.) Wainio. *Strigula rotula* Mont. in Ram. de la Sagra Hist. Fisic. Cub. (1838—42) p. 142 (secund. specim. orig. [1]) e Cuba in hb. Mont.: mus. Paris.): Syllog. (1856) p. 375. *Platygrapha* Nyl., Lich. Andam. (1874) p. 13. *Pl. praemorsa* Stirt., Lich. Leav. Amaz. (1878) p. 5. *Opegrapha* Müll. Arg., Lich., Beitr. (Fl. 1883) n. 686. *Rotula striguloides* Müll. Arg., Lich. Epiphyll. (1890) p. 20, Lich. Beitr. (Fl. 1890) n. 1537 (conf. Ch. strigulinum).

Thallus tenuis, crebre contextus, continuus, vulgo verruculis increbris instructus, glaucescens aut glaucescenti-albidus, hypothallo indistincto. *Discus* rotundatus, livido-nigricans nigri-

---

[1]) Specimen a cel. Müll. Arg. examinatum, ad *Ch. strigulinum* (Nyl.) pertinens, non est originale (conf. Müll. Arg., Lich. Beitr. n. 1537).

cansve. *Hypothecium* pallido-fuscescens aut sordide pallidum. *Sporae* decolores, fusiformi-aciculares, 4—7-septatae [„—9-septatae“: Müll. Arg., L. B. n. 1537], long. circ. 0,040—0,042 millim. [„0,035—0,052 millim.“: Stirt., l. c.], crass. 0,003—0,004 millim. [„—0,0055 millim.“: Stirt.].

Ad folia perennia arboris prope Lafayette (1000 metr. s. m.) in civ. Minarum, n. 294 c. — *Thallus* opacus, maculas saepe rotundatas, circ. 1—11 millim. latas formans, hyphis 0,002—0,0015 millim. crassis. *Gonidia* phycopeltidea, cellulis oblongis aut oblongo-cylindricis, 0,008—0,006 millim. crassis, sat leptodermaticis, ad septas levissime constrictis, in series radiantes concatenatis et in membranam simplicem connatis. *Apothecia* thallo innata, demum elevata, disco 0,2—0,5 millim. lato, plano. *Perithecium* fusco-fuligineum, circ. 0,018 millim. crassum, conniventi-obliquum, strato thallino (pseudostromate vel amphithecio) gonidia continente, basi sensim in thallum abeunte obductum. — *Hymenium* circ. 0,090 millim. crassum, jodo fulvescens. *Epithecium* sordide pallidum, fulvescens. *Paraphyses* circ. 0,0017 millim. crassae, apice haud aut vix incrassatae, ramoso-connexae, superne flexuosae. *Asci* clavati, circ. 0,012 millim. crassi, membrana tota leviter incrassata. *Sporae* 8:nae, apicibus attenuatis, obtusiusculis, halone nullo indutae, cellulis cylindricis, fere aeque longis.

12. **Ch. strigulinum** (Nyl.) Wainio. *Platygrapha striguloides* Nyl., Enum. Gén. Lich. (1857) p. 131 (secund. specim. orig. e Brasilia in mus. Paris.), nomen postea ab auct. mutatum. *Pl. strigulina* Nyl., Lich. Andam. (1874) p. 13. *Opegrapha radians* Müll. Arg., Lich. Beitr. (Fl. 1883) n. 685. *Rotula radians* Müll. Arg., Lich. Epiphyll. (1890) p. 19. *Rotula vulgaris* Müll. Arg., Lich. Beitr. (Fl. 1890) n. 1533.

Thallus tenuis, crebre contextus, continuus, vulgo verruculis increbris instructus aut radiatim tenuiter costato-rugulosus [„aut laevigatus“: Müll. Arg.], glaucescens aut flavido-glaucescens, hypothallo indistincto. *Discus* rotundatus, livido-nigricans nigricansve. *Hypothecium* dilute fuscescens aut pallidum. *Sporae* decolores, fusiformi-oblongae, 3-septatae, long. 0,018—0,022, crass. 0,004—0,006 millim.

Var. **radians** (Müll. Arg.) Wainio. *Opegrapha radians* Müll. Arg., Lich. Beitr. (Fl. 1883) n. 685. *Rotula vulgaris α. radians* Müll. Arg., Lich. Beitr. (Fl. 1890) n. 1533.

Thallus radiatim costato-rugulosus.

Ad folia perennia arborum prope Rio de Janeiro, n. 170 d. — *Thallus* opacus, maculas saepe rotundatas formans. *Gonidia* phycopeltidea, cellulis oblongo-cylindricis aut cylindricis, 0,008—0,004 millim. crassis, sat leptodermaticis, ad septas haud aut levissime constrictis, in series radiantes concatenatis et in membranam simplicem connatis. *Apothecia* thallo innata, demum plus minusve elevata, disco 0,3—0,25 [—0,4] millim. lato, plano. *Perithecium* fusco-fuligineum, circ. 0,010 millim. crassum, conniventi-obliquum, ex hyphis suberectis conglutinatis increbre septatis formatum, strato thallino gonidia continente, basi sensim in thallum abeunte obductum. *Hymenium* circ. 0,070 millim. crassum, jodo fulvescenti-vinose rubens. *Epithecium* sordide pallidum aut dilute fuscescens. *Paraphyses* ramoso-connexae, superne flexuosae, apice haud aut vix incrassatae. *Asci* clavati, circ. 0,012 millim. crassi, membrana tota leviter incrassata. *Sporae* 8:nae, apicibus obtusis, halone nullo indutae, medio saepe levissime constrictae, cellulis subcylindricis, fere aeque longis, cellula secunda (ex apice superiore) saepe reliquis paullo crassiore.

6. Arthonia.

Ach. in Schrad. Journ. 1 B., 3 St. (1806) p. 3 pr. p., Lich. Univ. (1810) p. 25; Dufour, Rev. Gen. Opegr. (1818) p. 5; Tul., Mém. Lich. II (1852) p. 192; Leight., Mon. Brit. Graph. (1854) p. 51; Nyl., Syn. Arth. (1856) p. 88; Th. Fr., Gen. Heterolich. (1861) p. 96 (emend.); Kickx, Mon. Graph. Belg. (1865) p. 22; Linds., Mem. Sperm. Crust. Lich. (1870) p. 279, tab. XIV fig. 1—9, 11—17; Tuck., Gen. Lich. (1872) p. 217; Frank, Biol. Krustenflecht. 1876 (Bot. Jahresber. 1876 p. 70); Leight., Lich. Great Brit. 3 ed. (1879) p. 414; Almqu., Mon. Arth. Scand. (1880) p. 8; Müll. Arg., Graph. Féean. (1887) p. 4 et 53 (em.); Möller, Cult. Flecht. (1887) p. 37; Nyl. in Hue Addend. (1888) p. 253. (Rehm in Rabenh. Krypt.-Fl. III 1890 p. 280.)

Thallus crustaceus, uniformis, epiphloeodes aut rarius hypophloeodes, hypothallo aut hyphis medullaribus substrato affixus, rhizinis et strato corticali destitutus. *Stratum medullare* stuppeum, hyphis tenuibus, leptodermaticis, lumine cellularum comparate sat lato. *Gonidia* ad species diversas minores majoresve Trentepohliae (Chroolepi) pertinentia, cellulis anguloso-globosis aut ellipsoideis, primum concatenatis, filamenta saepe parce ramosa formantibus, demum saepe pro parte etiam liberis, aut rarius palmellacea (pleurococcoidea, ut videtur, aut forsan chlorococcoidea) et membrana crassa instructa. *Apothecia* thallo innata et saepe primum fragmentis thalli substrative obducta aut in ipsa superficie thalli enata, immersa permanentia aut vulgo demum emergentia adpressave, vulgo rotundata vel difformia breviaque aut rarius elongata, disco aperto, immarginato aut raro tenuiter marginato. *Perithecium* solum basale et ex hypothecio constans, aut in latere (margineve) hymenii stratum tenue evanescensve, ex hyphis conglutinatis contextum, formans, amphithecio nullo obductum. *Paraphyses* ramoso-connexae, vulgo solum in reagentiis conspicuae. *Asci* lati, obovati aut ellipsoidei oblongive, parte superiore pachydermatici. *Sporae* 8:nae aut pauciores, ovoideae aut oblongae aut ellipsoideae aut fusiformi-oblongae, 1—pluri-septatae, loculis subcylindricis, aut murales, decolores aut obscuratae, jodo haud reagentes aut rarius leviter vinose rubentes. *Pycnoconidia* „cylindrica aut oblonga aut apicibus incrassatis instructa, recta aut curvata, *sterigmatibus* simplicibus affixa aut pro parte subsessilia" Linds., l. c., Almqv., l. c. p. 10, Nyl., l. c.).

Subg. I. **Arthothelium** (Mass.) Wainio. *Sporae* murales.

Arthothelium Mass., Ric. Lich. Crost. (1852) p. 54; Koerb., Syst. Germ. (1855) p. 293; Th. Fr., Gen. Heterolich. (1861) p. 98; Müll. Arg., Graph. Féean. (1887) p. 4 et 65.

1. **A. aleurocarpa** Nyl., Lich. Nov.-Gran. Addit. (1867) p. 340 (secundum descriptionem).

Thallus tenuis, glaucescens. *Apothecia* aggregato-confluentia, difformia, lobato-dentata aut subramosa, long. circ. 4—0,7, latit. 2—0,3 millim., disco convexo, thallum superante, albo, pruinoso. *Hypothecium* albidum. *Epithecium* albidum. *Sporae* 8:nae, decolores, oblongae, murales, long. circ. 0,110—0,140 millim., crass. 0,038—0,040 millim.

Ad corticem arboris prope Sitio (1000 metr. s. m.) in civ. Minarum, n. 1019. — Specimen originale Lindigianum non vidimus, quare determinatio plantae nostrae non est satis certa. — *Thallus* leviter inaequalis aut sat laevigatus, opacus, KHO ($CaCl_2O_2$) dilute aurantiaco-rubescens, jodo caerulescens, KHO non reagens. *Gonidia* chroolepoidea, circ. 0,010—0,006 millim. crassa, membrana sat tenui. *Apothecia* partim thallo obducta et in parte superiore passim gonidia continentia, KHO ($Ca\,Cl_2\,O_2$) aurantiaco-rubescentia. *Hymenium* jodo caerulescens. *Paraphyses* crebre ramoso-connexae. *Asci* membrana incrassata. *Sporae* apicibus rotundatis, cellulis numerosissimis.

2. **A. effusa** (Müll. Arg.) Wainio. *Arthothelium effusum* Müll. Arg., Lich. Beitr. (Fl. 1880) n. 219, (1881) n. 279 (secundum descriptionem).

Thallus tenuis, albidus. *Apothecia* bene approximata, elongata aut pro parte ellipsoidea rotundatave aut difformia, long. circ. 2,5—0,5, latit. 0,7—0,3 millim., simplicia aut subramosa et vulgo confluentia, saepe flexuosa, disco albido vel subpallescenti-albido, pruinoso, convexo, thallum superante. *Hypothecium* albidum pallidumve. *Epithecium* albidum pallidumve. *Sporae* 8:nae, decolores, ellipsoideo-oblongae, murales, long. circ. 0,064—0,066 millim., crass. 0,030—0,032 millim.

Ad corticem arboris in Carassa (1400 metr. s. m.) in civ. Minarum, n. 1535. — Specimen orig. Müllerianum non vidi, quare determinatio plantae nostrae incerta est. — *Thallus* sat laevigatus aut leviter verruculoso-inaequalis, opacus, neque KHO nec $Ca\,Cl_2\,O_2$ reagens, apotheciis creberrime obtectus. *Gonidia* chroolepoidea, circ. 0,010—0,008 millim. crassa, membrana sat tenui. *Hymenium* jodo persistenter caerulescens, ascis vinose rubentibus. *Paraphyses* ramoso-connexae. *Sporae* halone crasso indutae, apicibus rotundatis, cellulis numerosissimis, cubicis.

3 **A. circumscissa** Wainio (n. sp.).

Thallus crassitudine mediocris aut sat tenuis, glaucescens aut testaceo-glaucescens aut glaucescenti-albidus. *Apothecia* thallo immersa, sat approximata, leviter ramosa aut pro parte simplicia, vulgo elongata, vulgo flexuosa curvatave, long. circ. 2,5—1 (—0,5) millim., maxima parte rima a thallo disjuncta. *Discus* leviter dilatatus, 0,2—0,1 (—0,3) millim. latus, planiusculus, caesio-pruinosus. *Paraphyses* pro parte ramosae et ramoso-connexae. *Sporae* solitariae, decolores aut demum pallidae, murales, long. circ. 0,062—0,130, crass. 0,020—0,040 millim.

Ad corticem arborum prope Sepitiba in civ. Rio de Janeiro, n. 442, 453, 513. — Inter Graphidem (Graphinam) et Arthothelium est intermedia, reactione sporarum cum priore, at paraphysibus cum posteriore congruens. Habitu subsimilis Gr. scribillanti Nyl. (Lich. Nov.-Gran. p. 471) et Gr. glaucescenti Fée. — *Thallus* verruculoso-inaequalis aut sat laevigatus, opacus, KHO non reagens, parte infima saepe jodo caerulescente. *Gonidia* chroolepoidea, circ. 0,008—0,006 millim. crassa. *Discus* apotheciorum thallum aequans aut levissime impressus, haud vere marginatus, at parte angusta thallina circumscissa ad instar marginis cinctus. *Perithecium* tenue, latere fuscescens aut rufescenti- vel fusco-fuligineum, media basi pallidum aut fuscescenti-pallidum deficiensve. *Hypothecium subhymeniale* tenue, pallidum albidumve. *Hymenium* circ. 0,110 millim. crassum, jodo dilutissime laevissimeque caerulescens, sporis maturis bene violaceo-caerulescentibus demumque subvinose obscuratis. *Epithecium* fuscescens aut fusco-fuligineum. *Paraphyses* tenuissimae, in KHO conspicuae, apice haud incrassatae, gelatinam sat abundantem percurrentes, ramosae et parce reticulatim connexae aut mediae interdum simplices. *Asci* membrana sat tenui. *Sporae* oblongae, apicibus rotundatis aut obtusis, halone indutae, cellulis numerosissimis.

Subg. II. **Euarthonia** (Th. Fr.) Wainio. *Sporae* 1—pluriseptatae. *Gonidia* ad species varias Trentepohliae pertinentia (chroolepoidea).

Arthonia I. *Euarthonia* Th. Fr., Gen. Heterolich. (1861) p. 96 (pr. p.); Nyl., Fl. 1878 p. 246 (pr. p.), Hue, Addend. (1888) p. 254 (pr. p.).

Stirps 1. **Naeviella** Wainio. *Apothecia* nigricantia, epruinosa, materias KHO intensius reagentes haud continentia.

Arthonia sect. VI. *Naevia* Almqu., Mon. Arth. Scand. (1880) p. 37 (emend.). *Naevia* Fr., Sched. Crit. III (1824) p. 21, spectat ad „A. punctiformem Ach.", quae, gonidiis carens, est fungus, quare hoc nomen recte a mycologis hodiernis adoptatum est.

4. **A. platygraphidea** Nyl., Lich. Nov.-Gran. ed. 2 (1863) p. 235; Müll. Arg., Graph. Féean. (1887) p. 59.

Thallus tenuis, albidus aut glaucescens. *Apothecia* sat solitaria aut sat approximata, anguloso-rotundata aut difformia, diam. 1,5—0,7 millim., disco nigro aut fusco-nigro, epruinoso. *Hypothecium* sordide pallidum aut dilute fuscescens. *Hymenium* jodo persistenter caerulescens. *Epithecium* fuscescens. *Sporae* decolores aut demum obscuratae, oblongae, 11—13 [—„15"]-septatae, long. 0,058—0,064 [—„73"] millim., crass. 0,014—0,016 millim. [—„0,022" millim.: Nyl., l. c.], cellulis medianis reliquis vulgo paullo longioribus.

Ad corticem arborum prope Rio de Janeiro, n. 90, 131. — *Thallus* sat laevigatus aut levissime verruculoso-inaequalis, sat opacus, jodo intense caerulescens, hypothallo nigro partim limitatus. *Gonidia* chroolepoidea, circ. 0,008 millim. crassa, membrana sat tenui. *Apothecia* planiuscula aut leviter convexiuscula, thallum demum vulgo leviter superantia, nitidiuscula aut sat opaca. *Hymenium* sordide pallidum, oleosum, jodo caerulescens, protoplasmate ascorum vinose rubente. *Paraphyses* tenuissimae, ramoso-connexae (liqu. aether., KHO et $H_2 SO_4$ adhibitis conspicuae). *Asci* subglobosi aut ellipsoidei aut ellipsoideo-ovoidei, parte superiore pachydermatici. *Sporae* 8:nae, saepe leviter curvatae vel obliquae, apicibus vulgo rotundatis.

5. **A. pluriseptata** Wainio (n. sp.).

Thallus tenuis aut tenuissimus, cinereo-glaucescens aut glaucescenti-albidus. *Apothecia* approximata, anguloso-rotundata aut difformia, long. circ. 0,7—0,1, latit. 0,3—0,1 (—0,7) millim., disco nigro aut fusco-nigro, epruinoso. *Hypothecium* pallidum. *Hymenium* jodo vinose rubens. *Epithecium* fuscescens. *Sporae* demum obscuratae, oblongae aut rarius ovoideo-oblongae 8—10-septatae, long. 0,040—0,058, crass. 0,011—0,013 millim., cellulis (1—3) medianis reliquis longioribus.

Ad corticem arborum prope Lafayette (1000 metr. s. m.) in civ. Minarum, n. 263, 284. — *Thallus* sat laevigatus aut leviter verruculoso-inaequalis, opacus, jodo haud reagens. *Gonidia* chroolepoidea, crass. circ. 0,010—0,008 millim., membrana crassiuscula. *Apothecia* planiuscula, thallum demum leviter superantia aut aequantia, opaca. *Hymenium* pallidum. *Paraphyses* 0,001 millim. crassae, apice haud incrassatae, ramoso-connexae. *Asci* obovati aut ellipsoidei, apicem versus pachydermatici. *Sporae* 8:nae, apicibus rotundatis obtusisve.

6. **A. rugosula** (Krempelh.) Wainio. *Graphis rugosula* Krempelh., Fl. 1876 p. 421 (coll. Glaz. n. 5068: hb. Warm.).

Thallus tenuis aut sat tenuis, albidus. *Apothecia* approximata, elongata aut ellipsoidea rotundatave, long. 1,2—0,2, latit.

0,2—0,15 millim., simplicia aut parce ramosa, flexuosa curvatave aut recta, disco cinereo-fuscescente albidove, pruinoso. *Hypothecium* albidum. *Hymenium* jodo vinose rubens aut primum caerulescens. *Epithecium* testaceum sordidumve aut olivaceo-nigricans fuscescensve. *Sporae* decolores aut demum pallidae, vulgo ovoideo-oblongae, 10—7-septatae, long. 0,022—0,034, crass. 0,008—0,012 millim., cellulis fere aeque longis.

Ad corticem arborum prope Sepitiba in civ. Rio de Janeiro, n. 411, 455. — Inter Graphides et Arthonias est intermedia, sporis cum prioribus fere congruens, at paraphysibus et ascis affinitatem cum posterioribus demonstrans. — *Thallus* sat laevigatus, opacus, KHO non reagens, jodo intense caerulescens. *Gonidia* chroolepoidea, circ. 0,010—0,008 millim. crassa, membrana sat tenui. *Apothecia* thallo immersa, sulciformia aut disco demum thallum aequante. *Perithecium* evanescens aut nullum distinctum. *Hypothecium* tenue, albidum, jodo caerulescens. *Hymenium* circ. 0,070 millim. crassum, albidum. *Epithecium* KHO non reagens. *Paraphyses* tenuissimae, apice haud incrassatae, ramoso-connexae ramosaeque (in KHO conspicuae). *Asci* subellipsoidei oblongive, circ. 0,026 millim. crassi, membrana fere tota praesertimque parte superiore incrassata. *Sporae* 8—6:nae, apicibus obtusis aut rotundato-obtusis, cellulis brevioribus quam latis, subcylindricis aut saepe fere lenticularibus.

7. **A. octolocularis** Wainio (n. sp.).

Thallus tenuis, epiphloeodes aut partim hypoploeodes, albidus. *Apothecia* vulgo approximata, difformia aut anguloso-rotundata, long. circ. 1—0,3, crass. 0,8—0,3 millim., disco convexiusculo aut planiusculo, nigro aut fusconigro, epruinoso, thallum vulgo demum leviter superante aut subaequante. *Hypothecium* pallidum. *Hymenium* jodo caerulescens et demum vinose rubens. *Epithecium* fuscescens. *Sporae* fuscescentes, oblongo-ovoideae, 7-septatae, long. 0,025—0,033, crass. 0,009—0,013 millim., cellulis apicalibus ambabus reliquis multo longioribus.

Ad corticem arboris in Carassa (1300 metr. s. m.) in civ. Minarum, n. 1382. — *Thallus* opacus, hyphis partim jodo caerulescentibus. *Gonidia* chroolepoidea, circ. 0,010—0,008 millim. crassa, membrana sat tenui. *Apothecia* opaca, interdum diu fragmentis thalli hypophloeodis, cellulas substrati continentibus suffusa. *Perithecium* laterale tenue, fuscum. *Paraphyses* tenuissimae, ramoso-connexae, apice haud aut leviter incrassatae (in KHO conspicuae). *Asci* subglobosi, parte superiore membrana incrassata. *Sporae* 8:nae, altero apice rotundato, altero obtuso, cellulis 6 mediis brevissimis.

8. **A. saxatilis** Wainio (n. sp.).

Thallus tenuis aut sat tenuis, albidus aut cinereo-albicans, dispersus, aut pro parte fere evanescens. *Apothecia* vulgo sat approximata, rotundata, diam. 0,7—0,3 millim., disco nigro, nudo. *Hypothecium* fuligineum. *Hymenium* jodo leviter caerulescens. *Epithecium* fuligineum. *Sporae* nigricantes, ovoideae aut oblongo-ovoideae, vulgo 5-septatae, rarius 7—4-septatae, long. 0,020—0,030, crass. 0,009—0,011 millim., cellulis apicalibus praesertimque apicis crassioris reliquis multo longioribus.

Ad rupem itacolumiticam in Carassa (1400—1500 metr. s. m.). in civ. Minarum, n. 1192. — *Thallus* inaequalis, opacus, jodo vinose rubens aut primum caerulescens, hyphis 0,002—0,003 millim. crassis. *Gonidia* chroolepoidea, cellulis circ. 0,014—0,028 millim. longis et 0,012—0,022 millim. crassis, anguloso-ellipsoideis, membrana crassa (immixta etiam Trentepohlia rigidula Hariot obvenit). *Apothecia* habitu lecideina, elevata, convexa aut convexiuscula, immarginata. *Perithecium* laterale haud evolutum. *Hymenium* sordidum, jodo leviter caerulescens et demum partim decoloratum, contento ascorum vinose rubente. *Paraphyses* ramoso-connexae, vulgo bene evolutae. *Asci* obovoidei aut late clavati, circ. 0,028—0,026 millim. crassi, membrana crassiuscula. *Sporae* 8:nae aut abortu pauciores, apicibus rotundatis, cellulis 6—3 intermediis brevissimis.

9. **A. complanata** Fée, Ess. Crypt. Écorc. (1824) p. 54; Nyl., Lich. Exot. (1859) p. 231, Lich. Nov.-Gran. (1863) p. 484 (mus. Paris.); Krempelh., Fl. 1876 p. 511; Müll. Arg., Graph. Féean. (1887) p. 58, Fl. 1888 p. 527.

Thallus tenuis aut tenuissimus, albidus aut cinereo-glaucescens. *Apothecia* vulgo sat approximata, anguloso-rotundata aut difformia, simplicia aut rarius dentata, long. circ. 1,7—0,3, latit. 1—0,3 millim., disco nigro aut fusco-nigro, epruinoso. *Hypothecium* pallidum albidumve. *Hymenium* jodo persistenter caerulescens aut demum obscure vinose rubens. *Epithecium* fuscescens. *Sporae* fuscescentes, ovoideo-oblongae, 6—5-septatae, long. circ. 0,024—0,032 millim., crass. 0,009—0,012 millim. [„—6—7 millim.": Müll. Arg.], cellulis ambabus apicalibus praesertimque apicis crassioris reliquis multo longioribus.

Ad cortices arborum haud rara in Brasilia, n. 371 (ad Lafayette), 1487 (in Carassa). — *Thallus* sat laevigatus, opacus, jodo haud reagens. *Gonidia* chroolepoidea, circ. 0,010—0,008 millim. crassa, membrana crassiuscula. *Apothecia* depresso-convexiuscula aut planiuscula, thallum vulgo demum superantia, nitidiuscula aut sat opaca. *Hymenium* pallidum, oleosum, in n. 371 persistenter caerulescens, in n. 1487 demum obscure rubens. *Epithecium* KHO subolivaceum. *Paraphyses* tenuissimae, ramoso-connexae (liqu. aether., KHO et H_2SO_4 adhibitis conspicuae). *Asci* late aut subgloboso-obovoidei, parte superiore pachydermatici. *Sporae* 8:nae, apicibus rotundatis aut apice angustiore obtuso, septis bene approximatis.

10. **A. consimilis** Wainio (n. sp.).

Thallus tenuissimus, albidus. *Apothecia* sat approximata, difformia, saepe anguloso-rotundata oblongave, simplicia aut dentata subradiatave, long. circ. 1,5—0,3, latit. 0,4—0,2 millim., disco nigro aut fusco-nigro, epruinoso. *Hypothecium* tenue, fuscum aut fuscescens. *Hymenium* jodo persistenter caerulescens. *Epithecium* fuscescens. *Sporae* decolores aut demum obscuratae, ovoideo-oblongae, 5(—6)-septatae, long. 0,020—0,026, crass. 0,008—0,009 millim., cellula ultima apicis crassioris reliquis multo longiore.

Ad corticem arboris prope Sitio (1000 metr. s. m.) in civ. Minarum, n. 834. — Valde affinis est A. complanatae, et forsan subspecies ejus. — *Thallus* sat laevigatus, opacus, jodo caerulescens. *Gonidia* chroolepoidea, circ. 0,010—0,008 millim. crassa, membrana sat tenui. *Apothecia* thallum aequantia. *Hypothecium* et *epithecium* KHO non reagentia. *Hymenium* pallidum, jodo persistenter caerulescens, protoplasmate ascorum vinose rubente. *Paraphyses* ramoso-connexae. *Asci* subglobosi aut subgloboso-obovoidei, parte superiore aut fere toti pachydermatici. *Sporae* 8:nae, apice crassiore rotundato, apice tenuiore vulgo obtuso, cellula ultima apicis tenuioris cellulis mediis haud aut parum longiore.

11. **A. araucariae** Wainio (n. sp.).

Thallus tenuis, albidus, dispersus. *Apothecia* vulgo sat solitaria, difformia, angulosa aut irregulariter obtuseque substellato-dentata, diametro circ. 0,3—0,8 millim., aut —1,2 millim. longa, disco planiusculo, thallum subaequante aut parum superante, nigro, epruinoso. *Hypothecium* pallidum aut subalbidum. *Hymenium* jodo persistenter caerulescens. *Epithecium* fuscum. *Sporae* decolores, oblongo-ovoideae, 5-septatae, long. 0,024—0,030, crass. 0,007—0,012 millim., cellula una apicali reliquis multo longiore (crassioreque).

Ad corticem Araucariae Brasiliensis in Carassa (1400 metr. s. m.) in civ. Minarum, n. 1567. — Affinis est A. complanatae Fée, a qua praesertim thallo disperso, jodo haud reagente, differt. — *Thallus* opacus. *Gonidia* chroolepoidea, circ. 0,012—0,008 millim. crassa, membrana sat tenui. *Apothecia* opaca. *Paraphyses* ramoso-connexae, apice haud incrassatae (in KHO conspicuae). *Asci* ellipsoideo-obovoidei, membrana maxima parte incrassata; sporae et contentum ascorum jodo vinose rubentia. *Sporae* 8:nae, decolores (aut morbose obscuratae), apicibus rotundatis aut apice tenuiore obtuso, cellulis, excepta una apicis crassioris, sat brevibus.

12. **A. quatuorseptata** Wainio (n. sp.).

Thallus tenuissimus, epiphloeodes aut hypophloeodes, albidus. *Apothecia* vulgo approximata, elongata, parce aut sat parce ramosa aut pro parte simplicia, flexuosa curvatave, long. circ. 2—0,5, crass. 0,15—0,1 millim., disco planiusculo, nigricante, epruinoso, thallum demum levissime superante. *Hypothecium* albidum. *Hymenium* jodo caerulescens et demum vinose rubens. *Epithecium* fuscescens. *Sporae* decolores aut demum fuscescentes, ovoideo-oblongae, demum 4-septatae, long. 0,014—0,022, crass. 0,005—0,006 millim., cellula una apicali reliquis multo longiore (crassioreque).

Ad corticem arborum prope Rio de Janeiro, n. 167, et ad Sitio (1000 metr. s. m.) in civ. Minarum, n. 850. — Haec species inter Chiodecton et Arthoniam est intermedia, at sporis cum posterioribus congruit. — *Thallus* opacus, jodo caerulescens. *Gonidia* chroolepoidea, circ. 0,010—0,006 millim. crassa, membrana crassiuscula. *Apothecia* primum thallo immersa, demum erumpentia et saepe margine vel amphithecio thallino angustissimo, e substrato et thallo formato, cincta. *Perithecium* laterale passim conspicuum tenuissimumque, fuscescens. *Hymenium* circ. 0,040 millim. crassum. *Lamina* apothecii KHO non reagens. *Paraphyses* tenuissimae, ramoso-connexae. *Asci* obovoidei aut late clavati, circ. 0,012—0,020 millim. crassi, membrana apice leviter incrassata. *Sporae* 8:nae, altero apice rotundato, altero obtuso.

13. **A. submiserula** Wainio (n. sp.).

Thallus sat tenuis aut tenuis, albidus aut sordidescens. *Apothecia* vulgo approximata, difformia, angulosa aut dentata, long. circ. 0,6—0,15, latit. 0,3—0,15 millim., disco nigro aut fusconigro, epruinoso. *Hypothecium* fuscum. *Hymenium* jodo persistenter caerulescens. *Epithecium* fuscescens aut pallidum. *Sporae* demum fuscae, ovoideo-oblongae, 4(—)3-septatae, long. 0,012—0,016, crass. 0,004—0,006 millim., cellula apicali crassiore reliquis multo longiore.

Ad corticem arboris prope Rio de Janeiro, n. 11. — Habitu similis est A. miserulae Nyl. et A. pulicosae Nyl., quae autem hypothecio pallido albidove ab ea differunt. — *Thallus* sat laevigatus aut parum inaequalis, opacus, jodo haud reagens. *Gonidia* chroolepoidea, circ. 0,008—0,006 millim. crassa, membrana sat tenui. *Apothecia* planiuscula, thallum subaequantia aut demum levissime superantia, opaca. *Hypothecium* KHO non reagens aut subolivaceum. *Hymenium* pallidum. *Paraphyses* tenuissimae, apice haud incrassatae, ramoso-connexae, septatae. *Asci* obovoidei, circ. 0,016—0,014 millim. crassi, parte superiore pachydermatici. *Sporae* 8:nae, primum decolores, demum fuscae, apicibus rotundatis aut obtusis.

14. **A. obscurata** Wainio (n. sp.).

Thallus sat tenuis aut crassitudine fere mediocris, cinereo-nigricans aut griseo-obscuratus. *Apothecia* sat solitaria aut sat approximata, rotundata, diam. 0,4—0,2 millim., disco nigro nudoque aut tenuissime cinereo-pruinoso. *Hypothecium* fuscescens. *Hymenium* jodo violascens. *Epithecium* nigricans aut fusco-nigricans. *Sporae* decolores, fusiformes aut fusiformi-oblongae, 3—4-septatae, long. 0,018—0,022, crass. 0,004—0,005 millim., cellulis fere aeque longis.

Ad rupem in Carassa (1400 metr. s. m.) in civ. Minarum,

n. 1342. — *Thallus* sat laevigatus, opacus, creberrime areolato-diffractus, hyphis 0,002 millim. crassis, leptodermaticis, medulla jodo intense caerulescente. *Gonidia* chroolepoidea, cellulis circ. 0,020—0,028 millim. longis et 0,016—0,018 millim. crassis, membrana sat crassa. *Apothecia* thallo immersa, disco thallum subaequante aut levissime superante. *Perithecium* laterale tenuissimum evanescensque, nigricans. *Hypothecium* et *epithecium* KHO non reagentia. *Hypothecium subhymeniale* jodo dilute caerulescens. *Hymenium* circ. 0,040 millim. crassum. *Paraphyses* bene evolutae, 0,0015—0,002 millim. crassae, apice haud aut leviter incrassatae, ramoso-connexae. *Asci* late clavati, circ. 0,020—0,022 millim. crassi, apicem versus membrana sat bene incrassata. *Sporae* 8:nae, apicibus obtusis, altero apice angustiore, saepe leviter curvatae obliquaeve.

15. **A. cerei** Wainio (n. sp.).

Thallus tenuissimus, albidus. *Apothecia* vulgo sat approximata, elongata, long. circ. 2—0,4, latit. 0,1—0,15 millim., vulgo ramosa, flexuosa, disco nigro, nudo. *Hypothecium* albidum. *Hymenium* jodo violascens, et demum vinose rubens. *Epithecium* fuligineum. *Sporae* decolores, ovoideo-oblongae, 3-septatae, long. 0,015—0,020, crass. 0,005—0,008 millim., cellulis fere aeque longis.

Ad corticem Cerei in littore marino prope Rio de Janeiro, n. 122. — Habitu subsimilis est A. hapalizae Nyl. — *Thallus* epiphloeodes, sat laevigatus. *Gonidia* parce evoluta, in statu certe determinabili haud visa, flavida, forsan haud chroolepoidea, pro parte cellulis circ. 0,010—0,008 millim. crassis, membrana sat tenui instructis, pro parte habitu gloeocystoidea (forsan autem ambo ad protococcum pertinentia). *Apothecia* ramosa et saepe etiam irregulariter confluentia, immarginata, disco thallum subaequante. *Hypothecium* et *epithecium* KHO virescenti-fuliginea. *Hymenium* pallidum. *Paraphyses* tenuissimae (circ. 0,0005 millim. crassae), ramoso-connexae. *Asci* obovoidei, circ. 0,018—0,016 millim. crassi, membrana apice bene incrassata. *Sporae* 8:nae, apicibus rotundatis, membrana vulgo leviter incrassata.

16. **A. minutella** Wainio (n. sp.).

Thallus tenuis, albidus. *Apothecia* approximata, difformia, pro parte anguloso-rotundata, pro parte oblonga elongatave, long. 0,1—0,8, latit. 0,1—0,25 millim., simplicia aut parce ramosa, flexuosa aut recta, disco nigricante aut fusco-nigricante, nudo. *Hypothecium* pallidum albidumve. *Hymenium* jodo vinose rubens. *Epithecium* fuscum, KHO vix reagens. *Sporae* decolores, ovoideo-oblongae aut naviculares, 3-septatae, long. 0,013—0,016, crass. 0,004—0,006 millim., cellulis fere aeque longis.

Ad corticem arboris prope Sepitiba in civ. Rio de Janeiro, n. 467. — Affinis sit A. dispersellae Müll. Arg., Lich. Beitr. (Fl. 1880) n. 225, at sporis minoribus et thallo ab ea differens. — *Thallus* epiphloeodes, sat laevigatus, continuus, hyphis circa et infra apothecia jodo caerulescentibus. *Gonidia* chroolepoidea, circ. 0,008—0,006 millim. crassa, membrana sat tenui. *Apothecia* disco thallum subaequante, immarginata. *Epithecium* KHO subolivaceum aut vix reagens. *Paraphyses* ramoso-connexae. *Asci* ellipsoideo-ovoidei, parte superiore membrana incrassata. *Sporae* 8:nae, apicibus obtusis aut apice crassiore rotundato.

17. **A. polymorphoides** Wainio (n. sp.).

Thallus tenuis, virescens aut glauco-virescens. *Apothecia* vulgo sat solitaria, suborbicularia aut anguloso- vel subcrenato-rotundata, diametro 1,2—0,6 millim., disco planiusculo, thallum levissime superante, nigricante, epruinoso. *Hypothecium* fuscescens aut rubricoso-fuscescens. *Hymenium* jodo vinose rubens. *Epithecium* fuscescens aut rubricoso-fuscescens. *Sporae* decolores, oblongae, 3-septatae, long. 0,016—0,023, crass. 0,005—0,006 millim., cellulis fere aeque longis aut apicalibus paullulo brevioribus.

Ad corticem arbustorum prope Rio de Janeiro, n. 192. — Habitu subsimilis est A. exili var. dispunctae (Wainio, Adj. II p. 163). — *Thallus* epiphloeodes, opacus, jodo haud reagens. *Gonidia* chroolepoidea, circ. 0,009—0,006 millim. crassa, membrana sat tenui. *Perithecium* laterale leviter evolutum, hypothecio subsimile. *Hymenium* circ. 0,050 millim. crassum. *Lamina* apothecii KHO non reagens. *Paraphyses* ramoso-connexae (H_2SO_4). *Asci* subellipsoidei aut obovoideo-ellipsoidei, circ. 0,016—0,020 millim. crassi, apice membrana incrassata. *Sporae* 8:nae, decolores aut morbose obscuratae, apicibus obtusis.

18. **A. biseptata** Wainio (n. sp.).

Thallus tenuissimus, albido-glaucescens. *Apothecia* approximata, difformia, saepe oblonga aut anguloso-rotundata, long. 0,3—0,1 millim., latit. circ. 0,1 millim., simplicia aut parcissime ramulosa, recta aut curvata, disco nigro, epruinoso. *Hypothecium* pallidum. *Hymenium* jodo persistenter caerulescens. *Epithecium* fuscum. *Sporae* decolores aut rarius demum obscuratae. ovoideo-oblongae, 2-septatae, long. 0,007—0,011, crass. 0,002—0,0025 millim., cellulis fere aeque longis aut cellula mediana reliquis breviore.

Ad ramulos arbustorum prope Rio de Janeiro, n. 84. — *Thallus* sat laevigatus, opacus, hyphis circa et infra apotheciis jodo caerulescentibus. *Gonidia* chroolepoidea, circ. 0,008 millim. crassa, membrana sat tenui. *Hymenium* dilute pallidum, latere (vel perithecium laterale) anguste fuscescens. *Paraphyses* tenuissimae, ramoso-connexae. *Asci* obovoidei, apicem versus membrana incrassata. *Sporae* 8:nae, altero apice rotundato, altero obtuso.

Stirps 2. **Pachnolepia** (Mass.) Almqu. *Apothecia* pruinosa, atra sub pruina, materias KHO intensius reagentes haud continentia.

Arthonia sect. III. *Pachnolepia* Almqu., Mon. Arth. Scand. (1880) p. 22. *Pachnolepia* Mass., Framm. (1855) p. 6; Koerb., Syst. Germ. (1855) p. 296. *Leprantha* Koerb., Syst. Germ. (1855) p. 294.

19. **A. polystigmatea** Wainio (n. sp.).

Thallus tenuis aut sat tenuis, albidus. *Apothecia* approximata, anguloso-rotundata aut pro minore parte oblonga difformiave aut varie confluentia, diam. 0,15—0,5 millim., aut raro — 1,5 millim. longa, disco plano, thallum subaequante, pruinoso. *Hypothecium* albidum. *Hymenium* jodo caerulescens. *Epithecium* fuscescens. *Sporae* decolores, vulgo ovoideo-oblongae, 4- aut pro parte 5-septatae, long. 0,016—0,023, crass. 0,006—0,010 millim., cellula apicali crassiore reliquis multo longiore et vulgo etiam crassiore.

Ad corticem arborum prope Rio de Janeiro, n. 214 b, 185. — *Thallus* continuus aut rimulosus, sat laevigatus, opacus. *Gonidia* chroolepoidea, circ. 0,012—0,008 millim. crassa, membrana crassiuscula aut sat tenui. *Apothecia* numerosissima, disco fusco- vel pallido-cinerascente, pruinoso. *Epithecium* KHO olivaceum. *Paraphyses* 0,0015 millim. crassae, ramoso-connexae. *Asci* obovoidei, apicem versus membrana incrassata. *Sporae* 8:nae, apicibus rotundatis aut altero apice obtuso, in n. 214 b 4-septatae et long. 0,023, crass. 0,010 millim., in. n. 185 4—5-septatae et long. 0,016—0,020, crass. 0,006—0,008 millim., cellulis, summa excepta, sat brevibus.

20. **A. Mülleri** Wainio. *A. serialis* Müll. Arg., Lich. Beitr. (Fl. 1888) n. 1449 (nomen jam antea adhibitum: conf. Müll. Arg., Graph. Féean. 1887 p. 56).

Thallus sat tenuis aut crassitudine mediocris, albidus aut stramineo-albicans. *Apothecia* approximata, elongata aut angu-loso-rotundata difformiave, saepe seriatim aut varie coadunata, simplicia aut varie ramosa dentatave, long. 1,2—0,3, latit. 0,6—0,15 millim., disco caesio-pruinoso. *Hypothecium* (peritheciumve) fusco-fuligineum. *Hymenium* jodo caerulescens (ascis violascentibus). *Epithecium* fusco-fuligineum fuscescensve. *Sporae* decolores, ovoideae aut oblongo-ovoideae, 2-septatae aut raro 3-septatae, long. 0,008—0,015, crass. 0,003—0,005 millim.

Ad rupes in Carassa (circ. 1500 metr. s. m.) in civ. Minarum, n. 1237, 1541. — *Thallus* verruculoso-inaequalis aut sat laevigatus, crebre rimulosus aut areolato-diffractus, Ca Cl_2 O_2 non reagens, KHO flavescens, medulla jodo intense caerulescente, partim violascente. *Gonidia* chroolepoidea, circ. 0,010—0,016 millim. crassa, membrana sat tenui aut crassiuscula. *Apothecia* thallo immersa aut demum emersa, vulgo fissura circumscissa. *Perithecium* laterale sat tenue aut passim evanescens. *Hypothecium* vel pars basalis perithecii fusco-fuligineum, parte subhymeniali tenui albida. *Hymenium* pallidum aut sordide albidum. *Epithecium* KHO olivaceum aut immutatum. *Paraphyses* 0,0005 millim. crassae, apice haud incrassatae, ramoso-connexae. *Asci* pyriformi-clavati, circ. 0,016—0,018 millim. crassi, apice membrana incrassata. *Sporae* 8:nae, altero apice rotundato, altero obtuso, cellulis apicalibus, praesertimque cellula crassiore, reliquis longioribus.

Stirps 3. **Ochrocarpon** Wainio. *Apothecia* laetius colorata vel pallescentia (haud persistenter nigra), materias KHO intensius reagentes haud continentia.

21. **A. Antillarum** (Fée) Nyl., Fl. 1867 p. 7, Syn. Lich. Nov. Caled. (1868) p. 61; Müll. Arg., Rev. Lich. Mey. p. 318,

Graph. Féean. (1887) p. 55. *A. varia* var. *Antillarum* Nyl., Lich. Nov.-Gran. ed. 2 (1863) p. 267.

Thallus tenuissimus, partim hypophloeodes, stramineus aut albidus. *Apothecia* sat approximata aut sat solitaria, difformia, saepe angulosa aut dentata subradiatave, circ. 2—0,4 millim. longa, circ. 0,8—0,2 millim. lata, disco pallido aut stramineo-pallido. *Hypothecium* pallidum. *Hymenium* jodo dilutissime [aut bene] caerulescens, demum varie subvinose coloratum. *Epithecium* pallidum. *Sporae* decolores, ovoideo-oblongae, 3-septatae, „long. 0,014 0,018, crass. 0,004—0,006 millim." (Müll. Arg. et Nyl., l. c.), cellulis fere aeque longis.

Ad corticem arborum prope Sepitiba in civ. Rio de Janeiro, n. 478. — *Thallus* sat laevigatus, hyphis jodo non reagentibus aut interdum caerulescentibus, hypothallo fusco interdum anguste limitatus. *Apothecia* demum leviter elevata. *Perithecium* indistinctum. *Hymenium* dilute pallidum, in specimine nostro jodo parum aut dilutissime caerulescens, demum dilutissime subvinose coloratum. *Hypothecium* et *epithecium* KHO lutescentia. *Paraphyses* ramoso-connexae, apice haud incrassatae. *Asci* ellipsoideo-oblongi aut obovoidei, apicem versus membrana incrassata. *Sporae* 8:nae aut abortu pauciores, apicibus rotundatis aut apice tenuiore obtuso, in specimine nostro long. 0,018, crass. 0,005 millim., cellulis fere aeque longis aut mediis levissime longioribus.

Stirps 4. **Coniocarpon** (D. C.) Wainio. *Apothecia* varie lactius colorata (haud persistenter nigra), materias rubras aut fulvescentes, KHO violascentes aut raro cyanescentes continentia.

Coniocarpon D. C., Fl. Fr. II (1805) p. 323 (pr. p.); Mass., Ric. Lich. Crost. (1852) p. 46 (pr. p.). *Arthonia* sect. I. *Coniangium* et sect. II. *Convoloma* Almqu., Mon. Arth. Scand. (1880) p. 13 et 19.

22. **A. gregaria** (Weig.) Koerb., Syst. Germ. (1855) p. 291; Almqu., Mon. Arth. Scand. (1880) p. 20; Müll. Arg., Fl. 1888 p. 524, 527; Bachmann, Yeb. Nichtkryst. Flechtenfarbst. (1889) p. 27 et 53, tab. I fig. 1—2. *Sphaeria gregaria* Weig., Obs. Bot. (1772) pag. 43 (ex cit.). *Coniocarpon cinnabarinum* D. C., Fl. Fr. II (1805) p. 323. *Arthonia cinnabarina* Wallr., Comp. Fl. Germ. II (1831) p. 320; Nyl., Syn. Arth. (1856) p. 88 (pr. p.); Kickx, Mon. Graph. Belg. (1865) p. 23 (pr. p.); Leight., Lich. Great Brit. 3 ed. (1879) p. 421.

Thallus tenuis aut tenuissimus, albidus aut rarius cinerascens vel violaceo-maculatus. *Apothecia* approximata et vulgo etiam conferta, vulgo anguloso-rotundata, aut difformia, long. vulgo circ. 0,5—0,2, raro 1 millim., crass. 0,3—0,2 millim., disco vulgo caesio-pruinoso, KHO solutionem violaceam effundentia. *Perithecium* rubescens. *Hypothecium* dilute rubescens. *Hymenium* jodo vinose rubens aut vulgo primum caerulescens. *Epithecium* albidum aut lividum aut livido-rubescens. *Sporae* decolores aut demum obscuratae, ovoideo-oblongae, 5—4-septatae, long. 0,021—0,026 millim. [—„0,018" millim.: Almqu., l. c.], crass. 0,007—0,009 millim., cellula apicali crassiore reliquis multo longiore.

Var. **tumidula** Almqu., Mon. Arth. Scand. (1880) p. 21.

Apothecia disco caesiopruinoso, margine cinnabarino-pruinoso. — Ad corticem arborum prope Rio de Janeiro frequenter obvenit, n. 61, 116, 128, 200, 214, 414, 472, 499; etiam in Carassa (1400 metr. s. m.) in civ. Minarum lecta, n. 1367. *Thallus* epiphloeodes, vulgo continuus, vulgo leviter inaequalis, opacus, jodo solo haud reagens. *Gonidia* chroolepoidea, circ. 0,008 millim. crassa, membrana sat tenui. *Apothecia* praesertimque perithecium solutionem violaceam effundentia, materiam rubram et passim etiam violaceam continentia. *Perithecium* laterale, tenue, rubescens, basi deficiens. *Hymenium* decoloratum aut dilutissime rubescens, jodo intense (in n. 61) aut dilutissime (in n. 414) caerulescens, demum vinose rubens. *Epithecium* KHO saepe olivaceum. *Paraphyses* 0,0015 millim. crassae, ramoso-connexae. *Asci* oblongi clavative, apicem versus membrana incrassata. *Sporae* 8:nae, apicibus rotundatis obtusisve.

Var. **adspersa** (Mont.) Wainio. *Ustalia adspersa* Mont., Lich. Guyan. (1842) p. 278 (mus. Paris.). *A. cinnabarina* f. *adspersa* Nyl., Syn. Arth. (1856) p. 89, Syn. Cal. (1868) p. 60, Lich. Nov.-Gran. ed. 2 (1863) p. 228. *Arthonia adspersa* Nyl., Lich. Nov. Zel. (1888) p. 119.

Apothecia disco et margine caesio-pruinoso. — Ad corticem arborum prope Rio de Janerio, n. 102 (n. 414 b in v. tumidulam transiens). — *Perithecium* tenue, integrum, intense rubescens, in margine strato tenui albido obductum. *Hypothecium* dilute rubescens. *Hymenium* jodo vinose rubens. *Asci* ellipsoideo-clavati. *Sporae* ovoideo-oblongae, 5—4-septatae, decolores aut morbose fuscescentes, long. 0,021—0,024, crass. 0,007 millim., cellula apicali crassiore reliquis multo longiore.

23. **A. interducta** Nyl., Lich. Nov.-Gran. (1863) p. 496; Krempelh., Fl. 1876 p. 511 (coll. Glaz. n. 3411: hb. Warm.).

Thallus tenuissimus, albidus aut glaucescenti-albidus. *Apothecia* approximata, difformia, oblonga et pro parte rotundata aut varie angulosa, long. 0,9—0,2, latit. circ. 0,2 millim., simplicia aut pro parte parce ramosa, pro parte flexuosa curvatave, disco cinereo-fuscescente aut fuscescente, tenuissime pruinoso aut nudo. *Perithecium laterale* violaceo- aut purpureo-fuligineum, KHO solutionem violaceam effundens. *Hypothecium* pallidum aut dilute pallido-rubescens. *Hymenium* jodo caerulescens et demum vinose rubens. *Epithecium* pallido-rubescens aut pallido-fuscescens. *Sporae* decolores aut demum obscuratae, oblongo-ovoideae, 3—4-septatae, long. 0,016—0,020 millim. [—„0,025" millim.: Nyl., l. c.], crass. 0,005—0,007 millim. [„0,007—0,009" millim.: Nyl., l. c.], cellula apicali crassiore reliquis multo longiore.

Ad corticem arboris prope Sepitiba in civ. Rio de Janeiro, n. 475. — Specimen Nylanderianum, quod non vidi, secundum descriptionem paululum differre videtur, at cum planta a Krempelhubero commemorata specimen nostrum bene congruit. — *Thallus* epiphloeodes, sat laevigatus, opacus, jodo non reagens. *Gonidia* chroolepoidea, circ. 0,008 millim. crassa, membrana sat tenui. *Apothecia* saepe demum leviter emergentia. *Perithecium* dimidiatum, sat tenue, basi deficiens. *Hymenium* dilute pallido-rubescens pallidumve, KHO solutionem violaceam effundens. *Paraphyses* 0,0015—0,001 millim. crassae, ramoso-connexae, apice haud incrassatae. *Asci* clavati aut obovoidei, circ. 0,012—0,026 millim. crassi, apice membrana bene incrassata. *Sporae* 8:nae, apicibus rotundatis, vulgo 3-septatae, pro parte 4-septatae, raro 2-septatae, cellulis inaequalibus.

24. **A. ferruginea** Wainio (n. sp.).

Thallus tenuis, glaucescenti-albidus. *Apothecia* saepe sat approximata, difformia aut anguloso-rotundata dentatave, long. circ. 1,5—0,8, latit. 1—0,4 millim., disco ferrugineo-fuscescente, ad ambitum ochraceo ferrugineove. *Hypothecium* ferrugineo-fulvescens, KHO solutionem cyanescentem effundens. *Hymenium* jodo persistenter caerulescens. *Epithecium* fulvescens aut rufo-vel ferrugineo-fulvescens. *Sporae* decolores, ovoideo-oblongae, 5

(—3)-septatae, long. 0,020—0,024, crass. 0,005—0,008 millim., cellula apicali crassiore reliquis multo longiore.

Ad corticem arboris prope Rio de Janeiro, n. 25. — *Thallus* leviter verruculoso-inaequalis, opacus, hypothallo nigricante saepe limitatus. *Gonidia* chroolepoidea, circ. 0,012—0,008 millim. crassa, membrana sat tenui aut sat crassa. *Apothecia* maculaeformia, disco thallum aequante, KHO solutionem cyanescentem (haud violascentem) effundentia. *Hypothecium* tenue. *Hymenium* circ. 0,040 millim. crassum, electrino-lutescens. *Paraphyses* ramoso-connexae, apice haud incrassatae. *Asci* globosi aut raro ellipsoidei, membrana majore parte incrassata. *Sporae* 8:nae, apicibus rotundatis.

Subg. III. **Allarthonia** Nyl. *Sporae* 1—pluri-septatae. *Gonidia* palmellacea.

Nyl., Fl. 1878 p. 246 (pr. p.); Hue, Addend. (1888) p. 258 (pr. p.). *Lecideopsis* Almqu., Mon. Arth. Scand. (1880) p. 46.

25. **A. catillaria** Wainio (n. sp.).

Thallus crassitudine mediocris aut tenuissimus, fuscescenti- aut cinerascenti-obscuratus. *Apothecia* vulgo sat approximata, rotundata, diam. vulgo 0,4—0,2 millim. aut rarius —0,8 millim., disco atro, epruinoso. *Hypothecium* fulvo-rubescens aut coccineo-rubricosum, KHO solutionem violaceam effundens. *Hymenium* jodo caerulescens et demum vinose rubens. *Epithecium* caeruleo-smaragdulo-fuligineum. *Sporae* decolores (aut morbose obscuratae), oblongae aut ovoideo-oblongae, demum 1-septatae, long 0,007—0,0013, crass. 0,002—0,0035 millim., septa fere in medio

Ad rupem itacolumiticam in Carassa (1400—1500 metr. s. m.) in civ. Minarum, n. 1228 (f. **endococcinea** Wainio), 1206. — *Thallus* verruculoso-inaequalis, areolato-diffractus aut dispersus, jodo haud reagens, hyphis 0,003—0,002 millim. crassis, membranis leviter incrassatis, medulla in n. 1228 materiam coccineam KHO violascentem continente. *Gonidia*, ut videtur, pleurococcoidea (neque protococcoidea, nec chroolepoidea), flavida, globosa aut subglobosa, simplicia, diametro circ. 0,017—0,008 millim., membrana bene incrassata aut sat crassa (circ. 0,3—0,02 millim.). *Apothecia* habitu lecideina, convexiuscula, interdum (in n. 1228) tuberculosa proliferave, immarginata, interdum nitidiuscula. *Hymenium* circ. 0,040 millim. crassum, saepe totum dilute smaragdulum. *Epithecium* KHO non reagens. *Perithecium* caeruleo-smaragdulo- aut olivaceo-fuligineum, tenue. *Paraphyses* parcae, ramoso-connexae, ad latera hymenii evolutae. *Asci* clavati, circ. 0,010—0,014 millim. crassi, apice membrana incrassata. *Sporae* 8:nae, apicibus obtusis aut rotundatis.

7. Melaspilea.

Nyl., Prodr. Lich. Gall. et Alg. (1857) p. 170, Lich. Scand. (1861) p. 196; Th. Fr., Gen. Heterolich. (1861) p. 98; Tuck., Gen. Lich. (1872) p. 196; Almqu., Mon. Arth. Scand. (1880) p. 8; Müll. Arg., Graph. Féean. (1887) p. 4 et 19, Lich. Parag. (1888) p. 20; Hue, Addend. (1888) p. 262; Rehm in Rabenh. Krypt.-Fl. (1890) p. 300, 362 (excl. speciebus ad fungos pertinentibus). *Melanographa* Müll. Arg., Lich. Beitr. (Fl. 1882) n. 535, Graph. Féean. (1887) p. 19. *Micrographa* Müll. Arg., Lich. Beitr. (Fl. 1890) n. 1541.

Thallus crustaceus, uniformis, epiphloeodes aut hypophloeodes, hypothallo aut hyphis medullaribus substrato affixus, rhizinis et strato corticali destitutus. *Stratum medullare* stuppeum, hyphis complexis, tenuibus, leptodermaticis. *Gonidia* vulgo chroolepoidea, cellulis minutis, anguloso-globosis aut ellipsoideis aut parcius etiam oblongis, primum concatenatis, filamenta saepe parce ramosa formantibus, demum saepe pro parte etiam liberis, membrana vulgo sat tenui instructis, aut rarius phycopeltidea, seriebus cellularum dichotomis, e centro radiantibus et in discum coadunatis (in sect. Micrographa Müll. Arg.). *Apothecia* thallo substratove innata, immersa permanentia aut vulgo demum emergentia adpressave, rotundata aut elongata, disco aperto aut rimaeformi, vulgo distincte marginato. *Perithecium* tenue aut sat bene evolutum, integrum aut dimidiatum (vel laterale basique deficiens) obscuratum, ex hyphis tenuibus sat leptodermaticis conglutinatis formatum, amphithecio nullo obductum, labiis apertis aut conniventibus. *Paraphyses* parce evolutae aut numerosae, neque ramosae, nec connexae. *Asci* anguste clavati aut rarius oblongi, leptodermatici aut rarius apice pachydermatici. *Sporae* 8:nae, ovoideae aut ellipsoideae oblongaeve aut fusiformi-oblongae, biloculares aut rarius pluriseptatae, loculis subcylindricis aut irregularibus (haud lenticularibus), decolores aut vulgo demum obscuratae, jodo haud reagentes. „*Pycnoconidia* oblonga, recta. *Sterigmata* exarticulata.“ (Nyl., l. c.)

1. **M. arthonioides** (Fée) Nyl., Prodr. Lich. Gall. et Alg. (1857) p. 170 (mus. Paris.); Müll. Arg., Graph. Féean. (1887) p. 21; Rehm in Rabenh. Krypt.-Fl. III (1890) p. 362. *Lecidea* Fée, Ess. Crypt. Écorc. (1824) p. 107, tab. 26 fig. 6. *Abrothallus Ricasolii* Mass., Ric. Lich. Crost. (1852) p. 89. *Buellia Ricasolii* Koerb., Par. Lich. (1855) p. 189.

Thallus tenuis aut tenuissimus, albidus. *Apothecia* approximata [aut sat solitaria], rotundata, diam. 0,3—1 millim., disco nigro, epruinoso. *Perithecium* latere fuscescens, basi deficiens. *Hypothecium* fuscescenti-pallidum vel sordide pallidum. *Hymenium* jodo lutescens. *Epithecium* fuscescens. *Sporae* decolores aut demum fuscescentes, ellipsoideo-ovoideae, 1-septatae, long. circ. 0,015—0,020, crass. 0,006—0,010 millim., septa fere in medio.

Ad corticem arboris prope Rio de Janeiro, n. 176. — *Thallus* sat laevigatus, sat opacus, pro parte fere hypophloeodes, jodo haud reagens, hypothallo nigro interdum limitatus. *Gonidia* chroolepoidea, circ. 0,010—0,008 millim. crassa, saepe cellulis substrati immixta, membrana sat tenui. *Apothecia* lecideina, demum vulgo elevata, in speciminibus nostris diu thallum subaequantia, opaca, immarginata [aut raro tenuissime marginata], plana aut demum convexa. *Perithecium* parte laterali tenui, fusca, basi deficiens, at *hypothecium* fuscescenti- vel sordide pallidum (etiam in specim. Europ.: mus. Paris.), circ. 0,040 millim. crassum, ex hyphis erectis formatum. *Hymenium* circ. 0,070 millim. crassum. *Epithecium* KHO non reagens. *Paraphyses* parce evolutae, 0,0015 millim. crassae, apice non aut levissime incrassatae, neque ramosae, nec connexae. *Asci* oblongo-clavati oblongivo, 0,020—0,018 millim. crassi, membrana tota sat tenui. *Sporae* 8:nae, apicibus rotundatis, medio vulgo plus minusve constrictae.

2. **M. Brasiliensis** Wainio (n. sp.).

Thallus tenuis, albidus. *Apothecia* sat approximata aut sat solitaria, varie angulosa difformiave, long. circ. 1,6—0,5, latit. 1,2—0,3 millim., disco nigro, epruinoso. *Perithecium* latere fuscescens. *Hypothecium* fuscescens. *Hymenium* jodo lutescens. *Epithecium* fuscescens. *Sporae* primum decolores et demum leviter fuscescentes, ovoideo-oblongae, 1-septatae, long. 0,018—0,026, crass. 0,008—0,010 millim., septa fere in medio.

Ad corticem arboris prope Sepitiba in civ. Rio de Janeiro, n. 440. — A M. Esenbeckiana (Fée) Müll. Arg., Graph. Fécan. p. 22, sporis minoribus differt. — *Thallus* sat laevigatus, epiphloeodes, hypothallo nigro interdum limitatus. *Gonidia* chroolepoidea, 0,010—0,008 millim. crassa, membrana sat tenui. *Apothecia* parum aut demum leviter elevata, opaca, tenuissime marginata immarginatave, plana aut rarius demum convexa. *Perithecium* laterale tenue, basi ceteroquin deficiens, aut *hypothecium* fuscescens. *Epithecium* KHO non reagens. *Paraphyses* numerosae, 0,0015 millim. crassae, apice haud incrassatae, arcte cohaerentes, neque ramosae, nec connexae. *Asci* oblongi aut clavati, circ. 0,016 millim. crassi, apice saepe membrana modice incrassata. *Sporae* 8:nae, distichae, apicibus obtusis, medio plus minusve constrictae.

C. Coniocarpeae.

Paraphyses in capillitium plus minusve evolutum (raro evanescens) continuatae. *Sporae* ex ascis mature evanescentibus evacuatae, hyphis capillitii et disco hymenii diu adhaerentes et mazaedium vel massam sporalem plus minusve abundantem formantes. — *Thallus* varie evolutus, crustaceus aut effigurato-lobatus aut squamosus aut fruticulosus, rhizinis veris destitutus. *Gonidia* palmellacea aut chroolepoidea. *Excipulum* demum plus minusve apertum, rarius ostiolo valde angustato instructum.

Trib. 1. **Sphaerophoreae.**

Thallus fruticulosus, teres aut compressus, erectus aut procumbenti-adscendens, heteromericus, solidus aut fistulosus (Pleurocybe Müll. Arg.). *Stratum corticale* plus minusve evolutum, cartilagineum. *Stratum medullare* stuppeum, hyphis pachydermaticis, laxe contextis. *Gonidia* protococcoidea. *Apothecia* thallo innata, primum excipulo thallode clausa, demum aperta excipuloque varie dehiscente. *Paraphyses* arcte cohaerentes et in *ca-*

pillitium continuatae. *Asci* cylindrici, membrana tenui, mature evanescente. *Sporae* 8:nae, monostichae, simplices aut dyblastae, globosae aut loculis subglobosis, obscure coloratae, ejectae capillitio adhaerentes et *mazaedium* vel massam sporalem capillitio immixtam formantes.

1. Sphaerophorus.

Pers. in Ust. Neue Ann. 1 St. (1794) p. 23; Koerb., Syst. Lich. Germ. (1855) p. 51; Schwend., Unters. Flecht. (1860) p. 163, tab. V fig. 14—16, tab. VI fig. 1; Th. Fr., Gen. Heterolich. (1861) p. 100; Tuck., Gen. Lich. (1872) p. 231. *Sphaerophoron* Ach., Meth. Lich. (1803) p. 134, Lich. Univ. (1810) p. 116, 585, Syn. Lich. (1814) p. 286; Fr., Lich. Eur. (1831) p. 404; Tul., Mém. Hist. Lich. II (1852) p. 209, t. 15 f. 1—9; Mass., Mem. Lich. (1853) p. 71; Nyl., Syn. Lich. (1858—60) p. 169; Linds., Mem. Sperm. (1859) p. 146, tab. VI fig. 43—53.

Thallus fruticulosus, ramulosus, solidus. *Stratum corticale* cartilagineum, ex hyphis crassis irregulariter contextis conglutinatis aut partim subliberis membrana incrassata et loculis tenuissimis instructis formatum. *Stratum medullare* stuppeum, ex hyphis laxe contextis, pachydermaticis, lumine tenui instructis constans. *Gonidia* protococcoidea. *Apothecia* apicibus ramorum crassiorum innata, subglobosa, primum clausa, demum excipulo thallode laceratim dehiscente et hymenio denudato, materiam violaceo- vel caeruleo-nigricantem in partibus omnibus interioribus et adhuc in strati interiore excipuli continentia. *Hypothecium* demum subglobosum aut bene convexum. *Paraphyses* arcte cohaerentes et in *capillitum* continuatae. *Capillitium* bene evolutum, ex hyphis tenuibus, creberrime ramoso-connexis ramosisque, arcte conglutinatis formatum. *Asci* cylindrici, membrana tenui. *Sporae* 8:nae, monostichae, subglobosae, simplices, materia caeruleo-atra incrustatae. „*Sterigmata* exarticulata aut pauciarticulata, interdum anaphysibus vel filamentis anastomosantibus immixta" (Linds., l. c.). *Pycnoconidia* oblonga, brevia.

1. **S. compressus** (Ach.) Koerb., Syst. Lich. Germ. (1855) p. 52. *Sphaerophoron compressum* Ach., Meth. Lich. (1803) p. 135; Nyl., Syn. Lich. (1858—60) p. 170.

Thallus superne cinereo-glaucescenti-albicans aut pallidum, inferne albidus, passim teres, passim leviter aut sat bene compressus, totus vulgo laevigatus, subtus vulgo haud rugosus, ramulis crebris teretibus aut compressis saepe passim instructus. [*Apothecia* oblique in apicibus ramorum crassiorum teretium disposita, demum depressa disciformiaque, excipulo laceratim dehiscente.]

Sterilis ad truncum putridum in Carassa in civ. Minarum (1470 metr. s. m.) parce lectus, n. 1175. — *Thallus* circ. 60—10 millim. altus, ramis primariis circ. 1—4 millim. crassis, KHO superne leviter flavescens, inferne —, $Ca\,Cl_2\,O_2$ =. *Stratum corticale* circ. 0,020 millim. crassum, subpellucidum, hyphis crassis, irregulariter contextis, membranis crassis, conglutinatis, sat distinctis, partim liberis. *Stratum medullare* I—, hyphis 0,008—0,004 millim. crassis. *Sporae* diam. 0,007—0,011 millim. (Nyl., l. c.). *Pycnoconidia* oblonga, long. 0,003 millim., crass. 0,001 millim. (Nyl. l. c.). *Conceptacula pycnoconidiorum* in apicibus aut praecipue in latere inferiore ramorum sita, thallo immersa et macula ostiolari parva nigra indicata aut verruculas nigras formantia. „*Sterigmata* anaphysibus vel filamentis anastomosantibus immixta" (Linds., Mem. Sperm. p. 150, tab. VI fig. 47).

***S. australis** (Laur.) Wainio. *Spaerophoron australe* Laur. in Linnaea II (1827) p. 44; Nyl., Syn. Lich. (1858—60) p. 170 (subsp.).

Thallus superne cinereo-glaucescens aut pallidus aut albicans, inferne albidus, compressus aut ramis praesertimque fertilibus interdum apicem versus teretibus, superne convexus laevigatusque, subtus explanatus et plus minusve lacunoso-rugosus, sat aequaliter ramosus. [*Apothecia* oblique in apicibus ramorum crassiorum, saltem parte inferiore compressorum disposita, demum depressa disciformiaque, excipulo laceratim dehiscente.]

Sterilis ad truncum putridum in Carassa in civ. Minarum (1470 metr. s. m.) parce et partim in S. compressum (ut videtur) transiens lectus. — *Thallus* circ. 30—50 millim. altus (Nyl., l. c.), ramis primariis circ. 1—10 millim. crassis, KHO superne leviter flavescens, inferne —, $Ca\,Cl_2\,O_2$ =. *Stratum corticale* circ. 0,030—0,020 millim. crass. *Stratum medullare* hyphis 0,006—0,003 millim. crassis. *Sporae* diam. 0,011—0,015 millim. (Nyl., l. c.).

Trib. 2. **Calicieae.**

Thallus crustaceus aut rarius squamosus aut raro radiato-lobatus effiguratusque, ex hyphis tenuibus, vulgo 0,002 (rarius

0,005—0,003) millim. crassis, leptodermaticis formatus, vulgo homoeomericus, rarius zonam gonidialem et medullarem diversam distinctamque continens, raro adhuc *strato corticali* superne obductus (in Acolio Californico Tuck.). *Gonidia* flavovirescentia, protococcoidea, stichococcoidea, pleurococcoidea aut chroolepoidea. *Apothecia* capituliformia, excipulo proprio gonidiisque destituto, ex hyphis sat tenuibus vulgo irregulariter contextis conglutinatis formato, vulgo basi in stipitem ex hyphis longitudinalibus conglutinatis constantem elongato, rarius sessilia, raro adhuc excipulo thallode, gonidia continente, excipulum proprium plus minusve obtegente. *Hymenium* ascos novos post vetustiores vacuandos abundanter efferens. *Asci* numerosissimi, cylindrici aut raro late clavati (in Tylophorella polyspora Wain.), membrana tenui, mox evanescente. *Paraphyses* tenues, in hymenio simplices, pro parte apice vulgo in *capillitium* ramoso-connexum ramosumve continuatae, raro totae simplices, sat raro capillitio evanescente, laxissime cohaerentes, increbre septatae (in $Zn\,Cl_2 + I$ visae). *Sporae* 8:nae aut numerosae, vulgo obscuratae, raro pallidae, sphaericae aut oblongae aut ellipsoideae aut fusiformes, simplices aut 1—3-septatae aut varie divisae, ejectae capillitio et epithecio adhaerentes et *mazaedium* vel massam sporalem capillitio immixtam formantes.

1. Tylophoron.

Nyl., Bot. Zeit. 1862 p. 279, Lich. Nov.-Gran. (1863) p. 430, ed. 2 (1863) p. 291. — *Acolium* Tuck., Gen. Lich. (1872) p. 233 pr. p.

Thallus crustaceus aut evanescens. *Gonidia* chroolepoidea. *Apothecia* primum verrucas globosas clausas formantia, demum apice aperta, subcylindrica aut turbinata aut ampullacea. *Excipulum* cupulare aut ampullaceum, sessile aut parte basali substipitato-incrassata, e strato proprio interiore gonidiis destituto et strato thallode exteriore gonidia continente formatum. *Asci* cylindrici, membrana tenui. *Sporae* 8:nae, monostichae, 1-septatae, loculis angulosis, sat parvis, membrana intus incrassata. „*Conceptacula pycnoconidiorum* thallo immersa, decoloria. *Sterigmata* cylindrica, nonnihil ramosa. *Pycnoconidia* cylindrico-filiformia. (Nyl., l. c.).

Excipulum thallodes ex hyphis 0,003 millim. crassis, plus minusve conglutinatis, materia amorpha subgranulosa impellucida sublutescente incrustante obductis, formatum, praecipue in parte exteriore gonidia continens (saepe sat parce).

1. **T. mamillatum** Wainio (n. sp.).

Thallus tenuis, continuus, laevigatus, glaucescens. *Apothecia* ampullaceo-verrucaeformia, 1,5—0,8 millim. lata, breviter obovata aut compresso-sphaeroidea, basi angustiora constrictave, apice in tubulum brevem, fimbriatum, capillitio et sporis impletum, parietibus fragillimis tenuissimisque instructum abrupte angustata. *Excipulum* extus parte inferiore glaucescens, parte superiore albidum, in lamina tenui strato interiore albido, strato exteriore maxima parte sublutescente vel subpallescente. *Hypothecium* parte superiore albidum, parte inferiore sublutescens. *Capillitium* albidum. *Sporae* 8:nae, ellipsoideae aut breviter ellipsoideae aut subglobosae, apicibus vulgo rotundatis, rarius obtusis, medio non aut sat bene constrictae, 1-septatae, fusco-nigrae, long. 0,011—0,005, crass. 0,005—0,004 millim.

Ad truncos arborum in silva prope Lafayette in civ. Minarum (1000 metr. s. m.), n. 314. — *Thallus* KHO primo subflavescens, dein rufescens, $Ca\,Cl_2\,O_2$ —, parte summa subamorpha, parte inferiore endophloeode. *Gonidia* chroolepoidea, subglobosa aut anguloso-subglobosa, diam. 0,008—0,012 millim., aut irregulariter ellipsoidea aut rarius oblonga (longit. 0,016—0,018 millim.), membrana leviter incrassata, demum maxima parte simplicia, primo etiam concatenata, parce etiam filamenta ramosa formantia. *Hymenium* albidum. *Paraphyses* 0,001 millim. crassae. *Asci* cylindrici, 0,006—0,005 millim. crassi. *Capillitium* hyphis 0,0015 millim. crassis. *Massa sporalis* fusco-nigricans, e tubulo excipulari vix prorumpens.

2. **T. cupulare** Wainio (n. sp.).

Thallus tenuis, subradiato-dispersus, opacus, glaucescenti-albidus vel albus. *Apothecia* hemisphaerico-turbinata, circ. 1,5—0,7 millim. lata, massa sporali mature marginem excipuli obtegente. *Excipulum* extus parte inferiore albidum, parte superiore nigrum, superne cupulari-dilatatum, basi angustiore constrictaque, strato interiore in hypothecium transeunte, fusco-fuligineo, in marginem continuato et infra hypothecium zonam crassam obconicam strato albido impositam formante, strato exteriore basalique albido. *Hypothecium* parte superiore fusco-rufescens, parte inferiore in excipuli stratum fusco-fuligineum transiens. *Capillitium* materia subfusca, KHO violascente, ad instar nodulorum incrustatum. *Sporae* 8:nae, ellipsoideo-fusiformes aut ellipsoideae, apicibus breviter acutatis aut obtusis, medio non aut rarius parum constrictae, 1-septatae, nigricantes, juniores olivaceo-fuscescentes, long. 0,016—0,012, crass. 0,008—0,006 millim.

Ad saxa itacolumitica in montibus Carassae (circ. 1500 metr. s. m.) in civ. Minarum, n. 1171, 1290. — *Thallus* fere homoeomericus, KHO fere —, Ca Cl_2 O_2 rubescens. *Gonidia* chroolepoidea. *Hymenium* albidum. *Paraphyses* 0,001—0,0015 millim. crassae. *Asci* cylindrici. *Capillitium* hyphis 0,0015 millim. crassis, increbre septatis (in Zn Cl_2 + I examinatum). *Massa sporalis* rufescenti- vel fuscescenti-nigricans, pruina livida primo tenuissime inspersa, ex excipulo parum prorumpens.

3. **T. moderatum** Nyl. var. **consociata** Wainio.

Thallus tenuis et subcontinuus aut evanescens, opacus, albidus vel cinereo-glaucescenti-albidus. *Apothecia* breviter cylindrica aut verrucaeformia circ. 1—0,5 millim. lata, circ. 0,5 millim. alta, albido-marginata aut demum massa sporali marginem excipuli plus minusve obtegente. *Excipulum* extus albidum, subcylindricum aut demum parte superiore leviter dilatatum, basi haud constricta, strato interiore fuligineo, tenui in parte marginali vel in tubo excipuli, at incrassato in parte hypotheciali et usque in basin apothecii continuato, strato exteriore albido. *Hypothecium* fusco-nigrum aut parte superiore fuscescens. *Capillitium* materia subfusca, KHO violascente, passim parce incrustatum. *Sporae* 8:nae, subfusiformi-ellipsoideae aut ellipsoideae, apicibus acutiusculis aut obtusis aut rarius rotundatis, medio non aut leviter constrictae, 1-septatae, nigrae, long. 0,014—0,010 millim., crass. 0,007—0,005 millim.

Parasita ad thallum et apothecia Chiodecti [epileuci (Nyl.)?] corticolae, unde etiam supra ipsum corticem expansa est. Prope Lafayette in civ. Minarum, n. 367. — Supra apothecia Chiodecti crescens thallo conspicuo caret. *Thallus* homoeomericus, KHO + flavescens, Ca Cl_2 O_2 —. *Gonidia* chroolepoidea, 0,012—0,018 millim. crassa, distincte concatenata. *Excipuli* stratum exterius albidum, KHO intense lutescens deindeque fulvo-fuscescens. *Hymenium* albidum, demum in massam sporalem omnino fatiscens. *Paraphyses* 0,0015—0,002 millim. crassae. *Asci* cylindrici. *Capillitium* hyphis 0,0015 millim. crassis. *Massa sporalis* nigra aut fusco-nigra, ex excipulo demum aliquantum prorumpens.

Facie externa subsimile est T. moderato Nyl. (Bot. Zeit. 1862 p. 279, Lich. Nov.-Granat. 1863 p. 430), quod fere solum sporis minoribus differt, et forsan subspecies est ejus. In specimine originali T. moderati in mus. Paris. (sc. n. 2659 vel n. 2653 in Nyl. op.) sporae in eodem apothecio sunt ellipsoideae et fusiformi-ellipsoideae, capillitium decoloratum. — T. protrudens Nyl., l. c., capillitium habet materia aureo-fulvescente, KHO non reagente, abundanter incrustatum (ex specim. orig. in mus. Paris.), et sporas majores.

Coll. Lindig n. 2891 pro minore parte ad speciem insignem novam Caliciearum pertinet, quam **Tylophorellam polysporam** Wainio (nov. gen.) in mus. Paris. nuncupavi. *Thallus* tenuis, continuus, albidus, opacus. *Gonidia* chroolepoidea, distincte concatenata. *Apothecia* subcylindrica, circ. 0,3—0,5 millim. lata, circ. 0,3 millim. alta, primo verrucas depressas, strato tenuissimo albido obductas clausasque formantia, dein mox hymenio denudato. *Excipulum* fuligineum, parte hypotheciali paullo crassiore quam marginali, extus partim strato tenui albido, gonidiis destituto, ex hyphis laxe contextis, tenuibus (0,0015 millim. crassis) formato. *Paraphyses* 0,0015 millim. crassae, in capillitium continuatae. *Capillitium* bene evolutum, hyphis 0,0015 millim. crassis, ramoso-connexis. *Asci* late clavati, 0,016—0,014 millim. crassi, circ. 0,040 millim. longi, membrana tota sat tenui, at paululum crassiore quam in ceteris Calicieis. *Sporae* globosae, aut irregulariter anguloso-subglobosae, diam. 0,003—0,0045 millim., simplices, membrana intus leviter incrassata, polysporae, polystichae, in seriebus pluribus longitudinalibus regularibus. *Massa sporalis* vulgo sat bene protrusa, umbrina. Genus **Tylophorella** ascis late clavatis polysporeis ab omnibus aliis Calicieis differt.

2. Pyrgillus.

Nyl., Syn. Lich. (1858—60) p. 168 (charact. mut.); Trev., Fl. 1862 p. 4. — *Acolium* Tuck., Gen. Lich. (1872) p. 233 pr. p.

Thallus crustaceus. *Gonidia* chroolepoidea (saltem in speciebus a me examinatis). *Apothecia* breviter subcylindrica aut subconoidea. *Excipulum* proprium, saccato-ampullaceum aut cupulare, basi saccata innata aut solida et substipitatim evoluta.

Asci cylindrici, membrana tenui. *Sporae* 8:nae, monostichae, 3-septatae (aut 1-septatae: Nyl., Fl. 1876 p. 559), loculis lenticularibus, membrana intus incrassata.

1. **P. substipitatus** Wainio (n. sp.).

Thallus tenuis, verruculoso-inaequalis, opacus, dispersus, albido-stramineus. *Apothecia* (cum stipite) breviter subcylindrica aut basin versus leviter subampullaceo-incrassata, circ. 0,5—0,6 millim. lata, circ. 0,005—0,007 millim. alta, massa sporali saepe marginem excipuli obtegente, aut demum vacuata apice cupuliformi, basi solida substrato adnata, stipitem brevissimum formante. *Excipulum* proprium, extus fuligineum, in lamina tenui fuscofuligineum, intus in parte superiore usque ad hymenium strato albido, saepe in margine apothecii jam lente conspicuo instructum. *Hypothecium* fusco-fuligineum, ab strato fusco-fuligineo excipuli colore haud differens. *Sporae* 8:nae, ellipsoideae, apicibus rotundatis, haud constrictae, 3-septatae, loculis lenticularibus, compressis, fuligineae aut fusco-fuligineae, long. 0,014—0,010 millim., crass. 0,008—0,006 millim.

Ad saxa itacolumitica in montibus Carassae in civ. Minarum (circ. 1500 metr. s. m.), n. 1179. — Apotheciis haud innatis a genere Pyrgillo, in Nyl. Syn. Lich. p. 168 descripto, differt et Trachyliae congruit, at sporis 3-septatis loculis lenticularibus instructis a posteriore recedit. — *Thallus* fere homoeomericus, neque KHO, nec $Ca\,Cl_2\,O_2$ reagens. *Gonidia* chroolepoidea, anguloso-globosa vel anguloso-ellipsoidea, 0,010—0,008 millim. crassa, distincte moniliformi-concatenata. *Apothecia* hypothecio vel basi excipuli solida et fere ad instar stipitis crassi subcylindrici vel subampullaceo-dilatati evoluta. *Hymenium* albidum, jodo —. *Paraphyses* 0,0015 millim. crassae. *Capillitium* albidum, hyphis 0,0015 millim. crassis, sat increbre ramosis et ramoso-connexis. *Massa sporalis* nigra vel fusco-nigra, ex excipulo parum prorumpens. *Excipula* saepe demum vacuata.

3. Calicium.

Pers. in Ust. Neue Ann. 1 St. (1794) p. 20 (pr. p.); Ach., Lich. Univ. (1810) p. 39 et 232 (pr. p.); Fr., Lich. Eur. (1831) p. 384 (pr. p.); Tul., Mém.

Lich. II (1852) p. 209, tab. 15 fig. 15—17; Nyl., Mon. Calic. (1857) p. 7, Syn. Lich. (1858—60) p. 145 (excl. spec. gonidiis egentes); Tuck., Gen. Lich. (1872) p. 238 (pr. p.), Saccardo, Consp. Discomycet. (Bot. Centralbl. 1884) p. 254. — *Calicium* et *Cyphaelium* Mass., Mem. Lich. (1853) p. 151 et 155 (pr. p.); Koerb., Syst. Lich. Germ. (1855) p. 307 et 313 (pr. p.). *Calicium* et *Chaenotheca* Th. Fr., Gen. Heterolich. (1861) p. 102 (pr. p.); Müll. Arg., Princ. Classif. (1862) p. 19, 20 (pr. p.). *Calicium* et *Phacotium* Trev., Fl. 1862 p. 4, 5.

Thallus crustaceus aut rarius squamulosus, aut evanescens. *Gonidia* vulgo protococcoidea, aut rarius stichococcoidea aut pleurococcoidea (ut ait Neubner, Beitr. Calic. p. 8 et 9). *Apothecia* vulgo stipitata, aut rarius subsessilia sessiliave, stipite excipulo angustiore, majore minoreve parte obscura atrave. *Excipulum* proprium, primo verrucas clausas sessiles formans, dein mox mature apice apertum, crateriforme turbinatumve, parte marginali bene evoluta, hypothecio planiusculo aut concavo. *Capillitium* bene evolutum aut rarius evanescens. *Asci* cylindrici, membrana tenui. *Sporae* 8:nae, monostichae, 1—3-septatae aut simplices, oblongae aut fusiformes aut ellipsoideae aut globosae. *Conceptacula pycnoconidiorum* verrucas nigras formantia. *Sterigmata* simplicia aut articulata. *Pycnoconidia* brevia, oblonga aut ellipsoidea (conf. Linds., Mem. Spermog. Crust. Lich. tab. XV fig. 22—33).

Subg. I. **Eucalicium** Th. Fr. *Sporae* oblongae aut ellipsoideae aut fusiformes, 1-septatae aut rarius simplices. *Massa sporalis* nigra aut in flavescentem vel cinereum vergens.

Th. Fr., Fl. 1857 p. 633 (pr. p.). *Calicium* De Not., Framm. Lich. (Giorn. Bot. It. II, 1847) p. 309 (pr. p.); Mass., Mem. Lich. (1853) p. 151 (pr. p.); Trev. in Flora 1862 p. 4 (pr. p.); Müll. Arg., Princ. Classif. (1862) p. 19 (pr. p.); Saccardo, Syllog. Fung. VIII (1889) p. 826, 834 (excl. spec. gonidiis egentes); Rehm in Rabenh. Krypt.-Fl. III (1890) p. 383 (pr. p.). *Calycium* Koerb., Syst. Germ. (1855) p. 307 (pr. p.).

1. **C. trachelinum** Ach., Lich. Univ. (1810) p. 237; Nyl., Syn. Lich. (1858—60) p. 154. *C. claviculare* γ *C. trachelinum* Ach., Meth. Lich. (1803) p. 91.

Thallus tenuis aut tenuissimus, verruculosus aut hypophloeodes aut protothallodes, esorediosus, albidus ant albido-glaucescens. *Apothecia* capitulo turbinato aut subgloboso aut ovoideo, sat magno aut mediocri. *Excipulum* extus rufescens vel cinereofuscescens. *Stipes* vulgo sat elongatus, sat firmus aut sat tenuis, ater aut parte superiore rufescente. *Sporae* nigricantes, ellipsoideae aut oblongae, 1-septatae, long. 0,012—0,006, crass. 0,006—0,003 millim.

„*Pycnoconidia* duarum formarum: 1) *microconidia* ellipsoidea, long. 0,003—0,0025, crass. 0,002—0,0015 millim.; 2) *macroconidia* 0,007—0,005, crass. 0,002—0,0015 millim. *Sterigmata* articulata." (Linds., Mem. Spermog. Crust. Lich. 1870 tab. XV fig. 29—31, Möller, Ueber Cult. Flechtenb. Ascom. 1887 p. 44.)

Var. **rufescens** Wainio.

Excipulum extus et *stipes* parte superiore fere usque ad medium aut infra medium testaceo-rufescens.

Ad lignum trunci vetusti in silva in Carassa (1400 metr. s. m.) in civ. Minarum, n. 1564, 1563. N. 1577 partim ad var. rufescentem, partim ad statum satis normalem C. trachelini, excipulo solo rufescente instructum, pertinet itaque transitum eorum ostendit. — *Thallus* cellulis substrati immixtus, maculas albidas, parcissime verruculis albidis obsitas, formans. *Gonidia* protococcoidea, globosa, diam. 0,012—0,008 millim. *Apothecia* (cum stipite) 2—0,7 millim. alta, capitulo turbinato aut ovoideo-turbinato aut subcylindrico-globoso, 0,380—0,160 millim. lato. *Stipes* sat tenuis (0,120—0,060 millim. crass.), parte superiore vulgo sensim incrassatus, basi ater, in lamina tenui rufescens. *Paraphyses* 0,001 millim. crass. *Capillitium* hyphis sat numerosis, 0,001 millim. crassis, crebre ramoso-connexis. *Sporae* olivaceae aut olivaceo-nigricantes, oblongae aut ellipsoideae, apicibus obtusis aut rarius subanguloso-rotundatis, 1-septatae, haud constrictae aut raro fortuitoque leviter constrictae, membrana tenui vel sat tenui aut demum modice incrassata loculisque tum subrotundatis, long. 0,006—0,009 (raro 0,010), crass. 0,003—0,004 millim. *Massa sporalis* nigra, non aut leviter protrusa.

Var. **cinereofuscescens** Wainio.

Excipulum extus cinereo-fuscescens. *Stipes* ater.

Ad corticem et lignum arborum in silvis prope Sitio (1000 metr. s. m.) in civ. Minarum, n. 612, 548, 714 b. — A forma in Europa vulgari C. trachelini colore excipuli et apotheciis paullo minoribus recedit, at nonnullis apotheciis in eam transit. C. leucochlorum Tuck., Syn. North Am. II p. 162 (Wright, Lich. Cub. n. 18: mus. Paris.) jam excipulo magis elongato et thallo flavido-glaucescente differt. — *Thallus* tenuissimus, protothallodes aut hypophloeodes aut verruculis inspersus, dispersus aut subcontinuus, albidus, aut evanescens. *Gonidia* protococcoidea, diam. 0,010—0,007 millim. *Apothecia* (cum stipite) 0,8—0,5 millim. alta, capitulo ovoideo aut ovoideo-globoso, 0,210—0,160 millim. lato. *Stipes* sat tenuis (0,090—0,060 millim. crass.). *Paraphyses* 0,001 millim. crass. *Capillitium* hyphis sat raris, 0,001—0,0015 millim. crassis, parce ramosis. *Sporae* nigricantes, anguloso-ellipsoideae, rarius suboblongae, apicibus anguloso-obtusis, 1-septatae, haud aut rarius parum constrictae, membrana modice incrassata, long. 0,012—0,007, crass. 0,006—0,004 millim. *Massa sporalis* nigra, haud aut parum protrusa.

2. **C. quercinum** Pers. Var. **subcinerea** Nyl., Syn. Lich. p. 156.

Thallus tenuis, verruculosus, verruculis minutulis, subdispersis aut dispersis, albidis, esorediosus. *Apothecia* (cum stipite) 1,2—0,8 millim. alta, capitulo breviter turbinato aut demum lenticulari, 0,4—0,25 millim. lato. *Excipulum* extus totum aut plus minusve albido-pruinosum aut in nonnullis apotheciis omnino nigrum. *Stipes* sat tenuis (0,120—0,080 millim. crass.), ater aut basi infima primo pallidus. *Sporae* ellipsoideae, apicibus rotundatis aut parce apicibus obtusis, 1-septatae, long. 0,011—0,006, crass. 0,006—0,004 millim. *Massa sporalis* nigra.

Ad corticem truncorum vetustorum erectorum in montibus Carassae in civ. Minarum (1400 metr. s. m.), n. 1336. — *Thallus* $CaCl_2O_2$ lutescens aut in eodem specimine —, homoeomericus. *Gonidia* protococcoidea, diam. 0,008—0,014 millim. *Paraphyses* 0,0015 millim. crassae. *Capillitium* hyphis parcis, 0,001 millim. crassis, increbre ramoso-connexis. *Sporae* olivaceo-nigricantes, medio non aut vix constrictae, extus laevigatae, membrana intus sat leviter incrassata, loculis demum vulgo semiglobosis. *Pycnoconidia* oblonga aut ellipsoidea, 0,003 (—0,002) milllim. long., 0,001 millim. crass. *Sterigmata* brevissima, 0,002 millim. crassa, articulata, articulis paucis.

Specimen authenticum non vidi, sed descriptioni citatae planta nostra satis congruit.

3. **C. curtum** Borr. ***C. subcurtum** Wainio (n. subsp.).

Thallus evanescens aut sat tenuis aut fere mediocris, verruculosus vel subleproso-granulosus, glaucescenti-albidus vel rarius flavescenti-stramineus. *Apothecia* (cum stipite) 0,5—0,8 millim.

alta, capitulo cylindrico-turbinato aut demum campanulato-turbinato, 0,38—0,11 millim. lato. *Excipulum* extus nigrum aut tenuiter albido-pruinosum. *Stipes* sat tenuis (0,065—0,140 millim. crass.), ater. *Sporae* nigricantes, fusiformi-ellipsoideae aut parcius ellipsoideis immixtae, apicibus obtusiusculis aut obtusis, 1-septatae, long. 0,013—0,009 (raro —0,018), crass. 0,006—0,004 (raro —0,008) millim. *Massa sporalis* nigra aut cinereo-nigrescens, saepe bene protrusa.

Haec species proxime affinis est C. curto Borr., cui etiam facie externa simillima est, at sporis ab eo differt. In C. curto Borr. sporae sunt ellipsoideae, apicibus rotundatis aut parce apicibus obtusis instructae, medio bene aut non constrictae, membrana laevigata aut subrugulosa, intus modice aut sat leviter incrassata, loculis majusculis rotundatis. Wright, Lich. Cub. n. 20 (in mus. Paris.) facie externa subsimilis est var. denudatae et viridescenti, at sporis non differt a C. curto. Species nostra a C. quercino *C. curtiusculo Nyl. (Fl. 1879 p. 360, Hue, Add. p. 22) jam sporis minoribus recedit.

Var. **albosuffusa** Wainio.

Thallus evanescens aut hypophloeodes maculaque albida indicatus. *Excipulum* extus totum tenuiter vel tenuissime albido-pruinosum aut solum margine albido aut in aliis apotheciis omnino nigrum.

Ad lignum vetustum in silva prope Sitio in civ. Minarum (1000 metr. s. m.), n. 714. — *Apothecia* 0,5—0,8 millim. alta, capitulo 0,110—0,180 millim. lato, stipite 0,065—0,100 millim. crasso. *Capillitium* hyphis parcis, 0,0015—0,001 millim. crassis, increbre ramoso-connexis. *Sporae* irregulariter fusiformi-ellipsoideae aut ellipsoideis immixtae, apicibus obtusis, medio haud aut parce constrictae, membrana laevigata aut demum rugulosa, interne incrassata, membrana primaria ab incrassationibus secundariis bene distincta, loculis demum parvulis, long. 0,009—0,013, crass. 0,004—0,006 millim., nonnullis magnis, —0,018 millim. longis et —0,008 millim. crassis immixtae. Hae sporae majores liberae in massa sporali adsunt et post evacuationem ascorum accrescere videntur. *Massa sporalis* cinereo-nigricans vel nigra.

Var. **denudata** Wainio.

Thallus tenuis aut sat tenuis aut tenuissimus, albido-glaucescens aut subalbidus. *Excipulum* extus nigrum aut rarius in margine linea tenuissima albida.

Ad corticem emortuum et lignum vetustum arborum in silvis prope Sitio (1000 metr. s. m.) et in montibus Carassae nec non ad corticem Velloziae in regione aprica subalpina Carassae (circ. 1550 metr. s. m.) in civ. Minarum, n. 1105, 1017, 1520, 1074. N. 612 b, et 1561 minus typici sunt et thallo tenuissimo in v. albosuffusam transeunt. — *Thallus* verruculoso-rugulosus vel verruculosus, verruculis minutulis, contiguis aut dispersis, esorediosis aut rarius soredioso-granulosis, fere homoeomericus, $Ca\,Cl_2\,O_2$ rubescens. *Gonidia* protococcoidea, globosa, diam. 0,012—0,008 millim. *Apothecia* 0,5—0,6 millim. alta, capitulo —0,380 millim. lato, stipite —0,140 millim. crasso. *Paraphyses* 0,001 millim. crass. *Capillitium* hyphis parcis, increbre ramoso-connexis. *Sporae* fusiformi-ellipsoideae, apicibus obtusiusculis, parce rotundato-obtusis, medio leviter aut non constrictae, membrana tenuissime rugulosa, interne incrassata, membrana primaria ab incrassationibus secundariis bene distincta, loculis demum subglobosis parvulis, dyblastae aut demum ad alterum apicem adhuc loculo tertio minutissimo parum distincto, long. 0,009——0,013 (raro —0,015), crass. 0,005—0,006 millim. *Massa sporalis* cinereo-nigricans vel nigra.

Var. **viridescens** Wainio.

Thallus sat tenuis, flavescens vel flavido-glaucescens. *Excipulum* totum nigrum.

Ad ligna vetusta in silvis prope Sitio (1000 metr. s. m.) et in Carassa (1470 metr. s. m.) in civ. Minarum, n. 595, 638, 1580. — *Thallus* verruculoso-rugulosus aut leproso-granulosus, verruculis vulgo contiguis, fere homoeomericus, $Ca\,Cl_2\,O_2$ rubescens. *Gonidia* protococcoidea. *Apothecia* magnitudine sicut in var. *denudata*. *Capillitium* hyphis parcis, 0,001 millim. crassis, increbre ramoso-connexis. *Sporae* fusiformi-ellipsoideae, apicibus obtusiusculis, parce rotundato-obtusis, medio leviter aut non constrictae, membrana rugulosa, interne incrassata, membrana primaria ab incrassationibus secundariis bene distincta, 1-septatae, long. 0,010—0,016, crass. 0,004—0,006 millim. *Massa sporalis* nigra.

Distincte in *C. subcurtum var. denudatam transit, sed facile cum C. hyperelloide Nyl. (Syn. Lich. p. 153) commiscitur, cui haud parum est similis. Planta nostra tamen magis habitum C. curti et C. trabinelli praebet, at C. hyperelloides proxime est affine C. hyperello Ach. In C. hyperelloide Nyl. secundum specimen orig. in mus. Paris. sporae sunt ellipsoideae, minore parte fusiformi-ellipsoideae, apicibus obtusis aut rotundatis, paullo minores, quam in v. viridescente Wain., non aut parce leviter constrictae, membrana laevigata, exosporium minus distinctum, stipites paullo longiores.

4. **C. subtrabinellum** Wainio.

Thallus tenuissimus, submembranaceus, continuus, fere laevigatus aut minutissime verruculoso-rugulosus, albidus, aut fere evanescens. *Apothecia* (cum stipite) 0,45—0,60 millim. alta, capitulo campanulato- vel subcylindrico-turbinato, 0,36—0,17 millim. lato. *Excipulum* extus nigrum, intus intense luteum. *Stipes* sat tenuis (0,14—0,08 millim. crass.), ater. *Sporae* nigricantes, ellipsoideae vel subfusiformi-ellipsoideae, apicibus obtusis, 1-septatae, long. 0,013—0,009, crass. 0,006—0,0045 millim. *Massa sporalis* nigra aut subcinereonigricans, saepe leviter protrusa.

Ad corticem et lignum arborum in silvis ad Sitio in civ. Minarum (1000 metr. s. m.), n. 612 c, 638 b. — Facie externa vix a C. curto differt, at magis sit affine C. trabinello Ach., cujus forsan est subspecies, et quod distinguitur massa sporali materiam luteam continente et excipulo extus vulgo flavido-pruinoso. In C. curto excipulum intus non est luteum. In C. subtrabinello jam lente saepe videri potest linea lutea in margine interiore excipuli, quae color autem hydrate kalico deletur. *Gonidia* protococcoidea. *Stipes* fuscofuligineus, extus strato amorpho albido. *Hypothecium* fuscofuligineum. *Capillitium* hyphis sat parcis, 0,001 millim. crassis, increbre ramoso-connexis. *Sporae* medio non aut rarius leviter constrictae, membrana laevigata, interne incrassata, membrana primaria ab incrassationibus bene distincta, loculis parvulis rotundatis.

C. parietinum Ach. in Kongl. Vet. Ak. Handl. 1816 p. 260; Nyl., Syn. Lich. (1858—60) p. 158.

Thallus tenuissimus, endophloeodes, macula albida indicatus, aut evanescens, gonidiis destitutus aut symbiotice haud vigentibus fortuito parce instructus. *Apothecia* capitulo turbinato aut lentiformi, minuto aut mediocri aut majusculo. *Excipulum* nigrum aut subtus cinereum. *Stipes* brevis aut sat elongatus, tenuis aut sat firmus, niger aut fuscus aut basi pallescens. *Spo-*

rae fuscae, oblongae aut ellipsoideae aut subfusiformes, simplices, long. 0,010—0,005, crass. 0,005—0,002 millim. *Mazaedium* evanescens. *Pycnoconidia* „ellipsoidea, paululum curvata, long. 0,005—0,004, crass. 0,0025—0,002 millim., dilutissime fuscescentia" (Möller, Ueber Cult. Flechtenb. Ascom. 1887 p. 39).

Rectius ad *Discomycetes* pertinet, quia gonidiis typice omnino eget, aut talia solum fortuito in thallo ejus sicut etiam universe in corticibus lignisque vetustis adsunt. Nuncupetur eam ob causam **Myccocalicium parietinum** (Ach.) Wainio.

Var. **minutella** (Ach.). *Calicium minutellum* Ach. in Kongl. Vet. Ak. Handl. 1816 p. 260.

Apothecia capitulo minuto aut fere mediocri, nigro. *Stipes* brevis, tenuis aut sat tenuis, niger. *Sporae* oblongae aut ellipsoideae aut subfusiformes, long. 0,010—0,005, crass. 0,0035—0,002 millim.

Ad lignum trunci in silva (n. 1562) et ad parietem ligneum (n. 1578) in Carassa (1400 metr. s. m.) in civ. Minarum. — *Thallus* endophloeodes, macula albida indicatus, aut indistinctus, hyphis 0,002 millim. crassis, lumine haud valde tenui. In thallo substratoque circa apothecia gonidia algaeve aut omnino desunt aut circa alia algae variae (etiam protococcoideae), cum hoc lichene symbiotice haud vigentes, inveniuntur. *Apothecia* 0,8—0,36 millim. alta, capitulo turbinato aut demum lentiformi, 0,130—0,320 millim. lato. *Excipulum* haud pruinosum, sub microscopio fuscum aut fusconigricans, in KHO saepe violaceo-fuscescens. *Stipes* 0,030—0,090 mill. crass., in lamina tenui fusconiger aut fuscus aut basi dilutius fuscescens. *Paraphyses* haud valde numerosae vel sat parcae, 0,001 millim. crass., pro maxima parte ascos longitudine aequantes, parce ad instar capillitii elongatae. *Capillitium* evanescens et vix ullum verum, ex hyphis parcis brevibus subsimplicibus 0,001 millim. crassis formatum. *Sporae* membrana sat tenui, apicibus obtusis aut rotundatis. *Mazaedium* evanescens, sporis sat paucis hymenio adhaerentibus.

Var. **phaeopoda** Wainio.

Apothecia capitulo minuto, nigro. *Stipes* brevis, tenuis, fuscescens. *Sporae* ellipsoideo- aut oblongo-fusiformes, long. 0,010—0,005, crass. 0,005—0,0035 millim.

Abundanter ad corticem arboris in silva prope Rio de Janeiro, n. 216. — *Thallus* hypophloeodes, macula albida indicatus, gonidiis protococcoideis parcissimis, symbiotice cum hac planta haud vigentibus, ut videtur. *Apothecia* 0,50—0,56 millim. alta, capitulo turbinato aut cupulari-turbinato, 0,20—0,25 millim. lato. *Excipulum* haud pruinosum, sub lente nigrum, sub microscopio in KHO pallidum, in aqua fuscum. *Stipes* 0,060—0,070 millim. crass., sub microscopio in KHO pallidus, in aqua fuscus. *Paraphyses* parcae, 0,0015 millim. crass., aliae simplices, aliae furcato-ramosae, in capillitium haud elongatae. *Sporae* simplices, fuscae vel fusco-nigrae, apicibus breviter acutatis aut parcius obtusiusculis, membrana sat tenui. *Mazaedium* evanescens, sporis sat paucis hymenio adhaerentibus.

Subg. II. **Chaenotheca** Th. Fr. *Sporae* globosae aut interdum ellipsoideis immixtae, simplices. *Massa sporalis* umbrina aut olivacea.

Calicium subg. *Chaenotheca* Th. Fr. in Vet. Ak. Förhandl. 1856 p. 128. *Chaenotheca* Th. Fr., Lich. Arct. (1860) p. 350, Gen. Heterolich. (1861) p. 102; Müll. Arg., Princ. Classif. (1862) p. 20. *Cyphelium* De Not., Framm. Lich. (Giorn. Bot. It. II, 1847) p. 316 (haud Ach.); Mass., Mem. Lich. (1855) p. 155; Koerb., Syst. Germ. (1855) p. 313 (pr. p.); Saccardo, Syllog. Fung. (1889) p. 826, 830; Rehm in Rabenh. Krypt.-Fl. III (1890) p. 383, 384, 392. *Chaenotheca* β. *Phacotium* Stizenb., Beitr. Flechtensyst. (1862) p. 157 (haud Ach., Meth. Lich. 1803 p. 88).

5. **C. pulverulentum** Wainio (n. sp.).

Thallus tenuis, sorediososo-granulosus, stramineo- vel albidoglaucescens. *Apothecia* (cum stipite) 1—1,5 millim. alta, capitulo subgloboso aut obovoideo aut turbinato, sat minuto (0,140—0,280 millim. lato). *Excipulum* turbinatum, breve, nigrum, haud pruinosum. *Stipes* sat tenuis aut tenuis, (0,075—0,045 millim. crass.), ater. *Sporae* olivaceae aut demum olivaceo-fuscescentes, globosae aut parcius subglobosae, simplices, diam. 0,0025—0,004 (raro 0,005) millim. *Mazaedium* umbrinum vel rufofuscum, semiglobosum, leviter protrusum.

Ad corticem vetustum arborum in silva ad Sitio in civ. Minarum (1000 metr. s. m.), n. 1120, 1013. — Affinitate C. stemoneo et C. brunneolo est proximum, excipulo semper nudo a priore et thallo leproso distincto a posteriore differens. Apotheciis multo minoribus, excipulo magis evoluto et massa sporali obscuriore a Coniocyb. gracilenta Ach. distinguitur. — *Thallus* subtiliter farinoso-leprosus, granulis contiguis, homoeomericus. *Gonidia* protococcoidea (aut forsan pleurococcoidea), globosa, diam. 0,006—0,008 millim., in sorediis hyphis tenuissimis obducta. *Stipes* interdum apice ramosus, in lamina tenui in KHO violaceo-fuscescens. *Capillitium* bene evolutum, hyphis 0,001 millim. crassis, ramosis et ramoso-connexis. *Sporae* membrana sat tenui.

6. **C. olivaceorufum** Wainio (n. sp.).

Thallus protothallodes, evanescens. *Apothecia* (cum stipite) 0,5—0,6 millim. alta, capitulo obovato, minuto (0,085—0,130 millim. lato). *Excipulum* anguste vel subclavato-turbinatum, extus rufescenti-pruinosum aut nigricanti-denudatum. *Stipes* tenuis (0,030

—0,040 millim. crass.), ater. *Sporae* olivaceae, globosae aut subglobosae, simplices, diam. 0,004—0,003 millim. *Mazaedium* olivaceum, leviter protrusum.

Ad lignum truncorum vetustorum in silva ad Sitio in civ. Minarum (1000 metr. s. m.), n. 729. C. brunneolo Ach. est subsimile, at apotheciis minoribus, excipulo saepe subtus rufo et massa sporali pallidiore ab eo differt. — *Thallus*-protothallodes aut hypophloeodes, tantum algas chroolepoideas, forsan fortuito immixtas, continens. *Apothecia* simplicia. *Stipes* in lamina tenui in KHO fusconiger. *Paraphyses* 0,001 millim. crass., in hymenio simplices. *Capillitium* haud bene evolutum, ex hyphis parcis, 0,001 millim. crassis, leviter ramosis aut omnino simplicibus formatum. *Sporae* membrana sat tenui.

4. Coniocybe.

Ach. in Sv. Vet. Akad. Handl. 1816 p. 283 (pr. p.); Fr., Lich. Eur. (1831) p. 382 (pr. p.); Mass., Mem. Lich. (1853) p. 159 (pr. p.); Koerb., Syst. Lich. Germ. (1855) p. 318 (pr. p.); Nyl., Mon. Calic. (1857) p. 24, Syn. Lich. (1858—60) p. 161 (excl. spec. gonidiis egentes); Th. Fr., Gen. Heterolich. (1861) p. 102 (pr. p.); Müll. Arg., Princ. Class. (1862) p. 21 (pr. p.); Tuck., Gen. Lich. (1872) p. 242 (pr. p.); Saccardo, Syllog. Fung. VIII (1889) p. 825, 828 (pr. p.); Rehm in Rabenh., Krypt-Fl. III (1890) p. 384, 395 (pr. p.). *Fulgia* Trev., Fl. 1862 p. 6 (pr. p.).

Thallus crustaceus aut protothallodes evanescensque. *Gonidia* stichococcoidea aut protococcoidea. *Apothecia* vulgo stipitata, aut rarius subsessilia sessiliave, stipite excipulo angustiore, pallida aut fusconigra. *Excipulum* proprium, parte marginali subevanida, valde apertum et fere disciforme (jam primo apertum, ut videtur), hypothecio semigloboso aut bene convexo. *Capillitium* evanescens. *Asci* subcylindrici, membrana tenui. *Sporae* 8:nae, monostichae, globosae aut partim subellipsoideae. „*Conceptacula pycnoconidiorum* verrucas formantia. *Sterigmata* exarticulata. *Pycnoconidia* ellipsoidea aut oblonga.“ (Linds., Mem. Spermog. Crust. Lich. p. 303).

1. C. straminea Wainio (n. sp.).

Thallus tenuissimus, farinoso-leprosus, stramineo-glaucescens. *Apothecia* (cum stipite) —2,5 millim. alta, capitulo globoso, parvo (circ. 0,260 millim. lato). *Stipes* sat tenuis (circ. 0,100 millim.

crass.), totus aut saltem parte superiore stramineo-flavido- vel stramineo-pruinosus, sat tenuis (circ. 0,100 millim. crass.). *Sporae* olivaceae aut olivaceo-fuscescentes aut fulvescenti-olivaceae, partim globosae, partim ellipsoideo-subglobosae ellipsoideaeve, long. 0,006—0,0025, crass. 0,004—0,0025 millim. *Mazaedium* fulvescenti- vel pallido-umbrinum.

In fissuris trunci vetusti ad Sitio in civ. Minarum (1000 metr. s. m.), n. 730. — C. furfuraceae Ach. proxime est affinis, colore thalli et stipitis et sporis partim subellipsoideis et gonidiis ab ea recedens. *Thallus* homoeomericus, hyphis circ. 0,0005 millim. crassis. *Gonidia* protococcoidea, simplicia, globosa, diam. 0,010—0,006 millim., membrana sat tenui, hyphis vulgo crebre obducta. *Hypothecium* semiglobosum aut bene convexum, fulvofuscescens. *Excipulum* (infra hypothecium) fuscum, late apertum, parte marginali angustissima oblique subhorizontali, inferne inaequale sublaceratumque et hyphis transverse radiantibus. *Stipes* basi nigricans et parte superiore pruinosus aut totus pruinosus, in lamina tenui fusco- vel pallido-rufescens. Partes pruinosae stipitis hyphis 0,001 millim. crassis, verticalibus, haud conglutinatis velutinae (quod etiam in C. furfuracea observatur). *Asci* numerosissimi, cylindrici vel cylindrico-clavati, membrana tenui. *Paraphyses* 0,0015—0,001 millim. crass., laxe cohaerentes, in hymenio vulgo simplices, ascos superantes, sed capillitium verum vix formantes, at parte superiore ramosae et ramoso-connexae. *Sporae* 8:nae, monostichae, abundantissime evolutae, simplices, membrana sat tenui instructae. Ex ascis ejectae aliquantum accrescunt et majores, quam in ascis inclusae, evadunt.

II. Pyrenolichenes

sive

Ascomycetes pyrenocarpi cum algis symbiotice vigentes.

Nucleus (vel hymenium) apotheciorum subglobosus aut hemisphaericus, perithecio inclusus. *Perithecium* ex hyphis conglutinatis crebre aut increbre septatis formatum, thallo aut substrato immersum aut *amphithecio* thallino gonidia continente aut gonidiis destituto obductum, aut elevatum nudumque, diu clausum, demum *ostiolo* rotundato regularique aut raro irregulari instructum. — *Thallus* crustaceus aut squamosus aut foliaceus aut fruticulosus (Pyrenothamnia Tuck.), heteromericus aut homoeomericus. *Stratum corticale* haud evolutum aut cartilagineum parenchymaticumve. *Stratum medullare* stuppeum, hyphis leptodermaticis. *Gonidia* palmellacea aut chroolepoidea aut gloeocapsoidea. *Paraphyses* bene evolutae aut in gelatinam diffluxae aut deficientes.

1. Dermatocarpon.

Eschw., Syst. Lich. (1824) p. 21; Th. Fr., Lich. Arct. (1860) p. 252, Gen. Heterolich. (1861) p. 103; Stizenb., Beitr. Flechtensyst. (1862) p. 150; Müll. Arg., Pyr. Cub. (1885) p. 375 (em.). *Endocarpon* Ach., Lich. Univ. (1810) p. 55 et 297 pr. p. (haud Hedw., Descr. Musc. II fasc. 2 1788 p. 56); Fr., Lich. Eur. Ref. (1831) p. 407 pr. p.; Tul., Mém. Lich. (1852) p. 22, 90, 213 pr. p., tab. 12; Koerb., Syst. Germ. (1855) p. 100 (em.); Nyl., Exp. Pyrenocarp. (1858) p. 11 (em.); Müll. Arg., Princ. Classif. (1862) p. 71 (em.); Schwend., Unters. Flecht. II (1863) p. 184 (em.), tab. X fig. 1—6, 8—9; Fuist. in Bot. Zeit. 1868 p. 657; Tuck., Gen. Lich. (1872) p. 247 pr. p.; Bornet, Deux. Not. Gon. Lich. (1873) p. 7; Hue, Addend. (1888) p. 269 pr. p. *Endopyrenium* Flot. in Koerb., Syst. Germ. (1855) p. 323 (em.); Müll. Arg., Princ. Classif. (1862) p. 72 (em.); Schwend., Unters. Flecht. II (1863) p. 186 (em.); Müll. Arg., Pyr. Cub. (1885) p. 375, 377 (em.). *Catopyrenium* Koerb., Syst. Germ. (1855) p. 324 (em.); Müll. Arg., Princ. Classif. (1862) p. 73 (em.).

Thallus foliaceus aut squamosus aut rarius squamoso-areolatus, adscendens aut adpressus, gompho centrali aut hyphis hypothallinis substrato affixus, *strato corticali* parenchymatico superne et in nonnullis speciebus (in subg. Entosthelia Wallr., Stizenb.)

etiam inferne instructus. *Stratum medullare* stuppeum, in parte superiore zona gonidiali instructum, ex hyphis leptodermaticis contextum. *Gonidia* palmellacea, flavescentia, simplicia aut bicellulosa vel pluricellulosa glomerulosaque. *Apothecia* thallo immersa, gonidiis hymenialibus destituta, haud obliqua. *Paraphyses* haud evolutae aut evanescentes vel gelatinoso-diffluxae, raro parce evolutae. *Sporae* 8:nae aut raro 16:nae, decolores, ellipsoideae oblongaeve, simplices. *Pycnoconidia* brevia, ellipsoidea ovoideave, recta, simplicia. *Sterigmata* ramosa, articulata, articulis numerosis brevibus. *Conceptacula pycnoconidiorum* thallo immersa.

1. **D. Carassense** Wainio (n. sp.).

Thallus squamuloso-areolatus aut areolato-diffractus, areolis circ. 0,3—1 millim. latis, difformibus, contiguis, adpressis, fusco-rufescentibus fuscisve. *Apothecia* ostiolo vulgo leviter umbonato-prominente, nigricante. *Sporae* 16:nae aut rarius 12—8:nae, ellipsoideae aut oblongae, simplices, decolores aut demum pro parte pallido-testaceae, long. 0,010—0,020, crass. 0,005—0,008 millim.

Ad rupem itacolumiticam in Carassa (1400—1500 metr. s. m.) in civ. Minarum, n. 1254 b. — Habitu Acarosporas in memoriam revocat et a Dermatocarpis aliis sporis 16:nis et thallo minus distincte squamuloso sicut etiam paraphysibus differt. Subgenus autonomum constituere videtur. *Thallus* areolis subintegris aut leviter crenulatis, subopacis aut nitidiusculis, apothecia solitaria aut pauca continentibus, demum saepe convexis, hyphis circ. 0,003—0,0025 millim. crassis, leptodermaticis, superne minute parenchymaticus, cellulis leptodermaticis, inferne strato parenchymatico destitutus. *Gonidia* globosa aut parcius ellipsoidea, circ. 0,008—0,012 millim. crassa, simplicia, flavovirescentia, membrana sat tenui aut crassiuscula (ad Cystococcum humicolam Naeg. forsan non pertinent). *Perithecium* subglobosum, thallo immersum, apice nigricante denudato prominenteque, ceterum pallidum, KHO non reagens. *Nucleus* subglobosus, circ. 0,3 millim. latus, albidus, jodo non reagens. *Paraphyses* sat parcae, at distinctae, 0,001 millim. crassae, ramoso-connexae. *Asci* oblongi, apice membrana modice incrassata. *Sporae* distichae aut polystichae, apicibus obtusis aut rotundatis, halone nullo indutae.

2. Normandina.

Nyl., Ess. Class. Lich. (1855) p. 191 (excl. N. viridi [1]), Prodr. Lich. Gall. (1857) p. 173 (pr. p.), Exp. Pyrenoc. (1858) p. 10 (pr. p.); Th. Fr., Lich. Arct. (1860) p. 256 (pr. p.), Gen. Heterolich. (1861) p. 104; (pr. p.); Garov. et Gibelli in Nuov. Giorn. Bot. Ital. II (1870) p. 305; Tuck., Gen. Lich. (1872) p. 251 (pr. p.); Leight., Lich. Great Brit. 3 ed. (1879) p. 440 (pr. p.); Müll. Arg., Pyr. Cub. (1885) p. 377 (pr. p.). *Lenormandia* Del. in Desmaz. Cr. Fr. ed. 2 (1841) n. 544 (nomen jam antea adhib.); Schwend., Unters. Flecht. II (1863) p. 189, 194 (conf. infra); Koerb., Parerg. (1859—1865) p. 43 (pr. p.).

Thallus squamosus aut foliaceus, ambitu rotundatus aut rotundato-lobatus, adscendens aut adpressus, hypothallo albido, ex hyphis vulgo sat pachydermaticis haud cohaerentibus constante instructus, homoeomericus, strato corticali nullo, ex hyphis tenuibus, leptodermaticis, crebre contextis, gonidiis immixtis formatus. *Gonidia* (pleurococcoidea?) flavescentia aut glauco-flavescentia, pro parte bicellulosa aut pluricellulosa cellulisque glomerulosis, parvis, membrana leviter incrassata aut sat tenui. — *Apothecia* rarissima, thallo immersa, haud obliqua, gonidiis hymenialibus destituta. *Paraphyses* haud evolutae. *Sporae* 8:nae aut pauciores, decolores aut demum fuscidulae, oblongo-cylindricae oblongaeve, pluriseptatae, loculis cylindricis.

1. **N. pulchella** (Borr.) Leight., Lich. Great Brit. (1871) p. 408, 3 ed. (1879) p. 440 (Brit. Angioc. Lich. 1851 tab. III fig. 1). *Verrucaria pulchella* Borr., Engl. Bot. Suppl. (1829—1831) t. 2602 fig. 1. *Lenormandia jungermanniae* Del in. Desmaz. Cr. Fr. ed. 2 (1841) n. 544; Schwend., Unters. Flecht. II (1863) p. 189, 194 (conf. infra); Koerb., Par. Lich. (1865) p. 44. *Normandina jungermanniae* Nyl., Prodr. Lich. Gall. (1857) p. 173, Exp. Pyrenoc. (1858) p. 10; Garov. et Gibelli in Nuov. Giorn. Bot. Ital. 1870 p. 305, tab. VIII.

Thallus squamosus, squamis 0,3—1,5 [—2] millim. longis latisque rotundatis aut rotundato-lobatis, superne cinereis, demum partim interdum granuloso-sorediosis, margine limbato-recurvo. [*Apothecia* thallo immersa, ostiolo nigro: mus. Paris.]. „*Sporae*

[1]) *Normandina viridis* (Ach.) Nyl. ad genus autonomum pertinet, quod nuncupetur **Coriscium** Wainio. Thallo heteromerico et gonidiis a *Normandina* differt. Stratum corticale superius parenchymaticum, series paucas horizontales cellularum continens. Stratum corticale inferius evanescens. Stratum medullare gonidiis destitutum, tenue. Gonidia flavovirescentia, in glomerulos magnos hyphis creberrime obductos consociata; glomerulis exsoluta ellipsoidea et „leptogonidiis“ simillima.

8—6:nae, decolores aut demum fuscidulae, oblongo-cylindricae, demum saepius 6—7-septatae, long. 0,018—0,040, crass. 0,006 —0,010 millim." (Nyl., Prodr. p. 174, Garov. et Gib., l. c.).

Ad corticem arborum prope Rio de Janeiro et in Carassa (1400 metr. s. m.) in civ. Minarum parce sterilisque lecta, n. 1435. — *Thallus* parte media aut fere tota lamina substrato laxe affixus, aut adscendens, circ. 0,035—0,40 millim. crassus, totus gonidia continens, ex hyphis circ. 0,003 millim. crassis, leptodermaticis, crebris contextus, *hypothallo* ex hyphis circ. 0,005—0,006 millim. crassis, sat pachydermaticis aut pro parte tenuibus normalibusque, haud cohaerentibus formato instructus. *Gonidia* flavescentia aut glaucoflavescentia, pro parte glomerulosa aut bicellulosa, cellulis 0,006—0,004 millim. crassis, anguloso-globosis, membrana leviter incrassata aut sat tenui (genere incognita, forsan pleurococcoidea). „*Gelatina hymenea* jodo vinose rubens. *Perithecium* nigricans. *Paraphyses* nullae." (Nyl., l. c., Garov. et Gibell., l. c.).

Descriptio, a cel. Schwendener in Unters. Flechtenthall. II (1863) p. 189 (194) data, quoad anatomiam thalli cum hac specie non congruit. Verisimiliter ad *Coriscium viride* (Ach.), in Heppi Flecht. Eur. n. 476 immixtum, spectat.

3. **Aspidothelium** Wainio (nov. gen.).

Thallus crustaceus, uniformis, hypothallo et hyphis medullaribus substrato affixus, rhizinis nullis, fere homoeomericus, *strato corticali* haud evoluto. *Gonidia* protococcoidea, simplicia. *Apothecia* scutelliformia vel parte superiore excipuli in scutellum sive discum cartilagineum dilatata, nucleum simplicem continentia, gonidiis hymenialibus nullis. *Perithecium* rectum, maxima parte albidum, amphithecio gonidia continente parte inferiore lateralive obductum. *Paraphyses* simplices. *Sporae* 4—6:nae, decolores, oblongae aut fusiformes, murales. *Pycnoconidia* oblongo-cylindrica, vulgo curvata, tenuissima. *Sterigmata* simplicia, exarticulata.

1. **A. cinerascens** Wainio (n. sp.).

Thallus sat tenuis, cinereoglaucescens, nitidiusculus. *Apothecia* scutata, parte superiore in discum (vel scutellum) convexum, obscure cinereum aut margine albidum, 0,8—0,6 millim. latum abrupte dilatata, parte inferiore (vel trunco) hemisphaerica, circ. 0,8—0,6 millim. crassa, nucleum continente. *Sporae* vulgo 4:nae, rarius 6:nae, decolores aut demum pallidae, oblongae aut fusiformes, murales, long. circ. 0,032—0,060, crasss. 0,012—0,024 millim.

Ad corticem arboris prope Rio de Janeiro, n. 215. — *Thallus* leviter inaequalis aut sat laevigatus, strato corticali distincto destitutus; hyphae 0,003—0,0015 millim. crassae, leptodermaticae, cellulis brevibus inflatis passim instructae. *Gonidia* protococcoidea, simplicia, globosa, diam. circ. 0,006—0,010 millim., membrana sat tenui. *Apothecia* strato gonidiifero thalli imposita, circ. 0,5 millim. alta, in trunco vel parte stipitiformi zonam gonidialem continentia, scutello (discove) circ. 0,050 millim. crasso, cartilagineo, ex hyphis tenuibus conglutinatis formato, interdum fortuito in parte inferiore gonidia continente. *Perithecium* depresso-globosum, in vertice parte exteriore fuscescens, ceterum albidum, ex hyphis conglutinatis concentricis formatum. *Nucleus* depresso-globosus, circ. 0,520 millim. latus, jodo non reagens. *Paraphyses* numerosae, confertae, 0,0015 millim. crassae, neque ramosae, nec connexae. *Asci* oblongi aut cylindrico-oblongi, circ. 0,020—0,026 millim. crassi, membrana demum sat tenui aut apice incrassata. *Sporae* distichae, apicibus obtusis, pariete tenui, halone nullo indutae, cellulis vulgo cubicis, numerosissimis. *Pycnoconidia* oblongo-cylindrica, vulgo curvata, long. 0,003, crass. 0,0005 millim., apicibus rotundatis. *Sterigmata* simplicia, haud articulata. *Conceptacula* verrucas conoideas, superne nigricantes formantia.

4. **Aspidopyrenium** Wainio (nov. gen.).

Thallus crustaceus, uniformis, hypothallo et hyphis medullaribus substrato affixus, rhizinis nullis, fere homoeomericus, *strato corticali* nullo. *Gonidia* protococcoidea, simplicia. *Apothecia* scutelliformia vel parte superiore excipuli in scutellum vel discum cartilagineum dilatata, nucleum simplicem continentia, gonidiis destituta. *Perithecium* rectum, albidum. *Paraphyses* ramoso-connexae. *Sporae* 8:nae, decolores, fusiformes, pluri-septatae, loculis compressis.

1. **A. insigne** Wainio (n. sp.).

Thallus tenuis, albido-glaucescens, sat opacus. *Apothecia* carneo-albida, scutata, parte superiore circa ostiolum abrupte in discum (vel scutellum) planum rotundatum 1—0,7 millim. latum dilatata, parte inferiore (vel trunco) stipitiformi, conoidea, circ. 0,45—0,40 millim. crassa, nucleum vel basin nuclei continente. *Sporae* 8:nae, decolores, fusiformes, pluriseptatae, long. circ. 0,060 —0,085, crass. 0,010—0,012 millim.

Ad folia perennia arboris prope Lafayette (1000 metr. s. m.) in civ. Minarum, n. 294. — *Thallus* partim subdispersus, hyphis 0,0015 millim. crassis. *Gonidia* protococcoidea, simplicia, globosa, diam. circ. 0,006—0,010 millim., membrana sat tenui. *Apothecia* gonidiis destituta, strato gonidiifero thalli imposita, circ. 0,36 millim. alta, disco (scutellove) circ. 0,050—0,100 millim. crasso, cartilagineo, ex hyphis tenuibus conglutinatis formato; pars stipitiformis extus cartilagineum, intus hyphis laxe contextis; stratum nucleum circumdans (quod est perithecium verum) albidum, parenchymaticum, cellulis minutissimis. *Nucleus* conoideus vel conoideo-globosus, circ. 0,3 millim. latus, jodo non reagens. *Paraphyses* numerosae, confertae, 0,0015 millim. crassae, sat parce ramoso-connexae. *Asci* oblongi, circ. 0,030 millim. crassi, membrana tenui. *Sporae* polystichae, apicibus obtusis, pariete vulgo sat tenui, halone nullo indutae, cellulis brevibus, rotundato-subcylindricis aut sublenticularibus.

5. **Heufleria.**

Trev., Fl. 1861 p. 23; Stizenb., Beitr. Flechtensyst. (1862) p. 146; Müll. Arg., Pyr. Cub. (1885) p. 375 et 384. *Astrothelium* Nyl., Exp. Pyrenoc. (1858) p. 80 pr. p.

Thallus crustaceus, uniformis, hyphis medullaribus hypothalloque substrato affixus, rhizinis destitutus, *strato corticali* nullo aut amorpho et ex hyphis horizontalibus irregulariterve contextis conglutinatis in materiam cartilagineam reductis formato instructus, *strato medullari* fere toto gonidia continente. *Gonidia* chroolepoidea (Trentepohliae umbrinae Bornet similia), cellulis concatenatis, minutis. *Apothecia* thallo substratoque immersa, aggregata, obliqua, nucleis ostiolo declinato lateralive vulgo in tubulum ostiolumve commune varieve confluentibus. *Paraphyses* bene aut parcissime ramoso-connexae aut raro pro parte subsimplices. *Sporae* 8:nae aut pauciores, decolores, oblongae aut subfusiformes, murales.

1. **H. sepulta** (Mont.) Trev., Fl. 1861 p. 23; Müll. Arg., Pyr. Cub. (1885) p. 385. *Astrothelium sepultum* Mont. in Ann. Sc. Nat. 2 sér. Bot. T. 19 (1843) p. 74, Syllog. (1856) p. 384 (mus. Paris.); Nyl., Exp. Pyrenoc. (1858) p. 81.

Thallus crassitudine mediocris, partim endophloeodes vel substrato immixtus, stramineo- vel pallido- vel olivaceo-glaucescens, nitidiusculus aut subopacus. *Apothecia* thallo substratoque immersa, vulgo demum verrucas circ. 5—3 millim. latas, parum aut bene elevatas, hemisphaericas difformesve, thallo (substratoque) obductas, nucleos numerosos in ostiolum commune confluentes continentes formantia; ostiolum commune neque umbilicatum nec annulo distincto cinctum. *Sporae* vulgo binae, rarius —6:nae [„—8:nae": Nyl.], decolores, vulgo oblongae, murales, long. circ. 0,090—0,220, crass. circ. 0,040—0,050 millim. [„—0,025 millim.: Müll. Arg.].

Ad corticem arborum prope Lafayette (1000 metr. s. m.), n. 320, et in Carassa (1400 metr.), n. 1409, in civ. Minarum. — *Gonidia* chroolepoidea, circ. 0,008—0,006 millim. crassa, membrana crassiuscula. *Verrucae* fertiles demum saepe fatiscentes vel desquamatae. *Perithecia* fuliginea, integra, tenuia, apice declinato in collum commune breve (in n. 320) aut sat elongatum (in n. 1409) confluentia. *Nuclei* albidi, jodo non reagentes. *Paraphyses* ramoso-connexae. *Asci* oblongi aut ventricoso-oblongi, membrana sat tenui aut crassiuscula. *Sporae* apicibus vulgo rotundatis obtusisve, pariete saepe incrassato, cellulis numerosissimis.

***H. octospora** Wainio (n. sp.).

Thallus sat crassus aut crassitudine mediocris, glauco-virescens, nitidulus. *Apothecia* thallo substratoque immersa, verrucas nullas aut minus distinctas formantia; ostiolum commune annulo angusto albido cinctum, haud umbilicatum. *Sporae* 8:nae, decolores, oblongae, murales, long. circ. 0,106—0,120, crass. 0,020—0,024 millim.

Ad corticem arboris prope Sitio (1000 metr. s. m.) in civ. Minarum, n. 1031. — Sporis 8:nis angustioribusque, verrucis minus distinctis et ostiolis annulatis leviter ab H. sepulta (Mont.) recedit, sed in eam transire videtur. — *Thallus* laevigatus aut partim verrucoso-rugosus, strato corticali 0,060—0,070 millim. crasso, amorpho, semipellucido aut subpellucido, albido, KHO lutescente, instructus. *Gonidia* chroolepoidea, circ. 0,008—0,010 millim. crassa, membrana sat tenui. *Perithecia* fuliginea, integra, tenuia, apice declinato confluentia. *Nuclei* albidi, jodo non reagentes. *Paraphyses* ramoso-connexae. *Asci* oblongi. *Sporae* distichae, apicibus obtusis rotundatisve, pariete tenui et halone nullo indutae, cellulis numerosis.

2. **H. megalostoma** Wainio (n. sp.).

Thallus endophloeodes vel substrato immixtus, macula straminea aut glaucescenti-straminea opaca indicatus. *Apothecia* thallo substratoque immersa, verrucas circ. 1,5—2,5 millim. latas, plus minusve elevatas, fere hemisphaericas, thallo substratoque obductas, nucleos plures irregulariter confluentes continentes formantia; ostiolum commune demum circ. 0,5 millim. latum, umbilicato-impressum, annulo nullo cinctum. *Sporae* binae, decolores, oblongae aut fusiformi-oblongae, murales, long. circ. 0,170—0,220, crass. 0,050—0,064 millim.

Ad corticem arboris in Carassa (1400—1500 metr. s. m.) in civ. Minarum, n. 1587. — Sporis crassioribus et ostiolis latis impressis ab H. sepulta differt. Conferenda etiam cum H. consimili Müll. Arg. (Pyr. Cub. p. 385). *Gonidia* chroolepoidea, circ. 0,008—0,006 millim. crassa, membrana sat tenui. *Perithecia* fuliginea, integra, saepe solum latere intercalariter confluentia, ostiolo communi in latere verrucae. *Nuclei* albidi, jodo non reagentes. *Paraphyses* parcissime ramoso-connexae, subsimplices. *Sporae* apicibus obtusis, pariete crassiusculo, in KHO leviter turgescente, cellulis numerosissimis.

6. Astrothelium.

Eschw., Syst. Lich. (1824) p. 18 (pr. p.); Nyl., Exp. Pyrenoc. (1858) p. 80 (pr. p.); Trev., Fl. 1861 p. 23; Stizenb., Beitr. Flechtensyst. (1862) p. 146; Müll. Arg., Pyr. Cub. (1885) p. 375 et 382, Pyr. Féean. (1888) p. 4 et 6. *Pyrenodium* Fée, Ess. Crypt. Écorc. Suppl. (1837) p. 68, Mém. Lichenogr. (1838) p. 43.

Thallus crustaceus, uniformis, hyphis medullaribus hypothalloque substrato affixus, rhizinis destitutus, *strato corticali* nullo aut amorpho et ex hyphis horizontalibus conglutinatis in materiam cartilagineam reductis formato instructus, *strato medullari* fere toto gonidia continente. *Gonidia* chroolepoidea (Trentepohliae umbrinae Bornet similia), cellulis concatenatis, minutis. *Apothecia* pro majore parte aggregata, thallo substratoque immersa aut pseudostromata formantia, obliqua; nuclei ostiolo declinato vulgo in tubulum ostiolumve commune confluentes. *Paraphyses* ramoso-connexae. *Sporae* 8:nae, decolores, oblongae ellipsoideaeve aut subfusiformes, circ. 3—6-septatae, raro „2-septatae" (Müll. Arg., Pyr. Cub. p. 383), interne membrana incrassata loculisque lenticularibus.

1. **A. ochrothelioides** Wainio (n. sp.).

Thallus endophloeodes vel substrato immixtus, macula glaucescenti-pallida aut fulvescente indicatus, nitidulus aut subopacus. *Pseudostromata* subglobosa aut elevato-hemisphaerica aut oblonga, ostiolis pluribus aut rarius solitariis instructa, extus fulvescentia, intus fuliginea, basi abrupta aut leviter constricta, nucleos plures collo saepe elongato oblique conniventes confluentesque continentia. *Sporae* 8:nae, decolores, oblongae, 3-septatae, long. 0,020—0,030, crass. 0,008—0,011 millim., loculis lenticularibus.

Ad corticem arborum prope Lafayette (1000 metr. s. m.) in civ. Minarum, n. 310, 327. — Habitu simile est A. ochrothelio (Nyl.) Müll. Arg., a quo sporis minoribus differt. A. minus Müll. Arg. (Pyr. Cub. p. 382) pseudostromatibus minoribus uniostiolatis ab eo recedit. — *Pseudostromata* et partes fulvescentes *thalli* KHO solutionem violaceam effundunt. *Gonidia* chroolepoidea, circ. 0,008—0,010 millim. crassa. *Pseudostromata* circ. 3—1 millim. longa. *Perithecia* fuliginea, integra, in pseudostromatibus confluentia, ostiolis haud prominentibus. *Nucleus* albidus, jodo non reagens. *Paraphyses* ramoso-connexae. *Asci* oblongi aut cylindrico-oblongi. *Sporae* distichae, apicibus obtusis aut rotundatis, halone saepe praesertimque primum indutae, loculis fere aeque longis.

2. **A. simplicatum** Wainio (n. sp.).

Thallus crassitudine mediocris, stramineo-glaucescens, opacus. *Apothecia* thallo substratoque immersa, nucleos paucos collo lato brevique oblique conniventes confluentesque continentia, collo ostiolari communi lato brevique, in verrucula circ. 0,5 millim.

lata parum elevata straminea vulgo solitarie aperto. *Sporae* 8:nae, decolores, oblongae, 3-septatae, long. 0,022—0,028, crass. 0,007—0,010 millim., loculis lenticularibus.

Ad corticem arboris prope Sitio (1000 metr. s. m.) in civ. Minarum, n. 1006. — *Thallus* laevigatus, strato corticali circ. 0,080 millim. crasso, cartilagineo, amorpho, subpellucido, KHO non reagente instructus. *Gonidia* chroolepoidea, circ. 0,008—0,005 millim. crassa, membrana crassiuscula aut sat tenui. *Apothecia* pro parte simplicia. *Perithecia* fuliginea, integra, apice declinato in collum commune confluentia. *Nuclei* albidi, jodo non reagentes. *Paraphyses* gelatinam abundantem percurrentes, ramoso-connexae. *Asci* oblongo-cylindrici. *Sporae* distichae, apicibus rotundatis obtusisve, halone crasso indutae, loculis fere aeque longis.

7. Campylothelium.

Müll. Arg., Lich. Beitr. (Fl. 1883) n. 595, (1885) n. 835. *Parathelium* Nyl. in Bot. Zeit. 1862 p. 279 (pr. p.), Lich. Nov.-Gran. (1863) p. 493 (pr. p.) ed. 2 (1863) p. 256 (pr. p.).

Thallus crustaceus, uniformis, hyphis medullaribus hypothalloque substrato affixus, rhizinis destitutus, saepe *strato corticali* amorpho ex hyphis fere horizontalibus conglutinatis in materiam cartilagineam reductis formato instructus, *strato medullari* fere toto gonidia continente. *Gonidia* chroolepoidea, cellulis concatenatis, minutis. *Apothecia* simplicia. *Perithecia* solitaria, haud confluentia, vertice obliquo et ostiolo sublaterali. *Paraphyses* ramoso-connexae. *Sporae* 8:nae — solitariae, decolores, oblongae, murales.

1. **C. cartilagineum** Wainio (n. sp.).

Thallus crassus aut crassitudine mediocris, inaequalis aut verrucosus, glaucovirescens aut olivaceo-glaucescens, nitidus. *Apothecia* in verrucis thallinis inclusa aut demum superne denudata fusco-nigricantiaque, ostiolo oblique disposito, interdum leviter umbonato-prominente, nigricante. *Perithecium* circ. 1,3—0,8 millim. latum, globosum, fuligineum, integrum, tenue, intus strato tenui fulvescente, KHO solutionem violaceam effundente obduc tum. *Sporae* 4:nae aut 2:nae, oblongae, decolores, murales, long. 0,120—0,160, crass. 0,038—0,050 millim.

Ad corticem arborum prope Sitio (1000 metr. s. m.) in civ. Minarum, n. 1145. — Affine est Campylothelio Puiggarii Müll. Arg., Lich. Beitr. n. 596. *Thallus* strato corticali circ. 0,060—0,050 millim. crasso, cartilagineo, amorpho, albido, KHO lutescente instructus. *Gonidia* chroolepoidea, circ. 0,008—0,006 millim. crassa, membrana tenui. *Perithecium* collo ostiolari brevi instructum. *Nucleus* vulgo circ. 0,7—0,8 millim. latus, jodo lutescens. *Paraphyses* gelatinam copiosam percurrentes, ramoso-connexae. *Asci* ventricosi aut oblongi, membrana crassiuscula aut demum sat tenui. *Sporae* rectae aut obliquae, apicibus obtusis, pariete crassiusculo, halone saepe indutae, cellulis numerosissimis, rotundatis aut cubicis.

8. Bottaria.

Mass., Misc. Lichenol. (1856) p. 42 (em.); Trev., Fl. 1861 p. 20 (em.); Müll. Arg., Pyr. Cub. (1885) p. 376 et 395 (em.), Pyr. Féean. (1888) p. 4 et 17 (em.). *Anthracothecium* Mass., Esam. Gen. Lich. (1860) p. 49 (em.); Müll. Arg., Lich. Afr. (1880) p. 43 (em.). Pyr. Cub. (1885) p. 376 et 414 (em.), Pyr. Féean. (1888) p. 4 et 36 (em.), Lich. Beitr. (Fl. 1888) n. 1265—1268 (em.).

Thallus crustaceus, uniformis, epiphloeodes aut saepe endophloeodes (vel cellulis substrati immixtus) aut hypophloeodes, hypothallo et hyphis medullaribus substrato affixus, rhizinis destitutus, *strato corticali* nullo aut amorpho et ex hyphis horizontalibus conglutinatis in materiam cartilagineam reductis formato obductus, *strato medullari* fere toto gonidia continente. *Gonidia* chroolepoidea (Trentepohliae umbrinae Bornet similia), cellulis concatenatis, parvis. *Apothecia* simplicia (in subg. Anthracothecio) aut peritheciis amphitheciisve confluentia et pseudostromata formantia (in subg. Eubottaria Wainio). *Perithecium* rectum, fuligineum aut rarius majore parte pallidum (in sect. Porinastro: Müll. Arg., Lich. Beitr. n. 1266). *Paraphyses* simplices aut raro ramoso-connexae (Müll. Arg., Lich. Beitr. n. 912). *Sporae* 8:nae — solitariae, obscuratae, ellipsoideae oblongaeve, demum murales. *Pycnoconidia* (quantum cognita) „filiformi-cylindrica, arcuata, tenuissima. *Sterigmata* breviuscula. *Concepta-*

cula pycnoconidiorum apothecia diminuta simulantia." (Nyl., Exp. Pyrenoc. p. 50).

1. **B. variolosa** (Pers.) Wainio. *Verrucaria* Pers. in Gaudich. Voy. Uran. Bot. p. 181 (mus. Paris.); Mont., Syllog. (1856) p. 368 (mus. Paris.); Nyl., Exp. Pyrenoc. (1858) p. 41. *Anthracothecium variolosum* Müll. Arg., Lich. Afr. (1880) p. 44, Pyr. Cub. (1885) p. 414.

Thallus macula olivacco-pallescente pallidave indicatus. *Apothecia* sat diu thallo substratoque immersa, demum emergentia et verrucas circ. 1,5 [1—2,5] millim. latas, hemisphaericas [aut conoideo-hemisphaericas], nigras nudasque aut sat diu tenuiter cinerascenti-velatas, vertice convexas [aut convexo-conoideas aut interdum minute umbilicatas] formantia. *Perithecium* hemisphaericum fuligineum, integrum, basi tenui. *Sporae* solitariae, oblongae, murales, long. circ. 0,120—0,236 millim. [„—0,100 millim.": Nyl.], crass. 0,022—0,034 millim. [„—0,046 millim.": Nyl.], cellulis numerosissimis.

Ad corticem arboris prope Sitio (1000 metr. s. m.) in civ. Minarum, n. 700. — *Thallus* endophloeodes, superne strato nitidulo, fere amorpho, albido subpallidove, cellulas destructas substrati (corticis) abundanter continente instructus. *Gonidia* chroolepoidea, circ. 0,008—0,006 millim. crassa, (membrana sat tenui), cellulis substrati immixta. *Perithecium* saepe columella centrali tenui longiore brevioreve instructum. *Nucleus* depressus, jodo non reagens. *Paraphyses* 0,0015 millim. crassae, gelatinam abundantem percurrentes, neque ramosae, nec connexae. *Sporae* olivaceo-fuscescentes, apicibus rotundatis obtusisve, vulgo ad septas primarias transversales constrictae, halone nullo indutae.

2. **B. ochrotropa** (Nyl.) Wainio. *Verrucaria denudata* f. *ochrotropa* Nyl., Syn. Nov. Cal. (1868) p. 90 (mus. Paris.). *V. denudata* Nyl., Syn. Nov. Cal. p. 90 pr. p. (haud Exp. Pyrenoc. p. 49): mus. Paris. *V. confinis* Nyl. pr. p. (Madagasc.: mus. Paris.).

Thallus epiphloeodes, tenuis, albidus aut pro parte lutescens ochraceusve [aut omnino ochraceus rubescensve: specim. Nov. Caled. pr. p.], opacus. *Apothecia* verrucas 0,3—0,4 millim. latas, hemisphaericas aut conoideo-hemisphaericas, majore minoreve parte strato tenui thallino ochraceo [aut rubescente: specim. Nov. Caled. pr. p.], KHO solutionem violaceam effundente, obductas, parte superiore demum plus minusve denudatas nigricantesque, vertice convexas aut conoideo-convexas formantia. *Perithecium* subglobosum, fuligineum, basi media deficiens. *Sporae* 8:nae, ellipsoideae, murales, long. 0,016—0,022, crass. 0,008—0,012 millim., cellulis haud numerosis.

Ad corticem arboris prope Sepitiba in civ. Rio de Janeiro, n. 488. — *Gonidia* chroolepoidea, circ. 0,010—0,008 millim. crassa, membrana sat tenui. *Nucleus* subglobosus, circ. 0,27—0,18 millim. latus, jodo non reagens. *Paraphyses* 0,0015 millim. crassae, gelatinam abundantem percurrentes, neque ramosae, nec connexae. *Sporae* obscuratae nigricantesve, apicibus rotundatis, halone nullo indutae, septis transversalibus vulg. circ. 3.

3. **B. dimorpha** Wainio (n. sp.).

Thallus tenuis aut sat tenuis, endophloeodes, olivaceo-pallescens aut glaucescenti-albicans, nitidus. *Apothecia* simplicia aut pro minore parte confluentia, primum thallo substratoque immersa et tenuiter cinerascenti-velata, demum verrucas 0,6—0,4 millim. latas, hemisphaericas, nigras, vertice convexas et demum ad ostiolum umbilicato-impressas formantia. *Perithecium* hemisphaericum, fuligineum, dimidiatum. *Sporae* 8:nae, ellipsoideae, long. 0,013—0,020, crass. 0,008—0,013 millim., 3-septatae et pro parte demum submurales, cellulis haud numerosis.

Ad corticem arboris prope Rio de Janeiro, n. 3. — Haec species inter Pyrenulas et Anthracothecia (et Eubottarias) est intermedia. Affinis sit A. hianti Müll. Arg., Lich. Beitr. n. 912. *Thallus* superne strato fere amorpho ex hyphis horizontalibus conglutinatis formato et cellulas destructas substrati continente instructus. *Gonidia* chroolepoidea, circ. 0,006—0,004 millim. crassa (membrana sat tenui), cellulis substrati immixta. *Perithecium* basi deficiens aut interdum tenue. *Nucleus* hemisphaericus, circ. 0,4—0,38 millim. latus, jodo non reagens. *Paraphyses* 0,001 millim. crassae, neque ramosae, nec connexae. *Asci* cylindrici. *Sporae* olivaceo-fuscescentes, apicibus rotundatis, pro majore parte 3-septatae et loculis lenticularibus (loculi apicales reliquis vulgo minores), demum interdum adhuc nonnullis loculis lateralibus instructae submuralesque.

9. Pyrenula.

Fée, Ess. Crypt. Écorc. Suppl. (1837) p. 76 em. (haud Ach., Lich. Univ. 1810 p. 314); Mass., Ric. Lich. Crost. (1852) p. 162 (em.); Koerb., Syst. Germ. (1855) p. 359 (em.); Th. Fr., Gen. Heterolich. (1861) p. 106 (em.); Stizenb., Beitr. Flechtensyst. (1862) p. 148 (em.); Müll. Arg., Princ. Classif. (1862) p. 90 (em.); Fuist., Ap. Lich. Evolv. (1865) p. 51, Bot. Zeit. 1868 p. 663, tab. X fig. 5—7; Tuck., Gen. Lich. (1872) p. 270 (em.); Müll. Arg., Lich. Beitr. (Fl. 1885) n. 890—906 (em.), Pyr. Cub. (1885) p. 376 et 409 (em.), Pyr. Féean. (1888) p. 4 et 29 (em.). *Melanotheca* Fée, Ess. Crypt. Écorc. Suppl. (1837) p. 70 (em.), Mém. Lichenogr. (1838) p. 73 (em.); Nyl., Exp. Pyrenoc. (1858) p. 69 (pr. p. et em.); Müll. Arg., Pyr. Cub. (1885) p. 376 et 395 (em.), Pyr. Féean. (1888) p. 4 et 18 (em.).

Thallus crustaceus, uniformis, epiphloeodes aut saepe endophloeodes (vel cellulis substrati immixtus) hypophloeodesve, hypothallo et hyphis medullaribus substrato affixus, rhizinis destitutus, *strato corticali* nullo aut saepe evoluto amorphoque et ex hyphis horizontalibus vel interdum irregulariter contextis conglutinatis in materiam cartilagineam reductis formato obductus, *strato medullari* fere toto gonidia continente. *Gonidia* chroolepoidea (Trentepohliae umbrinae similia; conf. Bornet, Rech. Gon. Lich. p. 11 et 14, tab. 6 fig. 5—8), cellulis concatenatis, parvis. *Apothecia* simplicia (in subg. Eupyrenula Wainio) aut peritheciis confluentia et pseudostromata formantia (in subg. Melanotheca). *Perithecium* rectum, fuligineum. *Paraphyses* simplices aut raro „ramoso-connexae“ (Müll. Arg., Pyr. Cub. p. 396). *Sporae* 8:nae aut raro 4:nae (conf. Müll. Arg., l. c. p. 411), obscuratae, ellipsoideae oblongaeve aut ellipsoideo-fusiformes, 1—6-septatae, interne membrana incrassata et loculis lenticularibus. *Pycnoconidia* (quantum cognita) vulgo „filiformi-cylindrica, curvata aut parum arcuata, tenuissima“ (conf. Tul., Mém. Lich. p. 217, tab. II fig. 6 et 8, Nyl., Lich. Nov. Zel. p. 131 et 132). *Sterigmata* simplicia (Tul., l. c.).

Subg. I. **Melanotheca** (Fée) Wainio. *Apothecia* pro majore parte peritheciis aut amphitheciis confluentia et pseudostromata formantia.

Melanotheca Fée, l. c. (conf. supra).

1. **P. cruenta** (Mont.) Wainio. *Trypethelium cruentum* Mont. in Ann. Sc. Nat. Bot. 2 sér. VIII (1837) p. 357, Syllog. (1856) p.

372 (mus. Paris.); Nyl., Exp. Pyrenoc. (1858) p. 73. *Stromatothelium* Trev., Fl. 1861 p. 20. *Melanotheca* Müll. Arg., Pyr. Cub. (1885) p. 397.

Thallus tenuis aut sat tenuis, partim pallescens vel pallido-glaucescens, partim [aut totus] sanguineo-rubescens, nitidulus aut opacus. *Apothecia* pro parte confluentia et pseudostromata parum aut plus minusve distincta difformia extus sanguineo-rubicunda formantia, pro parte simplicia et verrucas 0,5—0,7 millim. latas, conoideas aut hemisphaericas sanguineo-rubescentes aut demum vertice sat anguste nigricantes formantia. *Perithecium* fuligineum, integrum. *Sporae* 8:nae, ellipsoideo-fusiformes, 3-septatae, nigricantes, long. circ. 0,025—0,030, crass. 0,012—0,015 millim.

Ad corticem arboris prope Rio de Janeiro parce lecta, n. 127 b. — *Thallus* strato corticali cartilagineo, amorpho, ex hyphis irregulariter contextis formato (tubulis hypharum passim conspicuis), partim incrassato instructus, passim substrato immixtus, superne saepe materia rubra coloratus. *Gonidia* chroolepoidea, cellulis circ. 0,010—0,012 millim. crassis, membrana sat crassa. *Apothecia* strato tenui thallino gonidiis destituto at passim cellulas substrati continente maxima parte obducta. *Materia rubra* thalli et apotheciorum KHO solutionem violaceam effundit. *Nucleus* globosus, circ. 0,4 millim. latus, bene oleosus granulosusque, jodo non reagens. *Paraphyses* 0,0015 millim. crassae, neque ramosae, nec connexae. *Asci* subcylindrici aut cylindrico-clavati, membrana tenui. *Sporae* apicibus obtusis, halone nullo indutae, pariete crasso; loculi lenticulares, sat aequales, aut apicales vulgo reliquis minores.

Subg. II. **Eupyrenula** (Fée) Wainio. *Apothecia* simplicia aut subsimplicia.

Pyrenula 2. *Eupyrenula* Fée, Ess. Crypt. Écorc. Suppl. (1837) p. 78 (pr. p.). *Pyrenula* Mass., l. c. (conf. supra), et cet. auct. cit.

1. **Pyramidalis** Müll. Arg. *Perithecium* hemisphaericum aut conoideo-hemisphaericum, integrum. *Nucleus* depressus.

Pyrenula § 2. *Pyramidales* Müll. Arg., Pyr. Féean. (1888) p. 30.

2. **P. marginata** (Hook.) Trev., Caratt. (1853) p. 13; Müll. Arg., Pyr. Féean. (1888) p. 31. *V. marginata* Nyl., Exp. Pyrenoc. (1858) p. 45 pr. p.

Thallus hypophloeodes aut endophloeodes, macula glaucescente aut olivaceo- vel pallido-glaucescente aut subalbida indicatus. *Apothecia* verrucas circ. 1,7—1 millim. latas, hemisphaericas, nigras, vertice convexas aut rarius leviter minuteque umbilicatas formantia, *perithecio* fuligineo, integro. *Sporae* 8:nae, vulgo oblongae aut rarius subfusiformes, 3-septatae, long. 0,024 —0,032 millim. [„—0,040 millim.": Müll. Arg.], crass. 0,011—0,014 millim. [—0,018 millim.": Müll. Arg.].

Ad corticem arborum prope Lafayette (1000 metr. s. m.), n. 347, et in Carassa (1400 metr. s. m.), n. 1220, in civ. Minarum. — *Thallus* nitidulus. *Hyphae* et gonidia thalli cellulis substrati immixta. *Gonidia* chroolepoidea, circ. 0,008 millim. crassa, membrana sat tenui. *Nucleus* depresso-hemisphaericus, jodo non reagens. *Paraphyses* vix 0,001 millim. crassae, neque ramosae, nec nonnexae. *Asci* cylindrici, membrana sat tenui. *Sporae* monostichae, fuscescentes, apicibus rotundatis aut obtusis aut raro acutiusculis, loculis lenticularibus, fere aequalibus.

3. **P. Kunthii** Fée, Etud. Crypt. Écorc. (1837) p. 80; Müll. Arg., Pyrenoc. Cub. (1885) p. 411, Pyr. Féean. (1888) p. 30.

Thallus hypophloeodes aut endophloeodes, macula glaucescente aut olivacea pallidave indicatus. *Apothecia* verrucas circ. 1—0,5 millim. latas, hemisphaericas, nigras, vertice convexas formantia, *perithecio* fuligineo, integro. *Sporae* 8:nae, oblongo- aut ellipsoideo-fusiformes, 3-septatae, long. 0,020—0,024 millim. [„—0,018 millim.": Müll. Arg., Pyr. Féean. p. 31], crass. 0,009—0,011 millim. [„—0,007 millim.": Müll. Arg., l. c.].

Ad corticem arborum prope Sitio (1000 metr. s. m.) in civ. Minarum, n. 1151. — *Thallus* nitidulus. *Gonidia* chroolepoidea, circ. 0,008—0,010 millim. crassa, membrana crassiuscula aut sat tenui. *Nucleus* depresso-hemisphaericus, jodo non reagens. *Paraphyses* 0,001 millim. crassae, neque ramosae, nec constrictae. *Asci* cylindrici. *Sporae* monostichae aut distichae, olivaceo-fuscescentes, apicibus breviter acutatis aut rarius fere obtusis, loculis lenticularibus, sat aequalibus.

4. **P. mamillana** (Ach.) Trev., Consp. Verr. (1860) p. 13; Müll. Arg., Pyrenoc. Cub. (1885) p. 411, Pyr. Féean. (1888) p. 30. *Verrucaria* Ach., Meth. Lich. (1803) p. 120. *V. marginata* Hook. **V. Santensis* Nyl., Lich. Nov.-Gran. ed. 2 (1863) p. 248.

Thallus endophloeodes vel hypophloeodes, macula pallidoalbescente [aut olivaceo-pallida] indicatus. *Apothecia* verrucas circ. 1—0,3 millim. latas, hemisphaericas, nigras, vertice convexas formantia, *perithecio* fuligineo, integro. *Sporae* 8:nae, fusiformi-oblongae aut suboblongae, 3-septatae, long. 0,016—0,020, crass. 0,005—0,008 millim.

Var. **subconfluens** Wainio. *Perithecia* pro parte confluentia, pro parte solitaria.

Ad corticem arboris prope Sepitiba in civ. Rio de Janeiro, n. 470. — Intermedia est inter subg. Melanothecam (Fée) et Eupyrenulam (Fée). — *Thallus* strato suberoso destructo corticis immixtus, superne fere amorphus, nitidulus. *Gonidia* chroolepoidea, cellulis corticis inclusa immixtaque, circ. 0,010—0,008 millim. crassa, membrana sat tenui. *Nucleus* depresso-hemisphaericus, jodo non reagens. *Paraphyses* neque ramosae, nec connexae. *Asci* subventricosi. *Sporae* saepe distichae, fuscescentes, apicibus acutis aut rarius obtusis, loculis lenticularibus, sat aequalibus.

2. **Subglobosa** Müll. Arg. *Perithecium* subglobosum, integrum. *Nucleus* subglobosus.

Pyrenula § 3. *Subglobosae* Müll. Arg., Pyr. Féean. (1888) p. 31.

5. **P. subducta** (Nyl.) Wainio. *Verrucaria* Nyl., Lich. Nov.-Gran. (1863) p. 489, ed. 2 (1863) p. 247 (mus. Paris.), Lich. Nov.-Gran. Addit. (1867) p. 344.

Thallus hypophloeodes vel endophloeodes, macula glaucescente vel cinereo-glaucescente [aut pallida] indicatus. *Apothecia* diu thallo substratoque immersa subimmersave, demum semiimmersa at diu strato tenuissimo thallode fere ad instar pruinae velata deindeque subdenudata denudatave et verrucas 1,3—0,5 millim. latas, hemisphaericas aut elevato-hemisphaericas, nigras (primo cinereo-nigricantes), vertice convexas formantia, *perithecio* fuligineo, integro, globoso. *Sporae* 8:nae, oblongae aut subventricoso-oblongae, 3-septatae, long. (in specim. nostris) circ. 0,048—0,058 millim. [„0,038—0,102 millim.": Nyl., ll. cc.], crass. 0,020—0,024 millim. [„0,016—0,032 millim.": Nyl.].

Ad corticem arboris prope Sitio (1000 metr. s. m.) in civ. Minarum, n. 742. — *Thallus* hypophloeodes vel endophloeodes, strato suberoso sclerenchymaticoque corticis (substrati) increscens, ibique zonam gonidialem hyphis immixtam formans, nitidulus. *Gonidia* chroolepoidea, circ. 0,008—0,006 millim. crassa, membrana sat tenui. *Nucleus* globosus, jodo non reagens [aut interdum „dilute vinose rubens": Nyl., Lich. Nov.-Gran. Addit. p. 344]. *Paraphyses* 0,001 millim. crassae, gelatinam abundantem percurrentes, neque ramosae, nec connexae. *Sporae* distichae, fuscescentes, apicibus rotundatis, pariete crasso; loculi crasse anguloso-lenticulares, medii reliquis paullo majores.

6. **P. Minarum** Wainio (n. sp.).

Thallus hypophloeodes vel endoploeodes, macula olivaceo-pallida olivaceave indicatus. *Apothecia* pró parte confluentia et pro parte simplicia, verrucas 1,5—1 millim. latas, hemisphaericas, basi sat abruptas aut sensim in thallum abeuntes, strato thallode thallo concolore omnino obductas aut apice denum plus minusve denudatas et cinereo-nigricantes nigricantesve, vertice convexas formantia, *perithecio* fuligineo, integro, globoso. *Sporae* 8:nae, oblongae aut fusiformi-oblongae, 3-septatae, long. 0,026—0,036 millim., crass. 0,011—0,015 millim.

Ad corticem arboris prope Sitio (1000 metr. s. m.) in civ. Minarum, n. 677. — Ad species inter Melanothecas et Eupyrenulas intermedias pertinet. — Affinis V. mastophorae Nyl. (Lich. Nov.-Gran. ed. 2 p. 248), quae praecipue apotheciis minoribus ab ea differt. — *Thallus* cellulis substrati immixtus, maculam nitidiusculam formans. *Gonidia* chroolepoidea, circ. 0,010—0,008 millim. crassa, membrana sat tenui. *Nucleus* globosus, circ. 0,38—0,72 millim. latus, jodo dilute violascens. *Periphyses* in vertice vel ad ostiolum apothecii perithecium interne vestientes, pro parte simplices, pro parte parce ramoso-connexae, circ. 0,050—0,040 millim. longae, suberectae, gelatinam in KHO diffluxam percurrentes. *Paraphyses* 0,001 millim. crassae, gelatinam sat abundantem percurrentes, neque ramosae, nec connexae. *Asci* subcylindrici aut suboblongi. *Sporae* monostichae aut distichae, olivaceo-fuscescentes, apicibus obtusis, pariete incrassato, loculis lenticularibus, fere aequalibus.

10. Pseudopyrenula.

Müll. Arg., Lich. Beitr. (Fl. 1883) n. 602 (em.), Pyr. Cub. (1885) p. 376 et 407 (em.). Pyr. Féean. (1888) p. 4 et 28 (em.). *Trypethelium* Trev., Fl. 1861 p. 19 (em., conf. infra); Müll. Arg., Pyr. Cub. (1885) p. 376 et 389 (em.), Pyr. Féean. (1888) p. 4 et 389 (em.).

Thallus crustaceus, uniformis, hypothallo et hyphis medullaribus substrato affixus, rhizinis destitutus, *strato corticali* nullo aut saepe fere amorpho et ex hyphis horizontalibus conglutinatis in materiam cartilagineam reductis formato instructus, *strato medullari* fere toto gonidia continente. *Gonidia* chroolepoidea (cellulis minutis, concatenatis). *Apothecia* simplicia [in subg. Heterothelio Wainio] aut peritheciis vel amphitheciis confluentia et pseudostromata formantia [in subg. Trypethelio (Spreng.)]. *Perithecium* rectum, fuligineum aut fuscescens pallidumve. *Paraphyses* ramoso-connexae. *Sporae* 8:nae, decolores, oblongae aut fusiformes, 3—pluri-septatae, interne membrana incrassata et loculis lenticularibus, compressis, aut rotundatis. *Pycnoconidia* brevia, tenuissima, recta, cylindrica aut utroque apice clavatula (in n. 51 et 783). *Sterigmata* simplicia.

Subg. I. **Trypethelium** (Spreng.) Wainio. *Apothecia* pro majore parte peritheciis aut amphiteciis confluentia et pseudostromata formantia.

Trypethelium Spreng., Einl. z. Kenntn. d. Gewächse (1804) p. 350: Ach., Lich. Univ. (1810) p. 58 et 306; Fée, Mon. Tryp. 1831 (pr. p.); Nyl., Exp. Pyrenoc. (1858) p. 71 (pr. p.); Tuck., Gen. Lich. (1872) p. 258 (pr. p.); Müll. Arg., Pyr. Cub. (1885) p. 376 et 389; Pyr. Féean. (1888) p. 4 et 9.

Sect. 1. **Eutrypethelium** Müll. Arg. *Sporae* multiloculares (circ. 5—17-septatae).

Trypethelium sect. 2. *Eutrypethelium* Müll. Arg., Pyr. Cub. (1885) p. 293.

1. **Ps. eluteriae** (Spreng.) Wainio. *Trypethelium eluteriae* Spreng., Einl. z. Kenntn. Gew. (1804) p. 351: Müll. Arg., Pyr. Cub. (1885) p. 393, Pyr. Féean. (1888) p. 15. *Tr. Sprengelii* Ach., Lich. Univ. (1810) p. 306; Fée, Mon. Tryp. (1831) p. 19; Nyl., Exp. Pyrenoc. (1858) p. 77 (pr. p.).

Thallus endophloeodes vel substrato immixtus aut fere hypophloeodes, glaucescens vel stramineo-glaucescens [aut pallescens cinerascensve], sat opacus. *Pseudostromata* elevata, rotundata aut irregulariter oblonga, depresso- vel applanato-convexa, basi abrupta aut leviter constricta, extus cinereo-fuscescentia, intus citrina vel fulvo-lutescentia et KHO solutionem rubescentem et demum violascentem effundentia, perithecia numerosa includentia, verticibus nigricantibus, minute umbonato-elevatis. *Perithecium* globosum aut ovoideum, fuligineum, integrum, tenue. *Sporae* 8:nae, fusiformes, circ. 6—10-septatae [„—14-septatae“: Nyl.], long. 0,028 —0,038 millim. [„—0,055 millim.“: Nyl.], crass. 0,007—0,009 millim.

Ad corticem arboris prope Rio de Janeiro, n. 19. — *Thallus* laevigatus. *Gonidia* chroolepoidea, circ. 0,010 millim. crassa, membrana crassiuscula. *Nucleus* globosus aut ovoideus, jodo non reagens. *Paraphyses* 0,001 millim. crassae, gelatinam abundantem percurrentes, ramoso-connexae. *Asci* subcylindrici aut cylindrico-clavati, membrana sat tenui. *Sporae* distichae, decolores, apicibus acutis aut subobtusis, loculis brevibus, latere cylindricis aut rotundato-cylindricis, fere aeque longis, halone nullo aut tenui indutae.

***Ps. subsulphurea** Wainio (n. subsp.).

Thallus sat tenuis aut crassitudine mediocris, sulphureo-flavescens aut sulphureo-glaucescens, opacus. *Pseudostromata* bene elevata, depresso-subglobosa aut irregulariter ellipsoidea oblongave, convexa, basi bene constricta, extus thallo concoloria, intus fulvescentia et KHO solutionem violaceam effundentia, perithecia numerosa includentia, verticibus rarius demum denudatis nigricantibusque et umbonato-elevatis. *Perithecium* globosum aut ovoideum, fuligineum, integrum, tenue. *Sporae* 8:nae, fusiformes, circ. 10—14 (—9)-septatae, long. 0,034—0,047, crass. 0,007—0,009 millim.

Ad corticem arboris prope Sepitiba in civ. Rio de Janeiro, n. 413. — Colore thalli et pseudostromatum a Ps. cluteriae differt. *Thallus* pruina sulphurea (KHO non reagente) obductus, strato corticali fere amorpho ex hyphis horizontalibus conglutinatis formato KHO fulvescente instructus. *Gonidia* chroolepoidea, circ. 0,008—0,012 millim. crassa, membrana vulgo sat crassa. *Pseudostromata* gonidiis destituta. *Nucleus* ovoideus aut globosus, jodo non reagens. *Paraphyses* gelatinam abundantem percurrentes, crebre ramoso-connexae. *Asci* oblongi aut subcylindrici, membrana sat tenui. *Sporae* distichae, decolores, apicibus acutis aut obtusiusculis, loculis brevibus, parte laterali rotundatis aut rotundato-subcylindricis, fere aeque longis, halone nullo aut tenui indutae.

Sect. 2. **Bathelium** (Ach.) Müll. Arg. *Sporae* 3-septatae.
Bathelium Ach., Meth. Lich. (1803) p. 111. *Trypethelium* sect. 1. *Bathelium* Müll. Arg., Pyr. Cub. (1885) p. 389.

α. **Chrysothelium** Wainio. *Pseudostromata* extus obscurata, intus fulvescentia et materiam KHO violascentem continentia.

2. **Ps. endochrysea** Wainio (n. sp.).

Thallus sat crassus aut crassitudine mediocris, glaucescens, saepe rugoso- vel verrucoso-inaequalis, nitidus. *Pseudostromata* bene elevata, depresso-subglobosa aut oblonga, convexa, basi vulgo partim constricta, extus fusco-cinerascentia aut testaceo-fuscescentia, intus fulvescentia et KHO solutionem vinose rubentem effundentia, apothecia numerosa includentia, verticibus sat late aut anguste denudatis, nigris, medio aut totis saepe umbonato-elevatis. *Perithecium* globosum aut ovoideum, superne saepe in collum conoideum continuatum, fuligineum, integrum, tenue. *Sporae* 8:nae, oblongae aut fusiformi-oblongae, 3-septatae, long. 0,032—0,050, crass. 0,010—0,015 millim.

Ad corticem arboris in Carassa (1000 metr. s. m.) in civ. Minarum, n. 1157. — Habitu subsimilis Ps. mastoideae (Ach.). *Thallus* strato corticali pellucido, amorpho, chondroideo (tubulis hypharum horizontalibus conspicuis) instructus, subcontinuus. *Gonidia* chroolepoidea, circ. 0,012—0,014 millim. crassa, membrana sat tenui aut crassiuscula. *Nucleus* ovoideus aut primo erecto-ellipsoideus, jodo non reagens. *Paraphyses* ramoso-connexae. *Asci* oblongo-clavati. *Sporae* distichae, decolores, apicibus obtusis, loculis anguloso-lenticularibus subglobosisve, vulgo sat aequalibus.

β. **Chrysothallus** Wainio. *Pseudostromata* (et majore minoreve parte etiam *thallus*) solum extus ferruginea vel ochracea fulvescentiave et KHO violascentia.

3. **Ps. aenea** (Eschw.) Wainio. *Verrucaria aenea* Eschw. in Mart. Icon. Sel. (1828) tab. 8 fig. 3, Lich. Bras. (1833) p. 133 (teste Müll. Arg., Lich. Eschw. 1884 p. 7). *Verrucaria heterochroa* Mont., Ann. Sc. Nat. 2 sér. Bot. T. 19 (1843) p. 60, Syllog. (1856) p. 370 (mus. Paris.); Nyl., Exp. Pyrenoc. (1858) p. 52; Krempelh., Fl. 1876 p. 522 (hb. Warm.). *Trypethelium Kunzei* Müll. Arg., Pyr. Cub. (1885) p. 390, Pyr. Féean. (1888) p. 10 (etiam Fée, Mon. Tryp. 1831 p. 445, tab. 15 fig. 3, secund. specim. authent. observante Müll. Arg., l. c., sed neque descr. nec. icon. congruentes).

Thallus macula ochraceofulvescente [aut partim olivacea vel olivaceo-lutescente] indicatus, opacus. *Apothecia* pro parte confluentia et pseudostromata parum distincta difformia formantia, pro parte simplicia et verrucas 0,3—0,4 millim. latas, hemisphaericas, substrato thalloque obductas thalloque concolores, vertice convexas formantia. *Perithecium* conico-globulosum, fuligineum, integrum. *Sporae* 8:nae, oblongae, 3-septatae, long. 0,019—0,021 millim. [„—0,027 millim.": Nyl.], crass. 0,007—0,008 millim.

Ad corticem arborum pluribus locis in Brasilia mihi obvia, n. 292. — *Thallus* substrato immixtus et fere hypophloeodes, materia fulvescente, KHO solutionem violaceam effundente plus minusve suffusus. *Gonidia* chroolepoidea, circ. 0,010—0,008 millim. crassa, membrana sat tenui. *Perithecium* tenue. *Nucleus* granulosus oleosusque, jodo non reagens. *Paraphyses* ramoso-connexae (in spir. aether. et KHO). *Asci* oblongi. *Sporae* decolores, apicibus obtusis, halone indutae, loculis lenticularibus, sat aequalibus.

4. **Ps. aureomaculata** Wainio (n. sp.).

Thallus sat tenuis aut crassitudine mediocris, stramineus aut partim praesertimque circa apothecia fulvescens, laevigatus, opacus. *Apothecia* irregulariter aut in zonas elongatas aggregata, thallo immersa, aut demum verrucas zonasve thallo obductas difformes parum elevatas ad instar pseudostromatis formantia. *Perithecium* subglobosum (collo ostiolari conico), fuligineum (apicem versus pallidum), integrum. *Sporae* 8:nae, oblongae, 3-septatae, long. 0,030—0,040, crass. 0,009—0,011 millim.

Ad corticem Velloziae in montibus Carassae (1550 metr. s. m.) in civ. Minarum, n. 1473. — *Thallus* superne strato corticali crasso, fere amorpho, ex hyphis horizontalibus conglutinatis formato et cellulas destructas substrati abundanter continente obductus, parte fulvescente KHO solutionem violaceam effundente. *Gonidia* chroolepoidea, circ. 0,012—0,008 millim. crassa, membrana saepe crassiuscula. *Perithecium* sat tenue. *Nucleus* globosus, jodo non reagens. *Ostiolum* nigrum, punctiforme. *Paraphyses* gelatinam abundantem percurrentes, ramoso-connexae. *Asci* cylindrici aut cylindrico-oblongi, membrana sat tenui. *Sporae* distichae, decolores, apicibus obtusis, halone indutae, loculis lenticularibus, sat aequalibus.

γ. **Rhyparothelium** Wainio. Neque *thallus* nec *pseudostromata* materiam ochraceam KHO violascentem continentia. *Apothecia* in pseudostroma e thallo et cellulis substrati formatum immersa.

5. **Ps. pulcherrima** (Fée) Wainio. *Trypethelium pulcherrimum* Fée, Mon. Tryp. (1831) p. 41, tab. 11 fig. 2; Nyl., Exp. Pyrenoc. (1858) p. 75 (mus. Paris.).

Thallus crassitudine mediocris aut sat tenuis, glaucescens [aut pallescens], nitidulus aut subopacus. *Apothecia* pro majore parte aggregata et pseudostromatibus plus minusve distinctis, saepe satis obsoletis, parum elevatis, difformibus, basi in thallum sensim abeuntibus, extus et intus pallescentibus aut sordide albicantibus immersa. *Perithecium* globosum, fuligineum, integrum, tenue. *Sporae* 8:nae, oblongae, 3-septatae, long. 0,020—0,024, crass. 0,007—0,008 millim.

Ad corticem arboris prope Lafayette (1000 metr. s. m.) in civ. Minarum, n. 271. — Species est valde dubia. *Thallus* sat laevigatus, strato corticali crasso, amorpho (tubulis hypharum passim distinctis), ex hyphis horizontalibus conglutinatis formato instructus. *Gonidia* chroolepoidea, circ. 0,012—0,010 millim. crassa, membrana sat crassa. *Nucleus* globosus, jodo non reagens. *Pseudostromata* in parte interiore inferioreque substratum continentia. *Paraphyses* ramoso-connexae. *Asci* ventricoso-oblongi. *Sporae* decolores, apicibus obtusis rotundatisve, halone crasso aut nullo indutae, loculis lenticularibus, sat aequalibus.

6. **Ps. duplex** (Fée) Wainio. *Trypethelium* Fée, Mon. Tryp. (1831) p. 28, tab. 13 fig. 4; Nyl., Exp. Pyrenoc. (1858) p. 75. *Tr. cascarillae* Müll. Arg., Pyr. Féean. (1888) p. 14.

Thallus crassitudine mediocris aut sat tenuis, glaucescens [aut stramineo-glaucescens], nitidulus. *Apothecia* in pseudostromata subrotundata vel irregulariter ellipsoidea, hemisphaerica, albida, intus albida [aut e cellulis substrati parcius inclusis sordidescentia] immersa. *Perithecium* globosum, fuligineum, integrum. *Sporae* 8:nae, oblongae, 3-septatae, long. 0,017—0,023, crass. 0,007—0,008 millim.

Ad corticem arboris prope Rio de Janeiro, n. 164, 178. — *Thallus* laevigatus, strato corticali, amorpho, semipellucido, crasso instructus. *Gonidia* chroolepoidea, circ. 0,008—0,006 millim. crassa, membrana sat tenui. *Pseudostromata* praecipue e strato corticali thalli formata, in partibus inferioribus parcius cellulas substrati continentia. *Nucleus* globosus, jodo non reagens. *Paraphyses* 0,001 millim. crassae, bene ramoso-connexae. *Asci* subcylindrici aut cylindrico-clavati. *Sporae* distichae, decolores, apicibus rotundato-obtusis, saepe halone indutae, loculis lenticularibus, apicalibus vulgo reliquis paullo majoribus.

7. **Ps. ochroleuca** (Eschw.) Wainio. *Verrucaria* Eschw. in Mart. Icon. Sel. (1828) tab. 8 fig. IV et III 1—6, Fl. Bras. (1833) p. 135. *Trypethelium ochroleucum* Nyl., Fl. 1869 p. 126; Müll. Arg., Rev. Lich. Eschw. (1884) p. 7, Pyr. Cub. (1885) p. 391, Pyr. Féean. (1888) p. 13.

Thallus hypophloeodes aut substrato immixtus, macula vulgo stramineo-glaucescente aut glaucescente, opaca aut nitida indicatus. *Apothecia* aggregata et pseudostromatibus plus minusve distinctis, difformibus, extus stramineo-albidis, intus (substrato) sordidis pallescentibusve immersa. *Perithecium* conoideo- vel depresso-subglobosum (superne in collum conoideum angustatum), tenue integrumque aut basi tenuissimum deficiensve, fuligineum aut fuscescens aut passim sordide pallidum. *Sporae* 8:nae, oblongae aut raro ovoideo-oblongae, 3-septatae, long. 0,014—0,027, crass. 0,008—0,010 millim.

Var. **pallescens** (Fée) Müll. Arg., Pyr. Cub. (1885) p. 392. *Trypethelium pallescens* Fée, Mon. Tryp. (1831) p. 31, tab. 13 fig. 3.

Pseudostromata pulvinuliformia, irregulariter rotundata oblongave aut difformia, depresso-hemisphaerica convexaque. — Ad corticem arborum locis numerosis prope Rio de Janeiro et Sepitiba in eadem civitate, n. 432.

Var. **effusa** Müll. Arg., Pyr. Cub. (1885) p. 392 (em.).

Pseudostromata tenuia depressaque, aut evanescentia. —

Ad corticem arborum locis numerosis prope Sitio, Lafayette et Carassa in civ. Minarum, n. 637.

Gonidia chroolepoidea, circ. 0,008 millim. crassa, membrana crassiuscula. — *Apothecia* substrato immersa, quod in pseudostromata, thallo hypophloeode obducta, transformant. *Nucleus* depresso- vel conoideo-subglobosus (superne in collum conoideum continuatus), circ. 0,32—0,30 millim. latus, saepe oleosus granulosusque, jodo non reagens. *Paraphyses* gelatinam abundantem percurrentes, ramoso-connexae. *Asci* subcylindrici aut oblongo-elongati, membrana sat tenui. *Sporae* distichae, decolores, apicibus obtusis rotundatisve, saepe halone indutae, loculis lenticularibus, sat aequalibus. *Pycnoconidia* „cylindrica, utroque apice clavatula, long. circ. 0,005, crass. vix 0,001 millim.“ (Nyl., l. c.).

δ. **Melanothelium** Wainio. Neque *thallus* nec *pseudostromata* materiam ochraceam KHO violascentem continentia. *Pseudostromata* e peritheciis elevatis confluentibus formata.

7. **Ps. tropica** (Ach.) Müll. Arg., Lich. Beitr. (Fl. 1883) n. 602. *Verrucaria* Ach., Lich. Univ. (1810) p. 278; Nyl., Exp. Pyrenoc. (1858) p. 57 (mus. Paris.). *Sagedia* Mass., Ric. Lich. Crost. (1852) p. 161. *Trypethelium tropicum* Müll. Arg., Pyr. Cub. (1885) p. 393, Pyr. Féean. (1888) p. 10. *Verr. Gaudichaudii* Fée, Ess. Crypt. Écorc. (1824) p. 87, tab. 22 fig. 4.

Thallus crassitudine mediocris aut sat tenuis, glaucovirescens aut olivaceo-glaucescens [aut pallescens], nitidiusculus. *Apothecia* pro parte irregulariter confluentia aggregataque, pro parte simplicia et verrucas 0,7—0,4 millim. latas, subglobosas, nigras, basi constrictas, vertice convexas aut leviter umbilicato-impressas truncatasve formantia. *Perithecium* globosum, fuligineum, integrum. *Sporae* 8:nae, oblongae, 3-septatae, long. 0,016—0,022, crass. 0,005—0,007 millim.

Ad corticem arboris prope Rio de Janeiro, n. 50, 54, 127. — *Thallus* laevigatus aut ruguloso- vel verruculoso-inaequalis, strato corticali fere amorpho semipellucido circ. 0,020—0,40 millim. crasso instructus. *Gonidia* chroolepoidea, circ. 0,010—0,008 millim. crassa, membrana sat tenui aut crassiuscula. *Nucleus* globosus, circ. 0,28 millim. latus, jodo non reagens. *Paraphyses* ramoso-connexae. *Asci* oblongo-cylindrici, membrana sat tenui.

Sporae distichae, decolores, apicibus obtusis aut rotundatis, halone nullo indutae, loculis globosis aut globoso-lenticularibus, sat aequalibus.

Subg. II. **Heterothelium** Wainio. *Apothecia* simplicia.

Pseudopyrenula Müll. Arg., Lich. Beitr. (1883) n. 602, Pyr. Cub. (1885) p. 376 et 407, Pyr. Féean. (1888) p. 4 et 28.

Sect. 1. **Homalothecium** Müll. Arg. *Perithecium* subglobosum, integrum. *Nucleus* subglobosus.

Pseudopyrenula sect. *Homalothecium* Müll. Arg., Pyr. Cub. (1885) p. 488

8. **Ps. thelotremoides** (Nyl.) Müll. Arg., Lich. Beitr. (Fl. 1883) n. 602. *Verrucaria* Nyl., Lich. Nov.-Gran. Addit. (1867) p. 346 (coll. Wedell in mus. Paris.).

Thallus crassitudine mediocris, glaucescenti-stramineus [aut olivaceo-pallescens], nitidiusculus. *Apothecia* thallo immersa, demum verrucas hemisphaericas aut difformes, apothecia solitaria aut plura ad instar stromatum continentes, thallo obductas formantia, perithecio globoso, fuligineo, integro, thallo omnino obducto aut (in specim. nostris) ad ostiolum anguste vel raro sat late subdenudato, at albido- vel cinereo-velato. *Sporae* 8:nae, oblongae, 3-septatae, long. circ. 0,050—0,062 millim. [„—0,046 millim.“: Nyl.], crass. 0,016—0,020 millim.

Ad corticem arboris in Carassa (1400 metr. s. m.) in civ. Minarum, n. 1239. — Ad species inter Pseudopyrenulas et Trypethelia intermedias pertinet. *Thallus* circ. 0,2 millim. crassus, strato corticali amorpho subpellucido crasso obductus. *Gonidia* chroolepoidea, circ. 0,008 millim. crassa, membrana vulgo crassiuscula. *Verrucae* apothecia solitaria includentes circ. 1—0,7 millim. latae, hemisphaericae, apothecia plura continentes circ. 2—3 millim. latae. *Nucleus* subglobosus, circ. 0,68—0,58 millim. latus, albidus, jodo non reagens. *Paraphyses* ramoso-connexae, gelatinam abundantem percurrentes. *Sporae* decolores, apicibus obtusis aut rotundatis, halone nullo indutae, loculis anguloso-lenticularibus.

9. **Ps. atroalba** Wainio (n. sp.).

Thallus hypophloeodes, macula albida indicatus. *Apothecia* solitaria, verrucas 0,7—0,5 millim. latas, hemisphaericas, nigras, vertice convexas aut levissime umbilicatas formantia, perithecio subgloboso, fuligineo, integro, basi tenui. *Sporae* 8:nae, oblongae, 3-septatae, long. 0,022—0,026, crass. 0,007—0,008 millim.

Ad corticem arboris in Carassa (1400 metr. s. m.) in civ. Minarum, n. 1402. — *Thallus* opacus. *Gonidia* chroolepoidea, circ. 0,008—0,006 millim. crassa, membrana sat tenui aut crassiuscula. *Nucleus* subglobosus aut leviter depressus, circ. 0,45 millim. latus, albidus, jodo non reagens. *Paraphyses* 0,0015 millim. crassae, gelatinam abundantem percurrentes, ramoso-connexae. *Asci* oblongi. *Sporae* distichae, decolores, apicibus obtusis, halone nullo indutae, loculis anguloso-lenticularibus aut demum subglobosis, sat aequalibus.

10. **Ps. araucariae** Wainio (n. sp.).

Thallus tenuissimus, partim epiphloeodes, partim hypophloeodes, macula cinerascente indicatus. *Apothecia* solitaria, verrucas 0,3—0,44 millim. latas, hemisphaericas aut ovoideo-hemisphaericas, nigras, vertice convexas aut interdum minute umbonatas formantia, perithecio subgloboso, fuligineo, integro. *Sporae* 8:nae, oblongae aut fusiformi-oblongae, 3-septatae, long. 0,022—0,026, crass. 0,008—0,009 millim.

Ad corticem Araucariae in Carassa (1400 metr. s. m.) in civ. Minarum, n. 1461. — Apotheciis minoribus et colore thalli a Ps. atroalba differt. *Thallus* partim dispersus. *Gonidia* chroolepoidea, 0,010—0,006 millim. crassa, membrana sat tenui. *Nucleus* subglobosus, circ. 0,2 millim. latus, albidus, jodo non reagens. *Paraphyses* 0,0015 millim. crassae, gelatinam sat abundantem percurrentes, pro parte ramoso-connexae, pro parte simplices. *Asci* oblongi. *Sporae* distichae, decolores, apicibus obtusis, halone primum indutae, demum destitutae, loculis lenticularibus, sat aequalibus.

11. **Ps. cerei** Wainio (n. sp.).

Thallus hypophloeodes, macula albida indicatus. *Apothecia* solitaria, verrucas 0,7—0,5 millim. latas, hemisphaericas, nigras, vertice convexas formantia, perithecio subgloboso, fuligineo, integro, basi tenui. *Sporae* 8:nae, oblongae, 3-septatae, long. 0,018—0,024, crass. 0,0045—0,0055 millim.

Supra Cereum in littore marino prope Rio de Janeiro, n. 121 (parce lecta). — *Thallus* opacus, hypothallo nigricante partim limitatus. *Gonidia* chroolepoidea, circ. 0,008—0,006 millim. crassa, membrana sat tenui. *Apothecia* primum sat diu fragmentis substrati thallique velata, demum denudata. *Nucleus* subglobosus, jodo non reagens. *Paraphyses* numerosissimae, 0,001—0,0015 millim. crassae, laxe cohaerentes, ramosae et ramoso-connexae, pro parte in eodem apothecio simplices. *Asci* subventricoso-cylindrici aut cylindrico-clavati. *Sporae* distichae, decolores, apicibus obtusis, halone nullo indutae, loculis primum poro confluentibus, subcylindricisque, demum globosis, sat aequalibus.

Sect. 2. **Leptopyrenium** Wainio. *Perithecium* integrum, hemisphaericum. *Nucleus* depressus.

12. **Ps. Sitiana** Wainio (n. sp.).

Thallus hypophloeodes, macula albida indicatus. *Apothecia* verrucas 0,7—0,5 millim. latas, depresso-hemisphaericas, nigras, vertice convexas formantia, perithecio fuligineo, hemisphaerico, integro, basi applanato, latere anguste attenuato-producto. *Sporae* 8:nae, oblongae, 3-septatae, long. 0,022—0,026, crass. 0,007 millim.

Ad corticem arboris prope Sitio (1000 metr. s. m.) in civ. Minarum, n. 1089. — Habitu simillima est Ps. diremtae (Nyl.). A Ps. albonitente Müll. Arg. (Lich. Beitr. 1883 n. 603) perithecio completo, vertice haud mamillato differt. — *Thallus* partim hypothallo nigricante limitatus. *Gonidia* chroolepoidea, circ. 0,006 millim. crassa, membrana sat tenui. *Nucleus* depressus, circ. 0,4 millim. latus, jodo non reagens. *Paraphyses* parcius ramoso-connexae. *Sporae* decolores, apicibus obtusis, halone nullo indutae, loculis lenticularibus.

Sect. 3. **Hemithecium** Müll. Arg. *Perithecium* hemisphaericum conoideumve, dimidiatum. *Nucleus* hemisphaericus.

Pseudopyrenula sect. *Hemithecium* Müll. Arg., Pyr. Cub. (1885) p. 407.

13. **Ps. subgregaria** Müll. Arg., Pyr. Cub. (1885) p. 408 (secund. descr.).

Thallus partim hypophloeodes, macula albida indicatus. *Apothecia* pro parte solitaria, pro parte aggregata aut rarius confluentia, sat diu substrato immersa, demum verrucas 0,8—0,4 millim. latas, hemisphaericas, nigras, vertice convexas aut interdum demum levissime umbilicatas formantia, perithecio fuligineo, dimidiato, latere haud attenuato-producto. *Nucleus* lutescens aut extus fulvescens, KHO solutionem violaceam effundens. *Sporae* 8:nae, oblongae, 3-septatae, long. 0,022—0,028, crass. 0,008—0,009 millim.

Ad corticem arboris prope Lafayette (1000 metr. s. m.) in civ. Minarum, n. 277. — Ad species inter Pseudopyrenulas et Trypethelia intermedias pertinet. *Thallus* cellulis substrati immixtus, partim hypothallo nigricante limitatus. *Gonidia* chroolepoidea, circ. 0,008—0,006 millim. crassa, membrana sat tenui. *Perithecium* parte interiore strato tenui fulvescente, KHO violascente obductum, basi deficiens, primum sat diu substrato immersum et strato thallino velatum, demum denudatum. *Nucleus* hemisphaericus, circ. 0,45—0,26 millim. latus, jodo non reagens. *Paraphyses* gelatinam abundantem percurrentes, ramoso-connexae. *Asci* oblongi, membrana tenui. *Sporae* distichae, decolores, apicibus obtusis, primum halone indutae et demum destitutae; loculi lenticulares, medii reliquis aliquantum majores.

14. **Ps. diremta** (Nyl.) Müll. Arg., Lich. Beitr. (Fl. 1883) n. 602, Pyr. Cub. (1885) p. 408. *Verrucaria* Nyl., Lich. Nov.-Gran. (1863) p. 492, ed. 2 (1863) p. 253 (mus. Paris.).

Thallus partim hypophloeodes, macula glaucescente aut albida indicatus. *Apothecia* solitaria, verrucas 0,7—0,3 millim. latas, depresso-hemisphaericas [aut rarius hemisphaericas], nigras, vertice convexas formantia, perithecio fuligineo, dimidiato, latere anguste attenuato-producto aut acutato. *Nucleus* albidus. *Sporae* 8:nae, oblongae, 3-septatae, long. 0,024—0,028, crass. 0,007—0,009 millim.

Ad corticem arboris prope Sitio (1000 metr. s. m.) in civ. Minarum, n. 587. — *Thallus* cellulis substrati destructis immixtus aut passim hypophloeodes, partim hypothallo nigricante limitatus. *Gonidia* chroolepoidea, circ. 0,008—0,006 millim. crassa, membrana sat tenui. *Perithecium* basi deficiens aut rarius tenuissimum. *Nucleus* depressus, circ. 0,35—0,27 millim. latus, guttulas oleosas continens, jodo non reagens. *Paraphyses* sat parce ramoso-connexae. *Asci* oblongi, membrana sat tenui. *Sporae* distichae, decolores, apicibus obtusis, halone nullo indutae, loculis saepe anguloso-lenticularibus.

11. Thelenella.

Nyl. in Bot. Notis. 1853 p. 164 (em.), Ess. Nouv. Classif. (1855) p. 193 (em.), Exp. Pyrenoc. (1858) p. 62 (em.). *Verrucaria* st. *Thelenella* Nyl. in Hue Addend. (1888) p. 289 (em.). *Microglaena* Koerb., Syst. Germ. (1855) p. 388 (em.); Th. Fr., Lich. Arct. (1860) p. 261 (em.); Gen. Heterolich. (1861) p. 105 (em.); Müll. Arg., Princ. Classif. (1862) p. 80 (em.); Th. Fr., Polybl. Scand. (1877) p. 3 et 6 (em.). *Bathelium* Trev., Fl. 1861 p. 21 (em.), haud Ach.; Müll. Arg., Pyr. Cub. (1885) p. 376 et 394 (em.), Pyr. Féean. (1888) p. 4 et 16 (em.). *Polyblastia* Müll. Arg., Lich. Beitr. (Fl. 1882) n. 490 (em., neque Mass., Ric. Lich. Crost. 1852 p. 147, nec Th. Fr., Polybl. Scand. p. 8), Pyr. Cub. (1885) p. 376 et 407. *Clathroporina* Müll. Arg., Lich. Beitr. (Fl. 1882) n. 541 (em.), Pyr. Cub. (1885) p. 376 et 403 (em.). *Bathelium* sect. *Phyllobathelium* Müll. Arg., Lich. Beitr. (Fl. 1883) n. 680 (em.). *Phyllobathelium* Müll. Arg., Lich. Beitr. (Fl. 1890) n. 1547 (em.).

Thallus crustaceus, uniformis, hypothallo et hyphis medullaribus substrato affixus, rhizinis destitutus, *strato corticali* nullo aut evanescente amorphoque, vulgo fere totus gonidia continens. *Gonidia* chroolepoidea (cellulis minutis, concatenatis) aut protococcoidea (in Th. subluridella Wainio) aut pleurococcoidea (in Th. modesta Nyl.) aut gloeocapsoidea [in Th. sphinctrinoide (Nyl.)] aut phycopeltidea [cellulis in membranam connatis: in sect. Phyllobathelio Müll. Arg.]. *Apothecia* simplicia (in sect. Euthelenella Wainio) aut peritheciis amphitheciisve confluentia et pseudostromata formantia [in sect. Meristosporo (Mass.) vel gen. Bathelio Müll. Arg.]. *Perithecium* rectum, albidum aut fuligineum fuscescensve. *Paraphyses* simplices aut parcissime vel bene ramoso-connexae. *Sporae* 8:nae aut pauciores, decolores, oblongae aut ellipsoideae aut subfusiformes, murales. *Pycnoconidia*[1]) (quantum cognita) „filiformi-cylindrica, arcuata" (Nyl., Exp. Pyren. p. 63).

In *Polyblastia rufa* Mass., quae typus est generis *Polyblastiae*, paraphyses non sunt evolutae, in *Thelenella modesta* Nyl. autem bene evolutae et parce ramoso-connexae (in mus. Paris.) quare nomen posterius huic generi est praeferendum.

---

[1]) E descriptione „*V. lugescentis*", a cel. Nylandro in Fl. 1886 p. 177 data, non satis elucet, anne planta ab eo spermogoniifera descripta ad hoc genus pertineat. Aeque defecte plurimas descripsit Verrucarias suas, notas primarias, quibus in lichenographia hodierna genera sectionesque distinguuntur, omnino omittens.

Sect. I. **Phyllobathelium** (Müll. Arg.) Wainio. *Apothecia* pro parte confluentia. *Paraphyses* simplices. *Gonidia* phycopeltidea.

Phyllobathelium Müll. Arg., l. c. (vide supra).

1. **Th. epiphylla** (Müll. Arg.) Wainio. *Bathelium epiphyllum* Müll. Arg., Lich. Beitr. (Fl. 1883) n. 681. *Phyllobathelium* Müll. Arg., Lich. Beitr. (Fl. 1890) n. 1547 (hb. Hariot).

Thallus tenuis, cinereo-glaucescens, nitidulus. *Apothecia* verrucas 0,4—0,6 millim. latas, rapaeformes vel fere hemisphaericas, thallo obductas thalloque concolores, basi leviter constrictas abruptasve, vertice impressas et ad ostiolum vulgo minute umbonatas formantia, vulgo solitaria, raro parce confluentia. *Perithecium* ad instar stromatis latere incrassatum, fuligineum, dimidiatum, KHO solutionem intense virescentem effundens. *Sporae* 4:nae aut 8:nae (sporis 4 rudimentariis), oblongae aut fusiformi-oblongae, murales, decolores, long. circ. 0,044—0,050 millim. [„0,037 millim.": Müll. Arg.], crass. 0,014—0,020 millim.

Ad folia perennia arboris prope Rio de Janeiro, n. 156. — *Thallus* conceptaculis pycnoconidiorum et saepe etiam pseudostromatibus irregularibus pycnidum crebre instructus, hyphis circ. 0,0015 millim. crassis, vulgo sat leptodermaticis. *Gonidia* phycopeltidea, cellulis circ. 0,008—0,006 millim. crassis, difformibus, membrana crassiuscula. *Perithecia* strato tenuissimo thallino, gonidia continente obducta, basi albida. *Nucleus* circ. 0,28—0,24 millim. latus, jodo non reagens. *Paraphyses* 0,0015 millim. crassae, neque ramosae, nec connexae. *Asci* oblongi, membrana sat tenui. *Sporae* saepe obliquae aut leviter curvatae, apicibus obtusis, medio constrictae, halone nullo indutae, cellulis nnmerosis, irregulariter angulosis aut cubicis. „*Stylosporae* 0,022—0,028 millim. longae, 0,005—0,006 millim. crassae, clavatae, subcurvulae, basin versus sensim attenuatae. Pseudostromata pycnidum circ. 5—12-carpica." (Müll. Arg., L. B. n. 681).

Sect. II. **Clathroporina** (Müll. Arg.) Wainio. *Apothecia* simplicia. *Paraphyses* simplices. *Gonidia* chroolepoidea.

Clathroporina Müll. Arg., l. c. (vide supra).

2. **Th. cinereonigricans** Wainio (n. sp.).

Thallus hypophloeodes, macula albida indicatus. *Apothecia* verrucas 0,4—0,25 millim. latas, hemisphaericas, nigras, vertice convexas formantia. *Perithecium* fuligineum, subintegrum, basi tenue. *Sporae* 8:nae, ovoideo-fusiformes ovoideaeve, murales, long. 0,020—0,031, crass. 0,008—0,010 millim.

Ad corticem arboris prope Sitio (1000 metr. s. m.) in civ. Minarum, n. 657. — *Thallus* parum evolutus, opacus. *Gonidia* chroolepoidea, circ. 0,008 millim. crassa, membrana sat tenui. *Perithecium* elevato-hemisphaericum aut depresso-subglobosum. *Nucleus* subglobosus aut leviter depressus, circ. 0,2 millim. latus, jodo non reagens. *Paraphyses* gelatinam abundantem percurrentes, neque ramosae, nec connexae. *Asci* oblongi. *Sporae* decolores, apicibus obtusis aut altero apice subrotundato, halone nullo indutae, septis transversalibus circ. 8—6, septis longitudinalibus parcis.

Sect. III. **Microglaena** (Koerb.) Wainio. *Apothecia* simplicia. *Paraphyses* bene aut parce ramosae. *Gonidia* chroolepoidea aut protococcoidea aut pleurococcoidea aut gloeocapsoidea.
Thelenella Nyl., l. c. (vide supra). *Microglaena* Koerb., l. c. *Polyblastia* Müll. Arg., l. c.

1. *Gonidia* protococcoidea.

3. **Th. subluridella** Wainio (n. sp.).

Thallus sat tenuis, plumbeo- aut olivaceo-cinerascens, nitidus. *Apothecia* verrucas circ. 0,4 millim. latas, parum elevatas, depresse conoideo-hemisphaericas, thallo omnino obductas, basi sensim in thallum abeuntes, vertice vel majore parte nigricantes formantia. *Perithecium* globosum, albidum. *Sporae* 6—8:nae, oblongae aut fusiformi-oblongae, murales, long. 0,030—0,060, crass. 0,008—0,020 millim., cellulis demum numerosis.

Ad rupem itacolumiticam in Carassa (1500 metr. s. m.) in civ. Minarum, n. 1478 (parce lecta). — A Microgloena Brasiliensi Müll. Arg., Lich. Beitr. n. 1456, sporis majoribus recedit. Polyblastia luridella (Nyl.) paraphysibus diffluxis et thallo opaco ab ea differt (mus. Paris.). — *Thallus* subcontinuus aut areolato-diffractus. *Gonidia* protococcoidea, simplicia, globosa, diam. circ. 0,010—0,006 millim., membrana tenui. *Nucleus* globosus, circ. 0,3 millim. latus, jodo non reagens. *Paraphyses* bene evolutae, 0,0015 millim. crassae, ramoso-connexae. *Asci* oblongi. *Sporae* decolores, apicibus obtusis, haud constrictae, halone nullo aut tenui indutae, cellulis subcubicis.

2. *Gonidia* chroolepoidea.

4. **Th. obtecta** Wainio (n. sp.).

Thallus endophloeodes et substrato immixtus aut fere hypophloeodes, macula albida aut glaucescenti-albida indicatus. *Apothecia* thallo substratoque immersa, verrucas circ. 1—0,7 millim. latas, parum elevatas, thallo substratoque obductas, convexas, basi sensim in thallum abeuntes formantia, aut solum vertice minute umbonato cinereo-fuscescente fuscescenteve thallum superante indicata. *Perithecium* hemisphaericum, albidum, apice fuscescens vel testaceo-fuscescens. *Sporae* 4—6:nae (aut saepe 8:nae, sporis duabus omnino rudimentaribus), oblongae aut fusiformi-oblongae, murales, long. circ. 0,070—0,086, crass. 0,022—0,026 millim., cellulis numerosissimis.

Ad corticem arboris prope Sitio (1000 metr. s. m.) in civ. Minarum, n. 718. — *Thallus* opacus, gonidia inter cellulas substrati continens. *Gonidia* chroolepoidea, circ. 0,006—0,004 millim. crassa, membrana sat tenui. *Nucleus* hemisphaericus vel depresso-hemisphaericus, circ. 0,37 millim. latus, jodo non reagens. *Paraphyses* bene evolutae, 0,0015 millim. crassae, sat parce ramosae et ramoso-connexae. *Asci* oblongo-ventricosi, membrana sat tenui aut interdum apice incrassata. *Sporae* decolores, apicibus obtusis, medio vulgo constrictae, halone nullo indutae, cellulis cubicis.

5. **Th. amylospora** Wainio (n. sp.).

Thallus endophloeodes et substrato immixtus aut fere hypophloeodes, macula alba indicatus. *Apothecia* verrucas 0,5—0,4 millim. latas, hemisphaericas, diu thallo substratoque velatas, demum subdenudatas nigricantesque, vertice convexas formantia. *Perithecium* hemisphaericum, fuligineum, integrum, basi tenue. *Sporae* 8:nae, oblongae, murales, long. 0,030—0,046, crass. 0,013—0,015 millim., jodo violaceo-caerulescentes, cellulis numerosissimis.

Ad corticem arboris prope Sepitiba in civ. Rio de Janeiro,

n. 419. — *Thallus* opacus, gonidia praecipue inter cellulas substrati continens. *Gonidia* chroolepoidea, circ. 0,010—0,008 millim. crassa, membrana sat tenui. *Apothecia* diu majore parte strato tenuissimo albido fere amorpho aut parce etiam gonidia continente obducta. *Nucleus* hemisphaericus, circ. 0,48 millim. latus, jodo lutescens (sporis violaceo-caerulescentibus). *Paraphyses* gelatinam abundantem percurrentes, ramoso-connexae. *Asci* oblongi, membrana tenui. *Sporae* distichae, decolores, apicibus rotundatis aut rarius obtusis, halone primum indutae, demum nudae, septis transversalibus circ. 11. *Sterigmata* simplicia aut parce ramosa, septis nullis aut articulo uno instructa. *Pycnoconidia* oblonga aut fusiformi-oblonga, apicibus obtusis, recta, long. 0,0035—0,004, crass. 0,0005 millim.

12. Porina.

Ach., Syn. Lich. (1814) p. 109 (pro minore parte); Fée, Ess. Crypt. Écorc. (1824) p. 80 pr. p.; Müll. Arg., Lich. Beitr. (Fl. 1883) n. 644, Pyr. Cub. (1885) p. 376 et 398, Pyr. Féean. (1888) p. 4 et 20. *Segestria* Fr., Syst. Orb. Veg. (1825) p. 263; Trev., Consp. Verr. (1860) p. 5; Th. Fr., Gen. Heterolich. (1861) p. 106. *Segestrella* Fr., Lich. Eur. Ref. (1831) p. 460. *Sagedia* Tuck., Gen. Lich. (1872) p. 263 pr. p.

Thallus crustaceus, uniformis, hypothallo et hyphis medullaribus substrato affixus, rhizinis destitutus, *strato corticali* nullo aut tenui et ex hyphis horizontalibus conglutinatis formato instructus, *strato medullari* fere toto gonidia continente. *Gonidia* chroolepoidea (cellulis concatenatis, minutis aut raro majusculis: Arn., Lich. Tirol XIV p. 459 n. 86) aut phycopeltidea (cellulis in membranam connatis), forsan etiam Protococcis immixta (conf. Müll. Arg., Lich. Beitr. n. 1558 et 1559). *Apothecia* simplicia. *Perithecium* rectum, pallidum aut fuscescens nigricansve. *Paraphyses* simplices aut raro furcatae, haud connexae (conf. p. 220). *Sporae* 8:nae, decolores, fusiformes aut bacillares aut oblongae, 3—pluri-septatae aut 1-septatae, membrana haud interne incrassata, loculis subcylindricis (haud lenticularibus). *Pycnoconidia* recta, brevia, fusiformia aut „oblonga ellipsoideave" (Nyl. in Hue Addend. p. 291 et 293), observante Müll. Arg. (Lich. Beitr. n. 663) etiam filiformia longaque. *Sterigmata* simplicia. *Stylosporae* 1-septatae raro observatae (Müll. Arg., l. c.).

Sect. I. **Segestria** (Fr.) Wainio. Corticola (aut saxicola). *Perithecia* amphithecio thallino, gonidia continente, thallo concolore majore parte obducta. *Gonidia* chroolepoidea.

Segestria Fr., Syst. Orb. Veg. (1825) p. 263; Mass., Ric. Lich. Crost. (1852) p. 158. *Segestrella* Fr., Lich. Eur. Ref. (1831) p. 460 (pr. p.); Koerb., Syst. Germ. (1885) p. 331. *Porina* sect. *Euporina* Müll. Arg., Lich. Beitr. (Fl. 1883) n. 648.

1. **P. Tijucana** Wainio (n. sp.).

Thallus crassitudine mediocris aut sat crassus, leviter inaequalis, glaucescens aut glauco-virescens, opacus. *Apothecia* verrucas hemisphaericas, 1,2—0,8 millim. latas, basin versus sensim dilatatas aut sat abruptas formantia, amphithecio thallino thallo concolore maxima parte obducta, vertice denudato, nigro, vulgo minutissime fuscescenti-umbonata, perithecio ceterum pallido. *Sporae* 8:nae, fusiformi-oblongae oblongaeve, circ. 12—7-septatae, long. 0,050—0,060, crass. 0,012—0,014 millim.

Ad saxa granitica in rivulo in montibus Tijucae prope Rio de Janeiro, n. 198. — Habitu subsimilis est P. mastoideae. *Thallus* substrato demum partim laxe affixus et inflato-rugosus, totus saepe gonidia continens, hypothallo fusconigricante interdum parce limitatus. *Gonidia* chroolepoidea, circ. 0,008—0,006 millim. crassa, membrana sat tenui. *Amphithecium* gonidia continens. *Perithecium* in vertice extus fuscescens, ceterum pallidum, KHO rufescens. *Nucleus* albidus, jodo haud reagens, circ. 0,8 millim. latus. *Paraphyses* 0,001—0,0015 millim. crassae, gelatinam abundantem percurrentes, solum in latere nuclei parce ramoso-connexae, ceterum simplices. *Asci* oblongo-elongati. *Sporae* distichae, decolores, apicibus obtusis, loculis cylindricis, fere aeque longis, pariete gelatinoso incrassato.

2. **P. sordidula** Wainio (n. sp.).

Thallus tenuis, leviter inaequalis aut sat laevigatus, cinerascens, opacus. *Apothecia* verrucas 0,5—0,3 millim. latas, hemisphaericas, basi sat abruptas aut sensim in thallum abeuntes formantia, amphithecio thallino, parte inferiore thallo concolore, maxima parte obducta, vertice convexiusculo, sat late nigricante, perithecio ceterum pallido. *Sporae* 8:nae, fusiformes, 11—6-septatae, long. 0,040—0,060, crass. 0,010—0,014 millim.

Ad corticem arboris in Carassa (1400 metr. s. m.) in civ. Minarum, n. 1557. — Affinis sit P. nuculiformi Müll. Arg., Pyr.

Féean. p. 22. *Thallus* hypothallo nigricante saepe limitatus. *Gonidia* chroolepoidea, circ. 0,010—0,008 millim. crassa, membrana crassiuscula aut sat tenui. *Amphithecium* gonidia continens. *Perithecium* pallidum, KHO roseum. *Nucleus* circ. 0,2 millim. latus, albidus, jodo lutescens. *Paraphyses* 0,001 millim. crassae, neque ramosae, nec connexae. *Asci* oblongi aut ventricoso-oblongi. *Sporae* distichae, decolores, apicibus acutis aut rarius obtusiusculis, halone nullo indutae; loculi cylindrici, mediani reliquis saepe longiores.

2. **P. mastoidea** (Ach.) Mass., Ric. Lich. Crost. (1852) p. 191; Müll. Arg., Pyrenoc. Cub. (1885) p. 400 (em.), Pyr. Féean. (1888) p. 22 (em.). *Pyrenula* Ach., Syn. Lich. (1814) p. 122 pr. p. *Verrucaria* Nyl., Exp. Pyrenoc. (1858) p. 38; Krempelh., Fl. 1876 p. 522.

Thallus crassitudine mediocris aut sat crassus, leviter inaequalis aut sat laevigatus, glaucescens aut cinereo- vel pallido-glaucescens, subopacus aut nitidiusculus. *Apothecia* verrucas 0,7—0,5 millim. latas, hemisphaericas aut parum elevatas, basi sensim in thallum abeuntes aut rarius abruptas formantia, amphithecio thallino, thallo concolore maxima parte obducta, vertice demum sat late aut sat anguste denudato nigricante, saepe minutissime umbonato, perithecio superne rufescenti-nigricante, inferne pallido. *Sporae* 8:nae, fusiformes, vulgo 7-septatae, long. 0,046—0,054 millim., crass. 0,007—0,015 millim.

Ad corticem arborum pluribus locis prope Sitio et Lafayette (1000 metr. s. m.) in civ. Minarum, n. 907, 362. — Hanc speciem variabilem et, ut videtur, adhuc haud satis exacte examinatam limitatamque, solum secundum specimina nostra describimus. *Thallus* haud raro demum substrato pro parte laxe affixus et inflato-rugosus, totus gonidia continens aut strato tenui corticali ex hyphis horizontalibus conglutinatis formato obductus. *Gonidia* chroolepoidea, cellulis bene globosis aut pro parte ellipsoideis, haud angulosis, circ. 0,010—0,006 millim. crassis, pro maxima parte liberis at pro parte etiam concatenatis, membrana crassiuscula. *Amphithecium* gonidia continens. *Perithecium* KHO rufescens aut rubescens, basi tenue aut fere deficiens. *Nucleus* albidus, jodo haud reagens. *Paraphyses* neque ramosae nec connexae. *Asci* oblongi. *Sporae* distichae, decolores, apicibus acutis aut rarius acutiusculis, loculis cylindricis, fere aeque longis aut duobus medianis paullo longioribus, pariete saepe gelatinoso-incrassato.

3. **P. nucula** Ach., Syn. Lich. (1814) p. 112; Müll. Arg., Lich. Beitr. (Fl. 1883) n. 649, Pyrenoc. Cub. (1885) p. 400, Pyr. Féean. (1888) p. 22. *Verrucaria* Nyl., Exp. Pyrenoc. (1858) p. 40, Lich. Nov.-Gran. (1863) p. 488, Syn. Nov. Cal. (1868) p. 85.

Thallus sat tenuis aut crassitudine mediocris, leviter inaequalis aut verruculosus, glaucescens aut cinereo- vel olivaceo-vel albido-glaucescens, subopacus. *Excipulum* verrucam 0,8—0,4 millim. latam, demum depresso-subglobosam, aut hemisphaericam, basi demum constrictam, aut abruptam, vertice demum saepe anguste umbilicato-impressam formans, amphithecio thallino, thallo concolore (aut apice anguste rufescente) omnino obductum aut apice impresso angustissime denudato, perithecio pallido. *Sporae* 8:nae, fusiformes, vulgo 7-septatae, (raro pro parte 9-septatae), long. circ. 0,048—0,060, crass. 0,008—0,012 [„—0,015"] millim., cellulis vulgo fere aeque longis.

Ad cortices vetustos arborum prope Sitio, n. 1152, et Lafayette, n. 331 (1000 metr. s. m.), et in Carassa (1400 metr. s. m.), n. 1375, in civ. Minarum. — *Hypothallus* indistinctus. *Gonidia* chroolepoidea, circ. 0,008—0,006 millim. crassa, membrana sat tenui aut crassiuscula. *Amphithecium* gonidia continens. *Perithecium* in vertice extus testaceum, ceterum pallidum, KHO rufescens. *Nucleus* albidus, jodo haud reagens, circ. 0,32 millim. latus. *Paraphyses* 0,001 millim. crassae, simplices aut nonnullae furcatae, haud connexae. *Asci* oblongi. *Sporae* decolores, apicibus acutis aut obtusiusculis aut raro obtusis, loculis cylindricis, pariete vulgo tenui, aut (in eodem apothecio) gelatinoso-incrassato.

4. **P. desquamescens** Fée, Ess. Crypt. Écorc. Suppl. (1837) p. 75; Mass., Ric. Lich. Crost. (1852) p. 192 pr. p.; Müll. Arg., Pyr. Féean. (1888) p. 23. *Verrucaria* Nyl., Exp. Pyrenoc. (1858) p. 39 pr. p. (excl. specim. in mus. Paris. asservatis).

Thallus sat tenuis aut crassitudine mediocris, sat laevigatus, glaucovirescens, nitidiusculus. *Excipulum* verrucam 1—0,4 millim latam, hemisphaericam, basi sensim in thallum abeuntem formans, amphithecio thallino, thallo concolore maxima parte obductum, vertice sat late aut sat anguste denudato, pallido aut rufescente, convexo, perithecio pallido. *Sporae* 8:nae, fusiformes, vulgo circiter 7-septatae, long. circ. 0,034—0,038 millim. [„—0,055 millim.“: Müll. Arg., l. c.], crass. 0,004—0,005 millim. [„0,0035—0,006 millim.“].

Ad corticem arborum in Tijuca prope Rio de Janeiro, n. 14. — *Thallus* fere totus gonidia continens, partim hypothallo nigricante limitatus. *Gonidia* chroolepoidea, circ. 0,008—0,006 millim. crassa, membrana sat tenui. *Amphithecium* gonidia continens. *Perithecium* pallidum, KHO rufescens. *Nucleus* albidus, circ. 0,32 millim. latus. *Paraphyses* neque ramosae, nec connexae. *Sporae* decolores, apicibus acutis, halone nullo indutae, in speciminibus nostris 8—3-septatae, observante Müll. Arg. (l. c.) „5—12-septatae“, loculis cylindricis, fere aeque longis.

5. **P. tetracerae** (Ach.) Müll. Arg., Pyrenoc. Cub. (1885) p. 401, Pyr. Féean. (1888) p. 23. *Verrucaria* Ach., Meth. Lich. (1803) p. 121; Nyl., Lich. Nov.-Gran. ed. 2 (1863) p. 245. *V. mastoidea* var. *tetracerae* Nyl., Exp. Pyrenoc. (1858) p. 39 (mus. Paris.).

Thallus sat tenuis aut crassitudine mediocris, sat laevigatus, glauco-virescens aut cinereo-glaucescens, nitidiusculus. *Apothecia* verrucas 0,6—0,4 millim. latas, hemisphaericas, basi sensim in thallum abeuntes formantia, amphithecio tallino, thallo concolore maxima parte obducta, vertice sat late aut sat anguste denudato, nigricante, convexo, perithecio ceterum fulvescente. *Sporae* 8:nae, fusiformes, vulgo circiter 7-septatae, long. circ. 0,028—0,034 millim. [„—0,055 millim.“: Müll. Arg., l. c.], crass. 0,004—0,005 millim. [„—0,007 millim.“].

Ad corticem arborum prope Sepitiba in civ. Rio de Janeiro, n. 459, 507. — *Thallus* fere totus gonidia continens, hypothallo nigricante vulgo limitatus. *Gonidia* chroolepoidea, circ. 0,006—0,008 millim. crassa, membrana sat tenui aut crassiuscula. *Amphithecium* gonidia continens. *Perithecium* KHO rufescens. *Nucleus* albidus, jodo haud reagens. *Paraphyses* 0,001 millim. crassae, neque ramosae, nec connexae. *Sporae* decolores, apicibus acutis, halone nullo indutae, in speciminibus nostris 6—8-septatae, observante Müll. Arg. (Pyr. Cub. p. 401) „5—11-septatae“, loculis cylindricis, fere aeque longis. *Conceptacula pycnoconidiorum* pallida, thallo immersa. *Sterigmata* simplicia. *Pycnoconidia* fusiformia, recta, long. 0,003—0,004, crass. 0,001 millim.

6. **P. sceptrospora** Wainio (n. sp.).

Thallus sat tenuis aut crassitudine mediocris, inaequalis aut laevigatus, cinereo-glaucescens, nitidiusculus aut subopacus. *Apothecia* vulgo demum verrucas 0,6—0,3 millim. latas, depresso-subglobosas, aut rarius hemisphaericas vel parum elevatas, basi constrictas aut abruptas formantia, amphithecio thallino, thallo concolore maxima parte obducta, vertice sat late denudato, pallido, planiusculo convexiusculove, perithecio pallido. *Sporae* 8:nae, bacillares elongataeve, 14—9-septatae, long. 0,032—0,050, crass. 0,0025—0,003 millim.

Ad saxa granitica in rivulo in montibus Tijucae prope Rio de Janeiro, n. 158. — *Thallus* hypothallo fusconigricante interdum partim anguste limitatus. *Gonidia* chroolepoidea, circ. 0,008—0,006 millim. crassa, membrana crassiuscula. *Amphithecium* gonidia continens. *Perithecium* pallidum, KHO rufescens aut fulvo-rufescens. *Nucleus* albidus, jodo haud reagens, circ. 0,4 millim. latus. *Paraphyses* 0,0005 millim. crassae, gelatinam abundantem percurrentes, neque ramosae, nec connexae. *Asci* subcylindrici, circ. 0,010—0,008 millim. crassi, membrana tenui. *Sporae* distichae aut polystichae, rectae, decolores, apicibus obtusis, loculis cylindricis, membrana tenui aut primum halone indutae.

Sect. II. **Sagedia** (Mass.) Wainio. Corticola aut saxicola. *Perithecia* nuda aut subnuda, strato gonidia continente haud obducta. *Gonidia* chroolepoidea.

Sagedia Mass., Ric. Lich. Crost. (1852) p. 159 (pr. p.); Koerb., Syst. Germ. (1855) p. 362; Müll. Arg., Lich. Beitr. (Fl. 1883) n. 668 (em.).

7. **P. chlorotica** (Ach.) Wainio. *Verrucaria* Ach., Lich. Univ. (1810) p. 283; Nyl., Exp. Pyrenoc. (1858) p. 36 pr. p.; Leight., Lich. Great Brit. 3 ed. (1879) p. 472; Wainio, Adj. Lich. Lapp. II (1883) p. 183; Hue, Addend. (1888) p. 290. *Sagedia* Mass., Ric. Lich. Crost. (1852) p. 159. *L. macularis* Koerb., Syst. Germ. (1855) p. 363; Arn., Lich. Tirol. XIV (1875) p. 446. *Verrucaria macularis* Garov., Tent. Disp. Verr. III (1866) p. 15 pr. p.

Thallus evanescens, fuscescens [aut in specim. Europ. tenuis mediocrisve, crassitudine cinereo-glaucescens aut albidus vel cinerascens olivaceusve], opacus. *Apothecia* verrucas 0,15—0,4 millim. latas, hemisphaericas, nigricantes, vertice convexas formantia, perithecio vulgo rufescente fuscescenteve, basi vulgo fulvescente aut strato tenuissimo rufescente. *Sporae* 8:nae, fusiformes, 3-septatae, long. 0,018—0,027, crass. 0,003—0,0045 millim.

Ad rupem itacolumiticam in Carassa (1400—1500 metr. s. m.) in civ. Minarum. — *Gonidia* chroolepoidea, cellulis magnis, circ. 0,016—0,010 millim. crassis (conf. Arn., l. c.), angulosoglobosis aut difformibus, concatenatis, dilute flavovirescentibus aut chryseis, membrana crassa. *Nucleus* globosus, circ. 0,170 millim. latus, jodo non reagens. *Paraphyses* 0,001 millim. crassae, neque ramosae, nec connexae. *Asci* oblongo-elongati. *Sporae* distichae, decolores, apicibus acutis aut rarius obtusiusculis obtusisve, halone nullo indutae, cellulis cylindricis, fere aeque longis.

8. **P. rapaeformis** Wainio (n. sp.).

Thallus tenuis aut sat tenuis, glaucescens, opacus. *Apothecia* verrucas 0,4—0,3 millim. latas, depresso-subglobosas, sordide nigricantes, amphithecio thallino evanescente obductas, basi leviter constrictas aut abruptas, vertice vulgo leviter impressas cinerascentesque et minutissime umbonatas formantia, perithecio fuligineo, integro, basi tenui. *Sporae* 8:nae, fusiformes, vulgo 7-septatae, long. 0,036—0,043, crass. 0,008—0,009 millim.

Ad corticem arboris prope Rio de Janeiro, n. 4. — *Thallus* partim hypothallo nigricante anguste limitatus. *Gonidia* chroolepoidea, circ. 0,010—0,006 millim. crassa, membrana sat tenui. *Apothecia* amphithecio thallino, gonidia continente, tenuissimo, fere solum microscopio visibili obducta, opaca. *Perithecium* saepe extus sat inaequale verruculosumve. *Nucleus* subglobosus, circ. 0,32—0,26 millim. latus, jodo non reagens. *Paraphyses* 0,001 millim. crassae, neque ramosae, nec connexae. *Asci* oblongo-elongati vel fere fusiformes. *Sporae* distichae, decolores, apicibus obtusiusculis, halone nullo indutae, 7- aut rarius 8—9-septatae, loculis cylindricis, fere aeque longis.

Sect. III. **Phylloporina** Müll. Arg. Foliicola. *Gonidia* phycopeltidea.

Verrucaria st. *Ulvella* Nyl., Fl. 1879 p. 359, Hue Addend. (1888) p. 294 (nomen jam antea algis adhibitum). *Porina* sect. *Phylloporina* Müll. Arg., Lich. Beitr. (Fl. 1883) n. 651. *Phylloporina* Müll. Arg., Lich. Epiphyll. (1890) p. 20, Lich. Beitr. (Fl. 1890) n. 1550.

9. **P. epiphylla** Fée, Ess. Crypt. Écorc. Suppl. (1837) p. 76; Müll. Arg., Lich. Beitr. (Fl. 1883) n. 653, Pyr. Féean. (1888) p. 24. *Verrucaria* Nyl., Exp. Pyrenoc. (1858) p. 38 (em.). *Phylloporina* Müll. Arg., Lich. Epiphyll. (1890) p. 21.

Thallus tenuis, glaucescens [aut pallido-glaucescens], nitidiusculus. *Apothecia* verrucas 0,5—0,3 millim. latas, hemisphaericas aut conoideo-hemisphaericas, basi sat sensim in thallum abeuntes formantia, amphithecio thallino, thallo concolore maxima parte obducta, vertice anguste aut demum sat late denudato, pallido aut ad ostiolum testaceo, convexo aut conoideo-convexo, perithecio pallido. *Sporae* 8:nae, fusiformi-elongatae, vulgo 8—6-septatae, long. 0,025—0,030 millim. [„—0,038 millim.": Müll. Arg.], crass. 0,003—0,004 millim.

Ad folia perennia arborum prope Rio de Janeiro, n. 147. — *Thallus* substratum obtegens, hyphis 0,0025 millim. latis, leptodermaticis. *Gonidia* phycopeltidea, cellulis anguloso-ellipsoideis aut anguloso-subglobosis aut parcius anguloso-oblongis, circ. 0,003—0,006 millim. crassis, vulgo ad instar membranae dispositis, membrana sat tenui. *Perithecium* pallidum, KHO rufescens. *Nucleus* subglobosus, circ. 0,2—0,17 millim. latus, jodo non reagens. *Paraphyses* 0,0005 millim. crassae, neque ramosae, nec connexae. *Asci* oblongo-elongati. *Sporae* distichae, decolores, apicibus obtusiusculis aut acutiusculis, halone nullo indutae, loculis cylindricis, fere aeque longis.

10. **P. phyllogena** Müll. Arg., Lich. Beitr. (Fl. 1883) n. 663 (hb. Hariot). *Phylloporina* Müll. Arg., Lich. Epiphyll. (1890) p. 22.

Thallus tenuissimus, glaucescens aut cinereo-glaucescens, subopacus aut nitidiusculus. *Apothecia* maculas nigras, 0,4—0,25 millim. latas, centrum versus in verrucam conico-hemisphaericam elevatas formantia, basin versus sensim dilatata, amphithecio thallino, tenuissimo, vulgo solum microscopio visibili obducta, vertice late conoideo aut convexo, perithecio fuligineo, dimidiato, basi extus vulgo acutato-dilatato. *Sporae* 8:nae, elongatae, 1-septatae, long. 0,010—0,012 millim. [„—0,008 millim.": Müll. Arg.], crass. 0,002—0,0025 millim. [„—0,0035 millim.": Müll. Arg.].

Ad folia perennia arborum prope Rio de Janeiro, n. 170 b. — *Thallus* substratum obtegens. *Gonidia* phycopeltidea, cellulis circ. 0,008—0,006 millim. crassis, membrana crassiuscula. *Perithecium* vulgo nudum videtur, at microscopio visum revera strato thallino tenuissimo gonidia continente obductum, basi deficiens. *Nucleus* depresso-hemisphaericus, vulgo circ. 0,37 millim. latus, jodo non reagens. *Paraphyses* neque ramosae, nec connexae, septatae ($H_2 SO_4$). *Asci* cylindrici, circ. 0,003 millim. crassi. *Sporae* decolores, monostichae aut distichae, apicibus obtusis, medio vulgo leviter constrictae, halone nullo indutae. *Conceptacula pycnoconidiorum* hemisphaerica, dimidiata, strato thallino tenuissimo obducta, 0,090 millim. lata. *Pycnoconidia* fusiformia, recta, long. 0,003—0,005, crass. 0,001—0,0005 millim., at duarum formarum adesse videntur, nam a cel. Müll. Arg. indicantur 0,015 millim. longa (Lich. Beitr. n. 663). „*Stylosporae* 0,003—0,004 millim. longae, 2-loculares, utrinque obtusae" (Müll. Arg., l. c.).

11. **P. rufula** (Krempelh.) Wainio. *Verrucaria* Krempelh., Lich. Beccar. (1875) p. 53. *Phylloporina* Müll. Arg., Lich. Epiphyll. (1890) p. 21, Lich. Beitr. (Fl. 1890) n. 1555 (hb. Hariot). *Verrucaria rubicolor* Stirt., Lich. Leav. Amaz. (1878) p. 9 (Müll. Arg.). *Porina rubicolor* Müll. Arg., Lich. Beitr. (Fl. 1883) n. 659.

Thallus tenuissimus, vulgo glaucescens aut pallido-glaucescens aut virescens [aut raro „rubescens": Müll. Arg.], opacus. *Apothecia* verrucas 0,25—0,15 millim. latas, hemisphaericas, fuscas aut rufescentes, vertice convexas aut conoideas formantia, perithecio rufescente aut rubescenti-fuligineo, dimidiato, basi extus vulgo acutato. *Sporae* 8:nae, oblongae aut oblongo-elongatae aut fusiformi-oblongae, 3-septatae, long. 0,014—0,020 millim. [„—0,022 millim.": Müll. Arg., L. B. n. 1555], crass. 0,0025—0,003 millim. [„—0,004 millim.": Müll. Arg., l. c.].

Ad folia perennia arborum prope Rio de Janeiro, n. 170 c, et in Carassa (1400 metr. s. m.) in civ. Minarum, n. 1440. — *Thallus* substratum obtegens. *Gonidia* phycopeltidea. *Perithecium* nudum, basi deficiens. *Nucleus* depresso-hemisphaericus, jodo haud reagens. *Paraphyses* neque ramosae, nec connexae. *Asci* clavati, circ. 0,011 millim. crassi. *Sporae* decolores, distichae aut fere polystichae, apicibus vulgo obtusis, halone nullo indutae, loculis cylindricis, fere aeque longis.

12. **P. dilatata** Wainio (n. sp.).

Thallus tenuis, virescens aut glaucescens vel cinereo-glaucescens, opacus. *Apothecia* verrucas 0,6—0,4 millim. latas, hemisphaericas aut conoideo-hemisphaericas, nigras, vertice saepe minute umbonatas formantia, perithecio fuligineo, integro, basi tenui et extus acutato-dilatato. *Sporae* 8:nae, ovoideo-oblongae oblongaeve, 1-septatae, long. 0,007—0,011, crass. 0,0025—0,003 millim.

Ad folia perennia arbusti in Carassa (1400 metr. s. m.) in civ. Minarum, n. 1500. — *Thallus* substratum obtegens, vulgo dispersus. *Gonidia* phycopeltidea, cellulis vulgo 0,003—0,004 millim. crassis. *Nucleus* depresso-hemisphaericus, jodo haud reagens. *Paraphyses* 0,0005—0,001 millim. crassae, neque ramosae, nec connexae. *Asci* cylindrici, circ. 0,003—0,004 millim. crassi. *Sporae* monostichae, decolores, apicibus obtusis rotundatisve, haud constrictae, halone nullo indutae.

12. Strigula.

Fr., Kongl. Vet. Akad. Handl. (1821) p. 323; Mont. in Ram. de la Sagra, Hist. Fis. de Cuba (1842) p. 130, tab. 7 fig. 1—3 (Syllog. 1856 p. 374); Mass., Ric. Lich. Crost. (1852) p. 148; Nyl., Ess. Nouv. Classif. (1855) p. 194, Exp. Pyrenoc. (1858) p. 65; Th. Fr., Gen. Heterolich. (1861) p. 112; Stizenb., Beitr. Flechtensyst. (1862) p. 146; Tuck., Gen. Lich. (1872) p. 277; Müll. Arg., Lich. Beitr. (Fl. 1883) n. 678; Ward, Struct. Epiphyll. Lich. (Trans. Linn. Soc. Lond. 1884) p. 87; Müll. Arg., Pyr. Cub. (1885) p. 375 et 379, Pyr. Féean. (1888) p. 3 et 4; Hariot, Not. Cephaleur. (Journ. de Bot. 1889); Müll. Arg., Lich. Beitr. (Fl. 1890) n. 1566—1575.

Thallus crustaceus, plagulaeformis, ambitu effiguratus, hyphis medullaribus substrato arcte adfixus adpressusque, rhizinis destitutus, *strato corticali* nullo at interdum cuticula substrati obductus, *strato medullari* vulgo inferne gonidiis destituto, ex hyphis laxe contextis formato, materia calcarea immixto. *Gonidia* vulgo cephaleuroidea, cellulis in discos superne vulgo passim pilosos connatis, aut rarius phycopeltidea (conf. Hariot, Not. Cephaleur. p. 4). *Apothecia* simplicia. *Perithecium* rectum, fuligineum. *Paraphyses* simplices. *Sporae* 8:nae, decolores, fusiformes aut fusiformi-oblongae, 1—3-septatae, loculis subcylindricis. *Pycnoconidia* ellipsoidea aut oblonga aut fusiformia, recta (conf. Nyl., Exp. Pyrenoc. p. 65—68), sterigmatibus simplicibus, exarticulatis affixa, conceptaculis hemisphaerico- vel conoideo-elevatis, fuligineis, dimidiatis inclusa. *Stylosporae* oblongae aut fusiformes aut bacillares, 1—7-septatae (conf. Müll. Arg., Pyr. Cub. p. 381), in pycnidibus hemisphaerico- vel conoideo-elevatis, fuligineis, dimidiatis, interdum anaphyses simplices et paraphyses ramoso-connexas continentibus formatae.

1. **Str. elegans** (Fée) Müll. Arg., Lich. Afr. (1880) p. 41, Lich. Beitr. (Fl. 1885) n. 919 (pr. p.), Pyr. Cub. (1885) p. 380 (pr. p.), Pyr. Féean. (1888) p. 5 (pr. p.), Lich. Beitr. (1890) n. 1566 (pr. p.). *Phyllocharis elegans* Fée, Ess. Crypt. Écorc. (1824) p. C, tab. 2 fig. 7. *Strigula complanata* Nyl., Exp. Pyrenoc. (1858) p. 65 pr. p., (haud Fée), Syn. Nov. Cal. (1868) p. 96? (conf. Müll. Arg., Lich. Beitr. 1890 n. 1569). *Str. plana* Müll. Arg., Pyr. Cub. (1885) p. 381 (hb. Hariot).

Thallus plagulas formans circ. 1,5—4 millim. latas, suborbiculares, margine levissime crenatas aut profunde laciniatas, virescentes aut cinerascentes albidasve, glabras, vulgo laevigatas, nitidulas. *Gonidia* pilis destituta. [*Apothecia* thallo immersa, demum verrucas formantia circ. 0,5—0,4 millim. latas, leviter depresso-conoideas vel depresso-hemisphaericas, majore parte thallo obductas, vertice demum plus minusve late nigricantes denudatasque. *Sporae* 8:nae, 1—3-septatae, fusiformes aut fusiformi-oblongae, long. 0,015—0,020, crass. 0,0035—0,006 millim.].

Sine apotheciis at pycnidophora sterilisque supra folia perennia arborum locis numerosis obvia, n. 298, 372. — *Thallus* ex initiis apotheciorum pycnidumque saepe nigro-punctatus, hyphis albidis, 0,0015—0,002 millim. crassis, leptodermaticis, vulgo strato tenuissimo amorpho, e cuticula substrati formato obductus, materiam calcaream (quae in Cl H solvitur) abundanter inter hyphas continens. *Gonidia* cephaleuroidea, at pilis destituta, cellulis vulgo in discos inferne ramulosos connatis, vulgo oblongo-rectangularibus, circ. 0,003—0,006 millim. crassis, membrana tenui. [*Perithecium* depresso-hemisphaericum aut depresso-conoideum, fuligineum, dimidiatum, basi deficiens. *Hypothecium subhymeniale* albidum. *Nucleus* circ. 0,32 millim. latus. *Paraphyses* numerosae, 0,001—0,0015 millim. crassae, neque ramosae, nec constrictae. *Asci* cylindrici, circ. 0,012—0,010 millim. crassi, membrana tenui, articulis dehiscente. *Sporae* vulgo oblique vel imbricatim monostichae, rarius distichae, decolores, apicibus obtusis, pariete sat tenui, halone nullo indutae, loculis subcylindricis, fere aeque longis (apothecia descripta secund. coll. Balansa n. 4147: mus. Paris.)]. *Conidia* 3 formarum observata: 1:o *Pycnoconidia* (= spermatia) ellipsoidea, simplicia, recta, decolora, long. 0,003, crass. 0,0015 millim., apicibus rotundatis, in conceptaculis conoideo-hemisphaericis, nigris, nudis, circ. 0,4—0,3 millim. latis, dimidiatis inclusa (in n. 298). 2:o *Stylosporae* ovoideo-oblongae aut pro parte fere oblongae, 1-septatae aut rarius sat obsolete 3-septatae, decolores, long. 0,008—0,011, crass. 0,003 millim., apicibus rotundatis, in pycnidibus conoideo-hemisphaericis, nigris, nudis, circ. 0,4—0,3 millim. latis, dimidiatis inclusae (in coll. Lindig n. 2819: mus. Paris.). 3:o *Stylosporae* fusiformes, 1—5-septatae, decolores, long. 0,016—0,019, crass. 0,003—0,004 millim., apicibus acutis, in pycnidibus inclusae conoideo-hemisphaericis, nigris, nudis, circ. 0,4 millim. latis, dimidiatis, *paraphysibus* immixtae parcis, ramoso-connexis, 0,001 millim. crassis, et *anaphysibus* parti conceptaculi superiori affixis, haud numerosis, simplicibus (in n. 372).

13. Leptorhaphis.

Koerb., Syst. Germ. (1855) p. 371 (em. et excl. speciebus ad fungos pertinentibus); Th. Fr., Lich. Arct. (1860) p. 273 (em.), Gen. Heterolich. (1861) p. 111 (em.); Koerb., Parerg. (1865) p. 384 (em.). *Arthopyrenia* sect. *Leptorhaphis* Müll. Arg., Princ. Classif. (1862) p. 90 (em.), Lich. Beitr. (Fl. 1883) n. 641 (em.). *Campylacea* Mass., Sched. Crit. (1855) p. 17 (em.). *Tomasellia* Mass. in Fl. 1856 p. 283 (em.); Trev., Fl. 1861 p. 21 (em.); Müll. Arg., Pyr. Cub. (1885) p. 376 et 397 (em.), Pyr. Féean. (1888) p. 4 et 20 (em.). *Melanotheca* Nyl., Exp. Pyrenoc. (1858) p. 69 (pr. p.); Hue, Addend. (1888) p. 309 (pr. p.).

Thallus crustaceus, uniformis, vulgo hypophloeodes, hypothallo et hyphis medullaribus substrato affixus, rhizinis destitutus, *strato corticali* nullo. *Gonidia* (quantum cognitum) chroolepoidea, cellulis concatenatis, parvis. *Apothecia* simplicia (in subg. Campylacea) aut peritheciis confluentia (in subg. Tomasellia). *Perithecium* rectum, fuligineum. *Paraphyses* ramoso-connexae. *Sporae* 8—4:nae, decolores, aciculares aut filiformes, tenues, pluri— uni-septatae, loculis cylindricis.

1. **L. aciculifera** (Nyl.) Wainio. *Melanotheca* Nyl., Exp. Pyrenoc. (1858) p. 71 (mus. Paris.), Lich. Nov.-Gran. (1863) p. 493, ed. 2 (1863) p. 257. *Tomasellia* Müll. Arg., Pyr. Cub. (1885) p. 398.

Thallus hypophloeodes, macula albida aut cinerascente indicatus. *Apothecia* confluentia aut aggregata simpliciaque et verrucas 0,4—0,2 millim. latas, late conoideas aut hemisphaericas, nigras, vertice convexas conoideasve formantia. *Perithecium* hemisphaericum aut late conoideum, fuligineum, dimidiatum, basi deficiens. *Sporae* aciculares aut filiformes, circ. 3—15-septatae, decolores, long. 0,023—0,080 millim., crass. 0,0015—0,002 millim.

Ad corticem arborum prope Sitio (1000 metr. s. m.), n. 1090, et Lafayette (1000 metr.), n. 350, et in Carassa (1400 metr.), n. 1423 (f. **diminuta** Wainio: apotheciis pro parte solitariis, pro parte in acervulos minores aggregatis recedens). *Gonidia* chroolepoidea, circ. 0,006—0,004 millim. crassa, membrana sat tenui. *Nucleus* basi circ. 0,26—0,1 millim. latus, jodo non reagens. *Paraphyses* tenuissimae, gelatinam abundantem percurrentes, ramoso-connexae (in H_2SO_4 conspicuae). *Asci* cylindrici, circ. 0,008 millim. crassi, membrana sat tenui. *Sporae* polystichae, rectae aut subrectae, apicibus attenuatis aut altero apice obtuso, loculis cylindricis.

2. **L. cinchonarum** (Müll. Arg.) Wainio. *Tomasellia* Müll. Arg., Lich. Beitr. (Fl. 1885) n. 857.

Thallus hypophloeodes, macula albida cinerascenteve indicatus. *Apothecia* confluentia aut parcius simplicia et verrucas 0,4—0,2 millim. latas, hemisphaericas aut conoideo-hemisphaericas, nigras, vertice convexas conoideasve formantia. *Perithecium* hemisphaericum aut conoideo-hemisphaericum, fuligineum, integrum. *Sporae* aciculares aut filiformes, pluriseptatae, decolores, long. circ. 0,050—0,100, crass. 0,0015 millim. [„—0,0025 millim.“: Müll. Arg.].

Ad corticem arboris prope Sitio (1000 metr. s. m.) in civ. Minarum, n. 689. — *Gonidia* chroolepoidea, circ. 0,010—0,006 millim. crassa, membrana crassiuscula. *Nucleus* jodo non reagens. *Paraphyses* tenuissimae, gelatinam sat abundantem percurrentes, ramoso-connexae. *Asci* cylindrici. *Sporae* 8:nae, polystichae, rectae, loculis cylindricis.

14. Microthelia.

Koerb., Syst. Germ. (1855) p. 372 (excl. spec. gonidiis egentes); Mass., Misc. Lich. (1856) p. 27 (em.); Th. Fr., Lich. Arct. (1860) p. 274 (em.), Gen. Heterolich. (1861) p. 111 (em.); Stizenb., Beitr. Flechtensyst. (1862) p. 147 (em.); Koerb., Pareg. (1865) p. 396 (pr. p.); Müll. Arg., Pyr. Cub. (1885) p. 376 et 416, Lich. Beitr. (Fl. 1885) n. 886—889, Pyr. Féean. (1888) p. 4 et 38. *Microtheliopsis* Müll. Arg., Lich. Beitr. (Fl. 1890) n. 1548.

Thallus crustaceus, uniformis, vulgo hypophloeodes vel endophloeodes, hypothallo et hyphis medullaribus substrato affixus, rhizinis destitutus, *strato corticali* nullo. *Gonidia* chroolepoidea, cellulis concatenatis, parvis, aut (in subg. Microtheliopside) phycopeltidea, cellulis in membranam connatis. *Apothecia* simplicia. *Perithecium* rectum, fuligineum. *Paraphyses* ramoso-connexae. *Sporae* 8—4:nae, obscuratae, vulgo ovoideae, aut rarius oblongae vel fusiformi-oblongae, 1-septatae aut raro 3-septatae, loculis subcylindricis (haud lenticularibus).

1. **M. thelena** (Ach.) Müll. Arg., Rev. Lich. Eschw. (1884) p. 19, Pyr. Cub. (1885) p. 417, Pyr. Féean. (1888) p. 38. *Verrucaria* Ach., Syn. Lich. (1814) p. 92; Fée, Ess. Crypt. Écorc. (1824) p. 89, tab. 22 fig. 5, Nyl., Exp. Pyrenoc. (1858) p. 60.

Thallus tenuissimus, epiphloeodes aut partim hypophloeodes, macula albido-pallescente albidave indicatus. *Apothecia* verrucas 0,8—0,6 millim. latas, depresso- aut conoideo-hemisphaericas, nigras, vertice convexas aut conoideo-convexas formantia. *Perithecium* hemisphaericum, fuligineum, basi deficiens. *Sporae* 8:nae aut 6:nae aut 4:nae, ovoideae, 1-septatae aut rarius 3-septatae, long. 0,018—0,023 millim. [„—0,032 millim.“: Müll. Arg., Pyr. Féean. p. 38], crass. 0,008—0,011 millim.

Var. **subtriseptata** Wainio. *Sporae* maxima parte 1-septatae, parcius in eodem apothecio 3-septatae.

Ad ramulos arborum prope Sitio (1000 metr. s. m.) in civ. Minarum, n. 715. Haec species inter Microthelias et Didymosphaerias (Pyrenomycetum) est intermedia, thallo gonidia passim parcissime continente, majore parte gonidiis destituto. *Gonidia* chroolepoidea, cellulis concatenatis, 0,008—0,006 millim. crassis, membrana leviter incrassata. *Nucleus* jodo non reagens. *Paraphyses* ramoso-connexae. *Asci* subcylindrici aut cylindrici.

Sporae distichae, nigricantes, altero apice rotundato, altero obtuso, ad septam mediam constrictae, halone nullo indutae, loculis fere aeque longis aut cellula crassiore etiam paullo longiore.

15. Arthopyrenia.

Mass., Ric. Lich. Crost. (1852) p. 165 (em.), Geneac. Lich. (1854) p. 16 (em.); Koerb., Syst. Germ. (1855) p. 366; Th. Fr., Gen. Heterolich. (1861) p. 111; Müll. Arg., Princ. Classif. (1862) p. 88 (em.), Lich. Beitr. (Fl. 1883) p. 612 (em.), Pyr. Cub. (1885) p. 376 et 403 (em.), Pyr. Féean. (1888) p. 4 et 26 (em.). *Verrucaria* † *Leiophloea* Ach., Lich. Univ. (1810) p. 274 (pro minore parte, et excl. speciebus ad pyrenomycetes pertinentibus). *Leiophloea* Gray, Nat. Arrang. Brit. Plants (1821) p. 495 (pr. p.): Trev., Consp. Verr. (1860) p. 9 (pr. p.). *Verrucaria* st. *Leiophloea* Nyl. in Hue Addend. (1888) p. 299 (excl. spec. gonidiis egentes). *Tomasellia* Mass. in Fl. 1856 p. 283 (em.); Müll. Arg., Lich. Beitr. (Fl. 1885) n. 855 (pr. p. et em.), Pyr. Cub. (1885) p. 376 et 397 (excl. sect. *Celothelio* et em.). *Melanotheca* Nyl., Exp. Pyrenoc. (1858) p. 69 (pr. min. p. et em.), Hue Addend. (1888) p. 309 (pr. p.); Garovagl., Rev. Crit. Gen. Lich. (1868) p. 4 (em.).

Thallus crustaceus, uniformis, aut hypophloeodes endophloeodesve, hypothallo et hyphis medullaribus substrato affixus, rhizinis destitutus, tenuissimus et vulgo homoeomericus, *strato corticali* (vulgo?) nullo. *Gonidia* chroolepoidea (cellulis parvis) aut palmellacea et genere haud certe cognita (melanogonidia, ab auctoribus huic generi false indicata, ad fungos parasitantes, pertinent). *Apothecia* simplicia aut confluentia, gonidiis hymenialibus nullis. *Perithecium* rectum, fuligineum. *Paraphyses* ramoso-connexae. *Sporae* 8:nae aut pauciores, decolores, ovoideae aut oblongae aut fusiformes (haud aciculares), uni- aut pauci-septatae (raro 5-septatae: Müll. Arg., Lich. Montev. p. 6), loculis subcylindricis (haud lenticularibus). „*Pycnoconidia* bacillaria vel cylindrica, recta, tenuissima. *Sterigmata* simplicia, haud articulata". (Nyl. in Hue Addend l. c., cet.). „*Stylosporae* oblongae, apicibus rotundato-obtusis, medio leviter constrictae (1-septatae?)", observante Müll. Arg. (Lich. Beitr. 1880 n. 227).

Huic generi a lichenologis hodiernis species plures false adnumerantur, gonidiis in thallo omnino egentes. Ad pyrenomycetes veros praesertimque ad genus *Didymellae* Sacc. pertinent, at transitum inter fungos et lichenes ostendunt, solum defectu gonidiorum ab *Arthopyreniis* differentes. Ad *Didymellam* etiam pertinet **Arthopyrenia cinchonae** (Ach.) Müll. Arg. (Lich. Beitr. n. 615, Pyr. Féean. p. 26; *Verrucaria prostans* Mont., Nyl., Exp. Pyrenoc. p. 57), quae satis est frequens in Brasilia et gonidiis omnino caret.

1. **A. stramineoatra** Wainio (n. sp.).

Thallus tenuis, epiphloeodes, stramineo-albicans aut cinerascenti-maculatus, opacus. *Apothecia* primum thallo immersa, demum emergentia et verrucas 0,4—0,3 millim. latas, hemisphaericas, nigras, vertice convexas formantia, perithecio fuligineo, integro, fere subgloboso. *Sporae* 8:nae, oblongae aut fusiformi-oblongae, 3-septatae, long. 0,024—0,040, crass. 0,010—0,014 millim.

Ad corticem Araucariae in Carassa (1400 metr. s. m.) in civ. Minarum, n. 1566. — *Thallus* hyphis 0,002—0,003 millim. crassis, leptodermaticis, hypothallo nigricante partim limitatus. *Gonidia* numerosa, palmellacea, globosa aut rarius ellipsoidea, flavescentia, simplicia, membrana sat tenui. *Nucleus* subglobosus aut leviter depressus, circ. 0,4—0,3 millim. latus, jodo non reagens. *Paraphyses* 0,0015 millim. crassae, numerosae, bene ramoso-connexae. *Asci* oblongi. *Sporae* distichae, decolores, apicibus obtusis, pariete gelatinoso-incrassato, loculis subcylindricis, fere aeque longis.

2. **A. minutissima** Wainio (n. sp.).

Thallus tenuissimus, partim hypophloeodes, macula albida indicatus. *Apothecia* substrato subimmersa aut semi-immersa et verrucas 0,15—0,20 millim. latas, hemisphaericas, nigras, vertice convexas formantia, perithecio fuligineo, integro, subgloboso. *Sporae* 8:nae, oblongae aut subfusiformi-oblongae, 3-septatae, long. 0,020—0,026, crass. 0,006—0.007 millim.

Ad corticem arboris prope Lafayette (1000 metr. s. m.) in civ. Minarum, n. 323. — *Thallus* opacus, inter cellulas substrati gonidia sat abundanter continens. *Gonidia* chroolepoidea, dilute flavescentia, cellulis circ. 0,005—0,006 millim. crassis, membrana sat tenui. *Nucleus* globosus, jodo non reagens. *Paraphyses* 0,0015 millim. crassae, numerosae, gelatinam copiosam percurrentes, ramoso-connexae. *Asci* oblongi, circ. 0,018—0,014 millim. crassi, membrana sat tenui. *Sporae* distichae, decolores, apicibus obtusis, primum interdum halone indutae, loculis subcylindricis, fere aeque longis.

3. **A. atroalba** Wainio (n. sp.).

Thallus tenuissimus, partim hypophloeodes, macula albida indicatus. *Apothecia* verrucas 0,25—0,15 millim. latas, hemisphaericas, nigras, vertice convexas formantia, perithecio fuligineo, integro, basi valde tenui, depresso-subgloboso, in substratum semiimmerso. *Sporae* 8:nae, oblongae aut ovoideo-oblongae, 3-septatae, long. 0,011—0,016, crass. 0,0035—0,005 millim.

Ad corticem arboris prope Lafayette (1000 metr. s. m.) in civ. Minarum. — *Thallus* opacus, inter cellulas substrati gonidia continens anguloso-subglobosa, flavovirescentia, diam. 0,012—0,010 millim., membrana sat crassa (forsan chroolepoidea). *Nucleus* conoideo-subglobosus, jodo non reagens, guttulas oleosas continens. *Paraphyses* sat parcae, bene ramoso-connexae. *Asci* oblongi, circ. 0,010—0,012 millim. crassi, membrana tenui. *Sporae* distichae, decolores, apicibus rotundatis, halone nullo aut tenui indutae, loculis subcylindricis, fere aeque longis.

16. Haplopyrenula.

Müll. Arg., Lich. Beitr. (Fl. 1883) n. 603, Pyr. Cub. (1885) p. 376 et 417, Lich. Beitr. (Fl. 1890) n. 1576.

Thallus crustaceus, uniformis, hypothallo et hyphis medullaribus substrato affixus, rhizinis destitutus, tenuis et fere homoeomericus, strato corticali nullo. *Gonidia* phycopeltidea, cellulis in membranam connatis. *Apothecia* simplicia, gonidiis hymenialibus nullis. *Perithecium* rectum, fuligineum. *Paraphyses* ramoso-connexae. *Sporae* 8:nae, obscuratae, oblongae aut ovoideae, simplices. *Pycnoconidia* oblongo-cylindrica (Müll. Arg., Pyr. Cub. p. 418.).

1. **H. minor** Müll. Arg., Pyr. Cub. (1885) p. 417.

Thallus tenuissimus, cinereo-glaucescens aut partim albido-cinerascens, nitidulus. *Apothecia* verrucas circ. 0,25—0,15 millim. latas, hemisphaericas aut conoideo-hemisphaericas, thallo primum obductas thalloque concolores aut demum superne vel majore parte denudatas nigricantesque formantia. *Perithecium* depresso-hemisphaericum, fuligineum, dimidiatum, basi deficiens. *Sporae* 8:nae, oblongae aut ovoideo-oblongae, simplices, nigrae, long. 0,014—0,018, crass. 0,005—0,006 millim.

Ad folia perennia arboris in Carassa (circ. 1400 metr. s. m.) in civ. Minarum, n. 1500 b. — *Thallus* maculas apotheciiferas numerosas supra folia formans, hyphis albidis, circ. 0,002 millim.

crassis, valde leptodermaticis. *Gonidia* phycopeltidea, cellulis circ. 0,006—0,005 millim. crassis, in membranam laceratam connatis. *Nucleus* circ. 0,2 millim. latus, jodo non reagens. *Paraphyses* tenuissimae, ramoso-connexae. *Asci* oblongi aut oblongo-ventricosi, membrana saepe apicem versus leviter incrassata. *Sporae* distichae, apicibus obtusis aut rotundatis, membrana tenui, halone nullo indutae. *Pycnoconidia* „oblonga, long. 0,006 millim." (Müll. Arg.).

Verus est lichen, neque „fungus" thallo alieno obductus, ut ait cel. Müll. Arg. in Lich. Beitr. (Fl. 1890) n. 1576. Quod bene demonstrat specimen nostrum, ubi thallus et apothecia maculatim bene dispersa sunt, at thallus semper solum apothecia circumdat obducitque, inter acervos apotheciorum deficiens. Non est verisimile, ea solum fortuito dispositionem talem habere. Ceterum apothecia in Pyrenolichenibus saepe in substratum profunde penetrant aut arcte ei affixa sunt, quare ibi restare possunt, etiam quum thallus desquamescit, quod minime ostendit ea et thallum ad diversas plantas pertinere, ut existimat cel. Müller.

17. Mycoporum.

Flot. in Koerb. Grundr. Crypt. (1848) p. 199; Nyl., Ess. Nouv. Classif. Lich. (1855) p. 186, Lich. Scand. (1861) p. 291 (excl. speciebus enumeratis, gonidiis egentibus et ad Pyrenomycetes vel *Cyrtidulam* Minks pertinentibus); Th. Fr., Gen. Heterolich. (1861) p. 98; Tuck., Gen. Lich. (1872) p. 223 (excl. species gonidiis egentes); Minks, Gonang. (1876) p. 510; Nyl. in Hue Addend. (1888) p. 311 et 312 (pro minore parte, excl. spec. gonidiis egentes).

Thallus crustaceus, uniformis, hypothallo aut hyphis medullaribus substrato affixus, rhizinis destitutus, strato corticali nullo, totus gonidia continens. *Gonidia* flavescentia, palmellacea (pleurococcoidea? aut protococcoidea?), globosa [1]). *Apothecia* perithecіis confluentia et pseudostromata formantia, saepe etiam septis completis aut defectis plus minusve divisa. *Perithecium* rectum, fuligineum, poro aut rima irregulari apicali aperientia. *Nucleus* gelatinam oleosam granulosamque continens. *Paraphyses* deficientes aut obsoletae et ramoso-connexae. *Asci* oblongi aut ellipsoideae ovoideaeve, membrana vulgo apicem versus incrassata. *Sporae* 8:nae aut pauciores, decolores aut demum nigricantes, oblon-

[1]) In speciebus paucis, a *Mycoporis* excludendis, gonidia chroolepoidea indicantur. Conf. Hue, Addend. p. 313, Müll. Arg., Lich. Beitr. n. 1056, Minks, Gonang. (1876) p. 532.

gae aut ellipsoideae ovoideaeve, murales. „*Conceptacula pycnoconidiorum* nigra. *Sterigmata* exarticulata aut pauciarticulata. *Pycnoconidia* oblonga aut cylindrico-oblonga". (M. elabens Flot.: Linds., Mem. Sperm. Crust. Lich. 1870 p. 285, tab. XIV fig. 24).

1. **M. pyrenocarpum** Nyl., Fl. 1858 p. 381 (mus. Paris.); Krempelh., Lich. Bras. Warm. (1873) p. 30. *M. pycnocarpum* Nyl., Énum. Gén. Lich. (1857) p. 135 (nomen), Lich. Nov. Gran. (1863) p. 487, ed. 2 (1863) p. 242.

Thallus sat tenuis, verruculoso-inaequalis, albidus aut glaucescenti-albidus, opacus. *Apothecia* confluentia aut parcius simplicia et verrucas 0,3—0,15 millim. latas, irregulariter hemisphaericas, nigras, vertice convexas formantia, primum thallo immersa, demum emergentia elevatave. *Perithecium* hemisphaericum, fuligineum, dimidiatum, basi deficiens aut tenue. *Sporae* 8—6:nae, oblongo-ellipsoideae aut ovoideae, murales, decolores, long. 0,032 —0,048, crass. 0,013—0,018 millim.

Ad corticem arborum prope Sitio (1000 metr. s. m., n. 767 et 913 in civ. Minarum, et ad Rio de Janeiro, n. 117. — *Thallus* distincte evolutus, epiphloeodes aut endophloeodes. *Gonidia* palmellacea, globosa, simplicia, diam. vulgo 0,006 (raro 0,011) millim., membrana sat tenui (in n. 117 Trentepohliis abundanter immixta). *Perithecium* sat tenue, in septas defectas obscuratas passim superne continuatum. *Nucleus* hemisphaericus, oleosus, gelatinam amorpham continens, jodo haud reagens. *Paraphyses* vulgo haud evolutae (in KHO + aether.). *Asci* ellipsoideae, circ. 0,040 millim. crassi, membrana vulgo praesertimque apicem versus incrassata. *Sporae* decolores, apicibus rotundatis, medio leviter constrictae, halone nullo indutae, septis transversalibus circ. 6—9, cellulis numerosis.

In specimine, ad Carassa in civ. Minarum lecta (n. 1211), paraphyses ramoso-connexae 0,0015 millim. crassae in spir. aether. + KHO observantur. Ceterum omnino cum hac specie congruit, quare solum variatio ejus sit. Gonidia palmellacea. In n. 117 paraphyses sunt valde evanescentes, at haud omnino desunt.

Additamentum.

Lichenes in statu imperfecto, apotheciis destituti, vigentes, affinitate incerti.

1. Cora.

Fr., Syst. Orb. Veg. (1825) p. 300, Epicr. (1836—38) p. 556; Mattirolo, Contr. Cora (Nuov. Giorn. Bot. Ital. XIII, 1881) p. 253; Johow, Hymenolich. (Pringsh. Jahrb. Wiss. Bot XV H. 2, 1884) p. 363, 397, 398, tab. XVII fig. 1—3, XVIII, XIX fig. 14—16; Nyl., Syn. Lich. II (1885) p. 49; Saccardo, Syllog. Fung. VI (1888) p. 685.

Thallus foliaceus, reniformi-suborbicularis, demum late rotundato-lobatus, adscendens, superne glaber, inferne *hypothallo* pallescente, ex hyphis haud cohaerentibus aut partim cohaerentibus leptodermaticis increbre septatis constante, passim praesertimque basin versus obsitus, rhizinis veris destitutus, *zona gonidiali* medium versus thalli sita, supra et infra zonam gonidialem *strato medullari* gonidiis destituto instructus, inferne demum majore minoreve parte *strato corticali* („hymenio") obductus. *Stratum medullare* stuppeum, hyphis laxe contextis, 0,006—0,003 millim. crassis, leptodermaticis, parce increbreve septatis, lumine sat lato. *Zona gonidialis* crebrius contexta, hyphis leptodermaticis, crebre, fere parenchymatice septatis, glomerulos gonidiorum crebre obducentibus. *Gonidia* scytonemea, cellulis caeruleo-virescentibus, in trichomata gyrosa brevia aut sat brevia concatenatis, et *heterocystis* hyalinis intercalaribus instructa, vagina gelatinosa tenui aut parum distincta induta (minime sunt chroococcacea, ut ab auctoribus pluribus false indicatur, at iis Coccocarpiae et Heppiae omnino similia). *Stratum corticale inferius* (quod ab auctoribus pluribus hodiernis *hymenium* nuncupatur) ex hyphis formatum verticalibus, leptodermaticis, parte interiore crebre et fere parencymatice, parte exteriore increbre septatis, apice rotundatis obtusisve aut interdum constrictis (conf. etiam Johow,

l. c. tab. XVIII fig. 13), regulariter constipatis aut irregulariter flexuosis, conglutinatis aut partim subliberis. *Apothecia* et *pycnoconidia* huic generi desunt, quare propagatio praecipue sorediis, prope marginem thalli parce evolutis, indistinctis, et divisione thalli fit.

„*Basidiosporas*" globosas, fuscescentes, simplices, demum verruculosas, diam. 0,012 millim. („0,006—0,008": Mattirolo, l. c.), sterigmatibus quaternis, ex apice („basidio") hypharum strati corticalis („hymenii") excrescentibus affixas, in hoc genere constanter gigni, sed cum sterigmatibus facillime decidentes, difficillime rarissimeque observari posse, existimat Johow (l. c., p. 377). Quamquam observationes Johowi et Mattiroli minime congruunt, et distincte res omnino diversas viderunt iisque solis, quantum cognitum est, has basidiosporas sterigmatibus affixas videre contigit, possibile nobis tamen videtur, eos *conidia* in hoc genere observavisse. Talia etiam, ut pycnoconidia („spermatia"), stylosporas et cyphelloblastos (conf. p. 186, pars I), in conceptaculis formata, omittemus, solitaria et parcius in superficie denudata liberave enantia jam antea in nonnullis lichenibus observata sunt [in Collemate (Arnoldiella) minutulo (Bornet), Placodio decipiente (Arn.), cet.], ut auctores nonnulli affirmant (conf. Bornet, Rech. Gon. Lich. 1873 p. 2, tab. 15 fig. 6, cet. auct.). Formationes constantes etiam in classe Lichenum forsan sint, quamquam hucusque nimis neglectae.

Observandum autem est, sporas fungorum saepe supra thallum lichenum germinare et hyphis excrescentibus in eos penetrare, quales formationes facile pro conidiis basidiosporisque sterigmati affixis sumuntur. Sporas tales etiam supra stratum corticale inferius („hymenium") Corae saepe observavimus (conf. sub C. reticulifera, p. 241).

Quae cum ita sint, familia *Hymenolichenum* probabili ratione ab *Ascolichenibus* minime sejungi potest. Etiam si sporarum evolutionem in strato corticali („hymenio") *Corae* pro certo sumamus, hae nihil nisi *conidia* sunt, nec basidiosporae verae. *Hymenolichenes* enim hyphis leptodermaticis texturaque thalli, strato cartilagineo destituti, et revera etiam toto habitu a *Thelephoreis*, quibus auctores nonnulli eos affines esse existimant, omnino differunt. Habitu et crescendi modo *Normandinis* et *Pel-*

tigeris sat similes sunt, et novo genere *Corella* Wainio, cujus thallus strato corticali „hymeniove" auctorum destitutus est et quae *Corae* sine controversia est affinis habituque a *Coriscio (Normandina) viridi* [1]) vix distinguitur, transitum distinctissimum in *Ascolichenes* ostendunt. Neque solae lichenum species sunt, quae apotheciis carent, nam *Coriscium viride* (Ach.) Wainio, planta in terris borealibus haud valde rara, *Leproloma lanuginosum* (Ach.), quod in Europa est frequens, *Leprocaulon nanum* (Ach.), species numerosae *Leprariarum, Siphularum*, cet., apotheciis omnino destituta sunt, sicut „*Hymenolichenes*".

1. **C. pavonia** (Web.) Fr., Syst. Orb. Veg. (1825) p. 300, Epicr. (1836—38) p. 556; Bornet, Rech. Gon. Lich. (1873) p. 36; Mattirolo, Contrib. Cora (Nuov. Giorn. Bot. Ital. XIII, 1881) p. 253; Johow, Hymenolich. (Pringsh. Jahrb. Wiss. Bot. XV H. 2, 1884) p. 363, tab. XVII fig. 1—3, XVIII, XIX fig. 14—16; Nyl., Syn. Lich. II (1885) p. 49 (pr. maxima parte: mus. Paris.), Fl. 1885 p. 449; Saccardo, Syll. Fung. VI (1888) p. 686 (pr. p.). *Thelephora* Web. in Beitr. Naturk. I (1805) p. 236.

Thallus foliaceus, reniformi-suborbicularis, circ. 5—150 millim. latus, tenuis membranaceusque, ambitu rotundatus aut late rotundato-lobatus, lobis circ. 5—60 millim. latis, demum saepe subimbricatis, adscendens, margine limbato-revoluto, superne glaber, leviter concentrice striatus et subtilissime coriaceo-rugulosus, cinereo-albicans vel albido-glaucescens aut rarius pallescens, subtus pallescens et demum *strato corticali* („hymenio" Mattiroli et Johowi) carneo vel testaceo-pallido, irregulariter involuto-desquamescente, et *hypothallo* laxissime stuppeo pallido ad basin passim instructus.

Ad terram humosam muscosamque haud rara in Carassa (1400—1500 metr. s. m.) in civ. Minarum, n. 402, 1176, 1182, 1234. — *Thallus* centro basive emoriens et ambitu sat diu accrescens, superne et infra zonam gonidialem laxe contextus, ex hyphis 0,006—0,004 millim. crassis, leptodermaticis, valde increbre septatis constans, *zona gonidiali* medium versus thalli sita, crebre contexta. In latere inferiore thalli inter areolas corticatas hyphae passim *ramulis* brevibus irregularibus instructae sunt (conf.

[1]) Conf. p. 188 (pars II).

etiam Johow, l. c. p. 408, tab. XVIII fig. 7, 8 a). *Gonidia* scytonemea, cellulis caeruleo-virescentibus, 0,011—0,009 millim. crassis in trichomata gyrosa pluricellulosa concatenatis, heterocystis (sat numerosis) dilute cupreis, hyalinis, intercalaribus, vagina gelatinosa tenui instructa, glomerulos pluricellulosos (cellulis vulgo circ. 10—20), hyphis septatis crebre obductos, formantia. *Stratum corticale* („hymenium") ex hyphis verticalibus, leptodermaticis, conglutinatis, superficiem versus increbre et parte interiore crebre (fere parenchymatice) septatis formatum (in acido lactico examinatum). *Hypothallus* hyphis 0,006—0,007 millim. crassis, leptodermaticis, parce septatis, haud cohaerentibus.

Supra thallum interdum (in n. 1234) **Leptosphaeria corae** (Patouillard in Journ. de Bot. 1888 p. 150) crescit, quam cel. Nylander *apothecia C. pavoniae* esse existimat (Syn. Lich. II p. 50, Fl. 1885, p. 449). Hyphis nigricantibus a basi apotheciorum excrescentibus et in thallum *Corae* expansis haec planta a *Cora* omnino differt, et evidentissime est parasita.

A Mattirolo et Johow (l. c.) *conidia* („basidiosporae") hujus speciei describuntur, globosa, diam. 0,012 millim. (0,006—0,008 millim.: Mattirolo), fuscescentia, demum verruculosa, *sterigmatibus* quaternis (vel solitariis: Mattirolo) ex strato corticali inferiore („hymenio") excrescentibus (rarissimis et difficillime observandis) affixa [1]).

2. **C. reticulifera** Wainio (n. sp.).

Thallus foliaceus, reniformi-suborbicularis, circ. 20—80 millim. latus, tenuis membranaceusque, ambitu rotundatus aut late rotundato-lobatus, lobis circ. 7—80 millim. latis, demum saepe subimbricatis, primum vulgo substrato adnatus, demum adscendens, margine limbato-revoluto, superne glaber, leviter concentrice striatus et subtilissime coriaceo-rugulosus, cinereo-albicans vel albido-glaucescens aut pallescens, subtus totus *strato corticali* („hymenio") primum albido, demum pallido vel fuscescenti-pallido, demum irregulariter reticulato-diffracto vel reticulato-lacunoso vel basin versus subareolato, adnato (haud involuto-desquamescente) obductus, et *hypothallo* evanescente aut interdum bene evoluto, laxissime stuppeo et spongioso-lacunoso, albido pallescenteve ad basin passim instructus.

[1]) Conf. p. 239.

Ad terram arenosam denudatam subumbrosamque locis numerosis prope viam ferratam in civ. Minarum (ad Sitio, cet.), rarius ad truncos ramosque arborum, n. 401, 739. — Non est Cora glabrata (Spreng.) Fr., quae ad statum juniorem, „hymenio" fere destitutum, C. pavoniae spectat. — *Thallus* centro basive emoriens et ambitu sat diu accrescens, superne et infra zonam gonidialem laxe contextus, ex hyphis 0,004—0,003 millim. crassis, leptodermaticis, valde increbre septatis constans, *zona gonidiali* medium versus thalli sita, crebrius contexta. In latere inferiore thalli inter areolas corticatas hyphae passim parce *ramulis* brevibus irregularibus instructae. In margine thalli *soredia* obveniunt, sine microscopio vix conspicua. *Gonidia* scytonemea, cellulis caeruleo-virescentibus aut pro parte olivaceo-glaucescentibus, 0,011—0,008 millim. crassis, in trichomata gyrosa pluricellulosa concatenatis, heterocystis dilute cupreis, hyalinis, intercalaribus, vagina gelatinosa parum distincta instructa, glomerulos pluricellulosos, hyphis fere parenchymatice septatis crebre obductos, formantia. *Stratum corticale* („hymenium") ex hyphis verticalibus, leptodermaticis superficiem versus increbre aut sat crebre et parte interiore crebre septatis, irregulariter ramosis flexuosisque, partim conglutinatis, partim crebre approximatis, formatum (acid. lactic.). *Hypothallus* hyphis 0,003—0,004 millim. crassis, increbre septatis, apicem versus pannoso-cohaerentibus.

Supra stratum corticale *conidia* saepe observantur *perisporiea*, globosa, dilutissime olivaceo-obscurata, demum subtilissime verruculosa, diam. 0,0035—0,0045 millim., germinantia hyphas 0,001—0,0005 millim. crassas in stratum corticale („hymenium") penetrantes evolventia. Ad parasitam, quae supra thallum etiam bene evoluta crescit, pertinent, at facile pro „*basidiosporis*" sumuntur.

2. **Corella** Wainio (nov. gen.).

Thallus squamosus aut minute foliaceus, difformis, rotundato-lobatus, ambitu adscendens, superne glaber, inferne *hypothallo* albido, ex hyphis haud cohaerentibus leptodermaticis parce septatis constante obsitus, rhizinis veris destitutus, *zona gonidiali* partem superiorem maximamque thalli occupante, et *strato medullari* gonidiis destituto tenui in parte inferiore thalli sito, *strato corticali* („hymeniove") destitutus. *Stratum medullare* stuppeum, hyphis laxe contextis, 0,004—0,003 millim. crassis, leptodermaticis, increbre septatis, lumine sat lato. *Zona gonidialis* crebrius contexta, hyphis leptodermaticis, crebre, saepe fere parenchymatice septatis, glomerulos gonidiorum crebre obducentibus. *Gonidia* scytonemea, cellulis vulgo glaucescentibus, in trichomata gyrosa brevia aut sat brevia concatenatis, et *heterocystis* hyalinis intercalaribus instructa, vagina gelatinosa tenui induta.

1. **C. Brasiliensis** Wainio (n. sp.).

Thallus squamosus aut fere foliaceus, difformis, circ. 15—3 millim. longus latusque, circ. 0,180 millim. crassus, ambitu demum rotundato-lobatus, lobis 5—2 millim. latis, ambitu anguste adscendens, ceterum substrato adnatus, margine limbato-revoluto, superne glaber, sat laevigatus aut concaviusculus, cinereo-olivaceus aut obscure griseo-olivaceus, subtus albidus pallidusve, *strato corticali* („hymenio") destitutus, *hypothallo* tenui albido instructus.

Ad terram supra rupem in Carassa (1500 metr. s. m.) in civ. Minarum, n. 1309 (sterilis). — Corae proxime est affinis, at habitu vix differt a Coriscio (Normandina) viridi (Ach.), quod tamen textura thalli et gonidiis ab ea distinguitur. — *Thallus* basin versus demum emoriens, maxima parte et usque in superficiem gonidiis impletus, zona tenui in parte inferiore thalli gonidiis destituta, hyphis 0,004—0,003 millim. crassis, leptodermaticis, increbre septatis, ramosis, sat laxe contextis. *Hypothallus* tomentosus, hyphis 0,004—0,0045 millim. crassis, leptodermaticis, valde increbre septatis, parce dichotome ramosis, neque fasciculatis, nec conglutinatis. *Gonidia* scytonemea, cellulis vulgo glaucescentibus aut olivaceo-glaucescentibus, compresso-globosis, in trichomata 0,010—0,008 millim. crassa, gyrosa, pluricellulosa concatenatis, heterocystis dilute cupreis, hyalinis, intercalaribus, vagina gelatinosa tenui induta, glomerulos pluricellulosos hyphis saepe fere parenchymatice septatis crebre obducto formantia (acid. lactic.).

Index.

Corrigenda.

I p. 1	lin. 1	inf.	*pro:* (Schizopelte.	*lege:* (Ramalina, Schizopelte
" " 29	" 19	sup.	*addetur:*	In specim. ex Ind. Occ. in hb. Ach. medulla thalli KHO primum lutescens et demum dilute subrubescens, $Ca Cl_2 O_2$ —, KHO ($Ca Cl_2 O_2$) intense rubescens; sporae long. 0,030—0,022, crass. 0,016—0,010 millim., membrana crassiuscula.
" " 49	" 20	"	*pro:* Balansa	*lege:* Balansae
" " 104	" 8	inf.	" Tuck.	" Garov. et Gibelli, De Pert. Eur. Med. (1871) p. 3; Tuck.
" " 120	" 18	sup.	" quae	" quod
" " 4	" 12	"	" chrystalla	" crystalla
" " 5	" 16	inf.	" "	" "
II " 8	" 3	"	" adpressaque	" adpressaque aut rarissime substipitata
" " 14	" 14	sup.	" Lafayettiana	" Lafayetteana
" " 51	" 3	"	" simplices,	" simplices (aut rarissime pro parte tenuiter 1-septatae),
" " 68	" 17	"	" Lopadiopsis	" Lecaniopsis
" " 80	" 4	"	" Affinis	" Affine
" " 89	" 1	"	" genus	" genus,
" " 137	" 1	inf.	" Manzosia	" Mazosia
" " 217	" 7	"	" Microgloena	" Microglaena

www.ingramcontent.com/pod-product-compliance
Ingram Content Group UK Ltd.
Pitfield, Milton Keynes, MK11 3LW, UK
UKHW022053260726
13993UKWH00001B/92

9 782329 357065